内燃机构造与原理

（第3版）

朱彦熙　王宝昌　主　编

李永刚　李少辉　赵秋园　副主编

许崇霞　主　审

电子工业出版社

Publishing House of Electronics Industry

北京·BEIJING

内 容 简 介

本书的主要内容包括：内燃机的工作原理和总体构造、曲柄连杆机构、配气机构、汽油机燃油供给系统、柴油机燃油供给系统、发动机润滑系、冷却系、汽油机点火系、内燃机污染及新能源应用。另外，针对每部分都配有内燃机检修常见项目的教学实训指导和项目教学任务单。同时各章配有典型视频，可登录华信教育资源网（www.hxedu.com.cn）免费下载。

本书适用于高等职业院校的港口机械、物流机械、起重运输机械、工程车辆、汽车等专业，还可以用于相关专业的职业资格培训和各类在职培训，也可供相关技术人员参考。

未经许可，不得以任何方式复制或抄袭本书之部分或全部内容。

版权所有，侵权必究。

图书在版编目（CIP）数据

内燃机构造与原理 / 朱彦熙，王宝昌主编. —3 版. —北京：电子工业出版社，2017.8
ISBN 978-7-121-32507-6

Ⅰ．①内…　Ⅱ．①朱…②王…　Ⅲ．①内燃机－职业教育－教材　Ⅳ．①TK4

中国版本图书馆 CIP 数据核字（2017）第 199344 号

策划编辑：陈　虹
责任编辑：陈　虹　　特约编辑：董　玲　孙雅琦
印　　刷：北京盛通商印快线网络科技有限公司
装　　订：北京盛通商印快线网络科技有限公司
出版发行：电子工业出版社
　　　　　北京市海淀区万寿路 173 信箱　邮编：100036
开　　本：787×1 092　1/16　印张：19.25　字数：493 千字
版　　次：2013 年 1 月第 1 版
　　　　　2017 年 8 月第 3 版
印　　次：2023 年 4 月第 6 次印刷
定　　价：42.00 元

凡所购买电子工业出版社图书有缺损问题，请向购买书店调换。若书店售缺，请与本社发行部联系，联系及邮购电话：（010）88254888，88258888。

质量投诉请发邮件至 zlts@phei.com.cn，盗版侵权举报请发邮件至 dbqq@phei.com.cn。

本书咨询联系方式：chitty@phei.com.cn。

前　言

本教材第 1、2 版出版发行以来，受到了广大学校师生和读者的一致好评，并被评为山东省高等学校优秀教材一等奖。为了使教材更好地适应教学需求，进一步提高学生实践及自学能力，第 3 版做了如下修订：

◇ 为方便广大读者的查阅习惯，本书保留了原先的章节设计。

◇ 为了拓展内燃机检修方面的知识，本书选取了典型的工作任务，形成了教师检修实训指导和学生检修实训工作单。

◇ 本书的检修实训指导和实训工作单可直接用于项目教学，其中的实训指导，包含实训教学目标、实训设备、实训过程设计、实训纪要四部分内容，大大方便了教师的实训教学。同时，每个实训指导后面都附有实训任务单，为学生完成任务提供了具体的题目。这样的设计使师生的任务都清晰明确。

◇ 第 3 版更新了部分陈旧的知识，增加了当前常用的新技术、引入了一些先进经验，务求理论联系实际。

◇ 各章均配有典型视频，读者可以通过登录华信教育资源网（www.hxedu.com.cn）免费下载。

本书由青岛港湾职业技术学院朱彦熙、王宝昌任主编，李永刚、李少辉、赵秋园担任副主编。具体分工如下：朱彦熙负责第 1、3、11 章；王宝昌负责第 2、4、10 章；李少辉负责第 5、7 章；李永刚负责第 6、8 章，赵秋园负责第 9、12 章、柴仕贞负责实训指导和任务单的编写。另外董丽、高娟老师也参与了本书的编写。全书由朱彦熙、王宝昌统稿，由日照职业技术学院许崇霞教授主审。

编　者

2017 年 5 月

目　录

绪 论

0.1 引言

内燃机以其热效率高、结构紧凑、机动性强、运行维护简便的优点著称于世。一百多年以来，内燃机的巨大生命力经久不衰。目前世界上内燃机的拥有量大大超过了任何其他的热力发动机，在国民经济中占有相当重要的地位。现代内燃机更是成为了当今用量最大、用途最广、无一能与之匹敌的最重要的热能机械。

内燃机同样也存在着不少的缺点，主要是：①对燃料的要求高，不能直接燃用劣质燃料和固体燃料；②由于间歇换气以及制造的困难，单机功率的提高受到限制，现代内燃机的最大功率一般小于四万千瓦，而蒸汽机的单机功率可以高达数十万千瓦；③内燃机不能反转；④内燃机的噪声和废气中有害成分对环境的污染尤其突出。可以说一百多年来的内燃机的发展史就是人类不断革新，不断挑战克服这些缺点的历史。

同其他科学一样，内燃机发展至今的每一个进步都是人类生产实践经验的概括和总结。内燃机的发明始于对活塞式蒸汽机的研究和改进。德国人奥托和狄塞尔，在总结了前人无数实践经验的基础上，对内燃机的工作循环提出了较为完善的"奥托循环"和"狄塞尔循环"理论，使得无数人的实践和创造活动得到了一个科学的总结，并有了质的飞跃。他们将前人粗浅的、纯经验的、零乱无序的经验，加以继承、发展、总结和提高，找出了规律性，为现代汽油机和柴油机热力循环奠定了热力学基础，为内燃机的发展做出了伟大的贡献。

0.2 往复活塞式内燃机

往复活塞式内燃机的种类很多，主要的分类方式有：①按所用的燃料的不同，分为汽油机、柴油机、煤油机、煤气机（包括各种气体燃料内燃机）等；②按每个工作循环的行程数不同，分为四冲程和二冲程；③按着火方式不同，分为点燃式和压燃式；④按冷却方式不同，分为水冷式和风冷式；⑤按汽缸排列形式不同，分为直列式、V 形、对置式、星形等；⑥按汽缸数不同，分为单缸内燃机和多缸内燃机等；⑦按内燃机的用途不同，分为汽车用、农用、机车用、船用以及固定用等。

1. 煤气机

最早出现的内燃机是以煤气为燃料的煤气机。1860 年，法国发明家莱诺制成了第一台实用内燃机（单缸、二冲程、无压缩和电点火的煤气机，输出功率为 0.74～1.47kW，转速为 100r/min，热效率为 4%）。法国工程师德罗沙认识到，要想尽可能提高内燃机的热效率，就必须使单位汽缸容积的冷却面积尽量减小，膨胀时活塞的速率尽量快，膨胀的范围（冲程）尽量长。在此基础上，他在 1862 年提出了著名的"等容燃烧四冲程循环"：进气、压缩、燃烧和膨胀、排气。

1876 年，德国人奥托制成了第一台四冲程往复活塞式内燃机（单缸、卧式、以煤气为燃料、功率大约为 2.21kW、转速为 180r/min）。在这部发动机上，奥托增加了飞轮，使运转平稳，把进气道加长，又改进了汽缸盖，使混合气充分形成。这是一部非常成功的发动机，其热效率相当于当时蒸汽机的两倍。奥托把三个关键的技术思想：内燃、压缩燃气、四冲程融为一体，使这种内燃机具有效率高、体积小、质量轻和功率大等一系列优点。在 1878 年巴黎万国博览会上，被誉为"瓦特以来动力机方面最大的成就"。又因为等容燃烧四冲程循环由奥托实现，因此被称为奥托循环。

煤气机虽然比蒸汽机具有很大的优越性，但在社会化大生产情况下，仍不能满足交通运输业所要求的高速、轻便等性能。因为它以煤气为燃料，需要庞大的煤气发生炉和管道系统，并且煤气的热值低（约 $1.75 \times 10^7 \sim 2.09 \times 10^7 J/m^3$），因此煤气机转速慢、比功率小。到 19 世纪下半叶，随着石油工业的兴起，用石油产品取代煤气作燃料已成为必然趋势。

2. 汽油机

1883 年，戴姆勒和迈巴赫制成了第一台四冲程往复式汽油机，此发动机上安装了迈巴赫设计的化油器，还用白炽灯管解决了点火问题。以前内燃机的转速都不超过 200r/min，而戴姆勒的汽油机转速一跃为 800～1000r/min。它的特点是功率大、质量轻、体积小、转速快和效率高，特别适用于交通工具。与此同时，本茨研制成功了现在仍在使用的点火装置和水冷式冷却器。

到 19 世纪末，主要的集中活塞式内燃机大体上进入了实用阶段，并且很快显示出巨大的生命力。内燃机在广泛应用中不断地得到改善和革新，迄今已达到一个较高的技术水平。在这样一个漫长的发展历史中，有两个重要的发展阶段是具有划时代意义的：一是 20 世纪 50 年代兴起的增压技术在发动机上的广泛应用；接下来是 20 世纪 70 年代开始的电子技术及计算机在发动机研制中的应用，这两个发展趋势至今都方兴未艾。

近年来，在汽车和飞机工业的推动下汽油机取得了长足的发展。按提高汽油机的功率、热效率、比功率和降低油耗等主要性能指标的过程，可以把汽油机的发展分为四个阶段。

（1）第一阶段是 20 世纪最初 20 年，为适应交通运输的要求，以提高功率和比功率为主。采取的主要技术措施是提高转速、增加缸数和改进相应辅助装置。这个时期内，转速从 19 世纪的 500～800r/min 提高到 1000～1500r/min，比功率从 3.68W/kg 提高到 441.3～735.5W/kg，对提高飞机的飞行性能和汽车的负载能力具有重大的意义。

（2）第二阶段是 20 世纪 20 年代，主要解决汽油机的爆震燃烧问题。当时汽油机的压缩比达到 4 时，汽油机就发生爆震。美国通用汽车公司研究室的米格雷和鲍义德通过在汽油中加入少量的四乙基铝，干扰氧和汽油分子化合的正常过程，解决了爆震的问题，使压缩比从 4 提高到了 8，大大提高了汽油机的功率和热效率。当时另一严重影响汽油机功率和热效率的因素是燃烧室的形状和结构，英国的里卡多及其合作者通过对多种燃烧室及燃烧原理的研究，改进了燃烧室，使汽油机的功率提高了 20%。

（3）第三阶段是从 20 世纪 20 年代后期到 20 世纪 40 年代早期，主要是在汽油机上装备增压器。废气涡轮增压可使气压增至 1.4～1.6 大气压，这一应用为提高汽油机的功率和热效率开辟了新的途径。但是其真正的广泛应用，是在 20 世纪 50 年代后期。

（4）第四阶段从 20 世纪 50 年代至今，汽油机技术在原理重大变革之前发展已近极致。它的结构越来越紧凑，转速越来越高。其技术现状为：缸内喷射；多气门技术；进气滚流，稀薄分层燃烧；电子控制点火正时、汽油喷射及空燃比随工况精确控制等全面电子发动机管理；废气再循环及三元催化等排气净化技术等。集中体现在近年来研制成功并投产的缸内直喷分层充气稀燃汽油机（GDI）。

但是随着20世纪70年代开始的电子技术在发动机上的应用，为内燃机技术的改进提供了条件，使内燃机基本上满足了目前世界各国有关排放、节能、可靠性和舒适性等方面的要求。内燃机电子控制现已包括电控燃油喷射、电控点火、怠速控制、排放控制、进气控制、增压控制、警告提示、自我诊断、失效保护等诸多方面。

同样内燃机电子控制技术的发展也大致可分为四个阶段。

（1）内燃机零部件或局部系统的单独控制，如电子油泵、电子点火装置等。

（2）内燃机单一系统或几个相关系统的独立控制，如燃油供给系统控制、最佳空燃比控制等。

（3）整台内燃机的统一智能化控制，如内燃机电子控制系统。

（4）装置与内燃机动力的集中电子控制，如汽车、船舶、发电机组的集中电子控制系统。

电子控制系统一般由传感器、执行器和控制器三部分组成。由此构成各种不同功能、不同用途的控制系统。其主要目标是保持发动机各运行参数的最佳值，以求得发动机功率、燃油耗和排放性能的最佳平衡，并监视运行工况。如Caterpillar公司的3406PEPC系统是在3406柴油机上采用可变程序的发动机控制系统，具有电子调速功能，采用电子控制空燃比，可将喷油提前角始终保持在最佳值。美国Stanaclyne公司将其生产的DB型分配泵改为电子控制喷油泵，称为PFP系统，采用步进电动机作为执行元件来控制喷油量和喷油定时。

3. 柴油机

柴油机几乎是与汽油机同时发展起来的，它们具有许多相同点。所以柴油机的发展也与汽油机有许多相似之处，可以说整个内燃机的发展史上，它们是相互推动的。

德国狄塞尔博士于1892年获得压缩点火压缩机的技术专利，1897年制成了第一台压缩点火的"狄塞尔内燃机"，即柴油机。柴油机的高压缩比带来众多的优点。

（1）不但可以省去化油器和点火装置，提高了热效率，而且可以使用比汽油便宜得多的柴油做燃料。

（2）柴油机由于其压缩比大，最大功率点的单位功率的油耗低。在现代优秀的发动机中，柴油机的油耗约为汽油机的70%。特别像汽车，通常在部分负荷工况下行驶，其油耗约为汽油机的60%。柴油机是目前热效率最高的内燃机。

（3）柴油机因为压缩比高，发动机结实，故经久耐用、寿命长。

同时高压缩比也带来了以下缺点。

（1）柴油机的结构笨重。通常柴油的单位功率质量约为汽油机的1.5~3倍。柴油机压缩比高，爆发压力也高，在不增压的情况下可达汽油机的1.5倍左右。为承受高温、高压，就要求结实的结构。所以柴油机最初只是作为一种固定式发动机使用。

（2）在同一排量下，柴油机的输出功率约为汽油机的1/3。因为柴油机把燃料直接喷入汽缸，不能充分利用空气，相应功率输出低。假设汽油机的空气利用率为100%，那么柴油机仅有80%~90%。柴油机功率输出小的另一原因是压缩比大，发动机的摩擦损失比汽油机大。这种摩擦损失与转速成正比，不能期望通过增加转速来提高功率。转速最高的汽油机每分钟可运转10 000次以上（如赛车发动机），而柴油机的最高转速却只有5000r/min。

近百年来，柴油机的热效率提高近80%，比功率提高几十倍，空气利用率达90%。当今柴油机的技术水平表现为：优良的燃烧系统、采用四气门技术、超高压喷射、增压和增压中冷、可控废气再循环和氧化催化器、降低噪声的双弹簧喷油器、全电子发动机管理等，集中体现在以采用电控共轨式燃油喷射系统为特征的新一代柴油机上。目前，日本的 Nippondeno 公司（ECDU2），德国 Bosch（ZECCEL）和美国 Caterpilla 公司（HELII）是研究和生产共轨式电控喷油系统的主要公司。

增压技术在柴油机上的应用要比汽油机晚一些。早在 20 世纪 20 年代就有人提出压缩空气提高进气密度的设想，直到 1926 年瑞士人 A.J.伯玉希才第一次设计了一台带废气涡轮增压器的增压发动机。由于当时的技术水平和工艺、材料的限制，还难以制造出性能良好的涡轮增压器，加上二次大战的影响，增压技术为能迅速普及，直到大战结束后，增压技术的研究和应用才受到重视。1950 年增压技术才开始在柴油机上使用并作为产品提供市场。

20 世纪 50 年代，增压度约为 50%，四冲程机的平均有效压力约为 0.7～0.8MPa，无中冷，处于一个技术水平较低的发展阶段。其后的 20 多年间，增压技术得到了迅速发展和广泛应用。

20 世纪 70 年代，增压度达 200%以上，正式作为商品提供的柴油机的平均有效压力，四冲程机已达 2.0MPa 以上，二冲程机已超过 1.3MPa，普遍采用中冷，使高增压（>2.0MPa）四冲程机实用化。单级增压比接近 5，并发展了两级增压和超高增压系统，相对于 20 世纪 50 年代初期刚采用增压技术的发动机技术水平有了惊人的发展。

进入 20 世纪 80 年代，仍保持了这种发展势头。进排气系统的优化设计，提高充气效率，充分利用废气能量，出现谐振进气系统和 MPC 增压系统。可变截面涡轮增压器，使得单级涡轮增压比可达到 5，甚至更高。采用超高增压系统，压力比可达 10 以上，而发动机的压缩比可降至 6 以下，发动机的功率输出可提高 2～3 倍。进一步发展到与动力涡轮复合式二级涡轮增压系统。由此可见，高增压、超高增压的效果是可观的，将发动机的性能提高到了一个崭新的水平。本书后续章节将重点介绍往复活塞式内燃机。

0.3　转动式内燃机

在蒸汽机的发展历史中，从往复活塞式蒸汽机到蒸汽轮机的演化过程对内燃机的发展启发巨大。往复式内燃机运动要通过曲轴连杆机构或凸轮机构、摆盘机构、摇臂机构等，转换为功率输出轴的转动，这样不仅使机构复杂，而且由于转动机构的摩擦损耗，还会降低机械效率。另外由于活塞组的往复运动造成曲柄连杆机构的往复惯性力，这个惯性力与转速的平方成正比。随转速的提高，轴承上的惯性负荷显著增加，并由于惯性力的不平衡而产生强烈的振动。此外，往复式内燃机还有一套复杂的气门控制机构。于是人们设想：既然工具机的运动形式大部分都是轴的转动，能否效法从往复活塞式蒸汽机到蒸汽轮机的路子，使热能直接转化为轴的转动呢？之后，先人们开始了在这一领域的探索。

1. 燃气轮机

1873 年布拉顿（George Brayton）制造了一种定压燃烧的发动机。该机能提供使燃气完全膨胀到大气压所发出的功率。20 世纪初法国的阿曼卡（Bene Armangaud）等成功地应用布拉顿循环原理制成燃气轮机。但是，因当时条件限制，热效率很低未能得到发展。

到 20 世纪 30 年代，由于空气动力学及耐高温合金材料和冷却系统的进展，为燃气轮机进入实用创造了条件。燃气轮机虽然是内燃机，但它没有像往复式内燃机那样必须在封闭的空间里和限定的时间内燃烧的限制，所以不会发生像汽油机那样令人担心的爆震，也很少像柴油机那样受摩擦损失的限制；且燃料燃烧所产生的气体直接推动叶轮转动，故它的结构简单（与活塞式内燃机相比，其部件仅为它的 1/6 左右）、质量轻、体积小、运行费用省，且易于采用多种燃料，也较少发生故障。虽然燃气轮机目前尚存在一些缺点：寿命短、需要高级耐热钢材和成本高及排污（主要是 NO_x）较严重等，致使至今燃气轮机的应用仍局限于飞机、船舶、发电厂和机车，但是由于布拉顿循环的优越性和燃气轮机对燃油的限制少及上述的其他优点，使得它仍为现在和将来人们致力研究的动力技术之一。如果可突破涡轮入口温度，大大提高热效率，且克服其他缺点，燃气轮机有望取代汽、柴油机。

2．旋转活塞式发动机

一直以来人们都在致力于建造旋转式发动机，其目标是避免往复式发动机固有的复杂性。在 1910 年以前，人们曾提出过 2000 多个旋转发动机的方案。20 世纪初，又有许多人提出不同的方案，但大多因结构复杂或无法解决汽缸密封问题而不能实现。直到 1954 年，德国人汪克尔经长期研究，突破了汽缸密封这一关键技术，才使具有长短幅圆外旋轮线缸体的三角旋转活塞发动机首次运转成功。转子每转一圈可以实现进气、压缩、燃烧膨胀和排气过程，按奥托循环运转。1962 年三角转子发动机作为船用动力，到 20 世纪 80 年代日本东洋工业公司把它用于汽车引擎。

转子发动机有一系列的优点。

（1）它取消了曲柄连杆机构、气门机构等，得以实现高速化。

（2）质量轻（比往复式内燃机质量下降 1/2～1/3）、结构和操作简单（零件数量比往复式少 40%，体积减少 50%）。

（3）在排气污染方面也有所改善，如 NO_x 产生较少。

同时，转子发动机也存在着严重的不足之处：

（1）这种结构的密封性能较差，至今只能作为压缩比低的汽油机使用。

（2）由于高速带来了扭矩低，组织经济的燃烧过程困难。

（3）寿命短、可靠性低以及加工长短轴旋轮线的专用机床构造复杂等。

0.4　内燃机的发展趋势

内燃机的发明，至今已有 100 多年的历史。如果把蒸汽机的发明认为是第一次动力革命，那么内燃机的问世当之无愧是第二次动力革命。因为它不仅是动力史上的一次大飞跃，而且其应用范围之广、数量之多也是当今任何一种别的动力机械无与伦比的。随着科技的发展，内燃机在经济性、动力性、可靠性等诸多方面取得了惊人的进步，为人类做出了巨大贡献。蒸汽机从初创到完成花去了一个世纪的时间，从完成到极盛又走了一个世纪，从极盛到衰落大约也是一个世纪。内燃机的发明同样也经历了一个世纪的历程，如今的内燃机已进入极盛时期，新时期内燃机的发展呈现如下几个趋势。

1．内燃机增压技术

从内燃机重要参数（压力、温度、转速）的发展规律来看，可以发现这三个参数在 1900 年以前随着年代的推移提高得很快。而在 1900 年以后，尤其是 1950 年以后，温度、转速提高变慢，而平均有效压力随着年代的增加仍直线上升。实践证明：提高平均有效压力可以大幅度地提高效率，减轻质量。而提高平均有效压力的技术就是提高增压度。如柴油机增压可大幅度地缩小柴油机进气管尺寸，并使汽缸有足够大的充气效率用于提高柴油机的功率，使之能在一个宽广的转速范围内既提高功率又有大的扭矩。一台增压中冷柴油机可以使功率成倍提高，而造价仅提高15%~30%，即每马力造价可平均降低40%。所以增压、高增压、超高增压是当前内燃机重要的发展方向之一。但是这只是问题的一个方面，另一个方面发动机强化和超强化会给零部件带来过大的机械负荷和热负荷，特别是热负荷问题已成为发动机进一步强化的限制；再就是单级高效率、高压比压气机也限制了增压技术的进一步发展，因此，并非增压度越高越好。

2. 内燃机电子控制技术

内燃机电子控制技术产生于20世纪60年代后期，通过70年代的发展，到80年代已趋于成熟。随着电子技术的进一步发展，内燃机电子控制技术将会承担更加重要的任务，其控制面会更宽，控制精度会更高，智能化水平也会更高。诸如燃烧室容积和形状变化的控制、压缩比变化控制、工作状态的机械磨损检测控制等较大难度的内燃机控制将成为现实并得到广泛应用。内燃机电子控制是由单独控制向综合、集中控制方向发展，是由控制的低效率及低精度向控制的高效率及高精度发展的。随着人类进入电子时代，21世纪的内燃机也将步入"内燃机电子时代"，其发展情况将与高速发展的电子技术相适应。内燃机电子控制技术是内燃机适应社会发展需求的主要技术依托，也是内燃机保持21世纪辉煌的重要影响因素。

3. 内燃机材料技术

内燃机使用的传统材料是钢、铸铁和有色金属及其合金。在内燃机发展过程中，人们不断对其经济性、动力性、排放等提出了更高的要求，从而对内燃机材料的要求相应提高。根据内燃机今后的发展目标，对内燃机材料的要求主要集中在绝热性、耐热性、耐磨性、减摩性、耐腐蚀性及热膨胀小、质量轻等方面。要促进内燃机材料的发展，除采用改变材料化学成分与含量来达到零部件所要求的物理、机械性能这一常规方法外，也可采用表面强化工艺来使材料达到所需的要求，但内燃机材料的发展更需要人们去开发适应不同工作状态的新材料。与内燃机传统材料相比，陶瓷材料具有无可比拟的绝热性和耐热性，陶瓷材料和工程塑料（如纤维增强塑料）具有比传统材料优越的减摩性、耐磨性和耐腐蚀性，其比重与铝合金不相上下而又比钢和铸铁轻得多。因此，陶瓷材料（高性能陶瓷）凭借其优良的综合性能，可用在许多内燃机零件上，如喷油点火零件、燃烧室、活塞顶等，若能克服脆性、成本等方面的弱点，在21世纪里将会得到广泛应用。工程塑料也可用于许多内燃机零件，如内燃机上的各种罩盖、活塞裙部、正时齿轮、推杆等，随着工艺水平的提高及价格的降低，未来工程塑料在内燃机上的应用将会与日俱增。综合内燃机的各种材料，为扬长避短，在新材料的基础上又开发出了以金属、塑料或陶瓷为基材的各种复合材料，并开始在内燃机上逐渐推广使用。

在21世纪的一段时期内，钢、铸铁和有色金属及其合金，仍将是内燃机的主要材料。各种表面强化工艺将更加先进，并得到广泛应用。以金属、塑料、陶瓷为基材的各种复合材料将在10年之后进入惊人的高速推广时期，新材料在内燃机上的使用也将同时加速。

4. 内燃机制造技术

内燃机的发展水平取决于其零部件的发展水平，而内燃机零部件的发展水平是由生产制造技术等因素来决定的。也就是说，内燃机零部件的制造技术水平，对主机的性能、寿命及可靠性有决定性的影响。同样制造技术与设备的关系也是密不可分的，每当新一代设备或工艺材料研制成功，都会给制造技术的革新带来突破性的进展。进入 21 世纪后，科学技术的发展会异常迅猛，新设备的研制周期将越来越短，因此新世纪内燃机制造技术必将形成迅速发展的局面。

由于铸造技术水平的提高，气冲造型、静压造型、树脂自硬砂造型制芯、消失模铸造，使内燃机铸造的主要零件如机体、缸盖可以制成形状复杂曲面及箱型结构的薄壁铸件。这不仅在很大程度上提高了机体刚度，降低了噪声辐射，而且使内燃机达到轻量化。由于喷涂、重熔、烧结、堆焊、电化学加工、激光加工等局部表面强化技术的进步，使材料性能得到完善发挥；由于设备水平提高，加工制造技术向高精度、高效率、自动化方向发展，带动了内燃机零部件生产向高集中化程度发展。另一方面，柔性制造技术的推广，使内燃机产品更新换代具有更大的灵活性和适应性。多品种小批量生产的柔性制造系统引起了内燃机制造商们的广泛认同，也顺应了生产技术发展及市场形势的变化。电子技术及计算机在设计、制造、试验、检测、工艺过程控制上的应用，推动了行业的技术进步，提高了内燃机的产品质量。新材料的发展也推动了内燃机零部件生产工艺的变革，特别是工程塑料、陶瓷材料及复合材料在内燃机上的运用，有力地促进了内燃机制造技术的发展。随着内燃机电控技术的发展，电控系统三大组成部分（传感器、执行器、控制单元）将成为内燃机零部件行业的重要分支，同时向传统的内燃机制造业提出了新的课题。

由此可以推断，21 世纪内燃机制造技术将向高精度、多元化方面飞速发展。它的发展速度和方向不仅关系到内燃机的质量，还直接对内燃机的未来产生重大影响。就其产品技术进步快慢而言，汽车内燃机发展最快，其次是机车、船舶、发电机组、工程机械、农业机械等。

5. 内燃机代用燃料

由于世界石油危机和发动机尾气对环境的污染日益严重，内燃机技术的研究转向高效节能及开发利用洁净的代用燃料。以汽油机和柴油机为基础进行改造或重新设计，开发以天然气、液化石油气和氢气等为燃料的气体发动机为目前和今后一段时间内内燃机技术的重点之一。其中气体发动机的功率恢复技术和氢气发动机的燃烧控制等是其中之重中之重。

第1章

内燃机的工作原理和总体构造

【本章重点】

● 发动机的名词术语；
● 四冲程发动机的工作原理；
● 发动机的整体构造；
● 发动机的型号编制

【本章难点】

● 二冲程发动机的工作原理；
● 四冲程和二冲程的区别；
● 发动机排量的计算

1.1 内燃机的基本结构、术语及类型

1.1.1 基本结构

内燃机是一种由许多机构和系统组成的复杂机器。单缸往复活塞式内燃机结构示意图如图 1-1 所示。无论是汽油机还是柴油机，无论是四冲程发动机还是二冲程发动机，无论是单缸发动机还是多缸发动机，要完成能量转换，实现工作循环，保证长时间连续正常工作，都必须具备一些机构和系统。

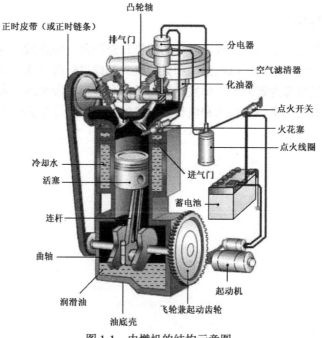

图 1-1　内燃机的结构示意图

汽油机由两大机构和五大系统组成，即由曲柄连杆机构、配气机构、燃料供给系、润滑系、冷却系、点火系和起动系组成。柴油机由两大机构和四大系统组成，即由曲柄连杆机构、配气机构、燃料供给系、润滑系、冷却系和起动系组成。柴油机是压燃的，不需要点火系。

1．曲柄连杆机构

曲柄连杆机构是发动机实现工作循环，完成能量转换的主要运动零件。它由机体组、活塞连杆组和曲轴飞轮组等组成。在做功行程中，活塞承受燃气压力在汽缸内做直线运动，通过连杆转换成曲轴的旋转运动，并从曲轴对外输出动力。而在进气、压缩和排气行程中，飞轮释放能量又把曲轴的旋转运动转化成活塞的直线运动，如图1-2所示。

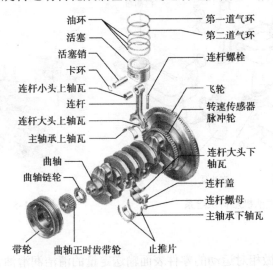

图1-2 曲柄连杆机构

2．配气机构

配气机构的功用是根据发动机的工作顺序和工作过程，定时开启和关闭进气门和排气门，使可燃混合气或空气进入汽缸，并使废气从汽缸内排出，实现换气过程。配气机构大多采用顶置气门式配气机构，一般由气门组、气门传动组和气门驱动组组成，如图1-3所示。

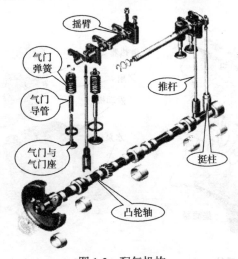

图1-3 配气机构

3．燃料供给系

汽油机燃料供给系的功用是根据发动机的要求，配制出一定数量和浓度的混合气，供入汽缸，并将燃烧后的废气从汽缸内排出到大气中去，如图 1-4 所示。柴油机燃料供给系的功用是把柴油和空气分别供入汽缸，在燃烧室内形成混合气并燃烧，最后将燃烧后的废气排出，如图 1-5 所示。

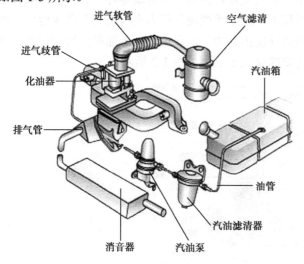

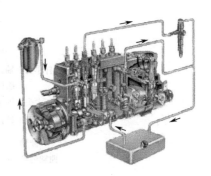

图 1-4　汽油机燃料供给系

图 1-5　柴油机燃料供给系

4．润滑系

润滑系的功用是向做相对运动的零件表面输送定量的清洁润滑油，以实现液体摩擦，从而减小摩擦阻力，减轻机件的磨损，并对零件表面进行清洗和冷却。润滑系统通常由润滑油道、机油泵、机油滤清器和一些阀门等组成，如图 1-6 所示。

5．冷却系

冷却系的功用是将受热零件吸收的部分热量及时散发出去，保证发动机在最适宜的温度状态下工作。水冷发动机的冷却系通常由冷却水套、水泵、风扇、水箱、节温器等组成，如图 1-7 所示。

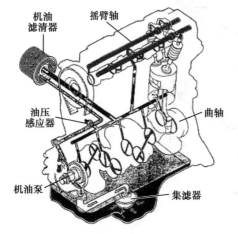

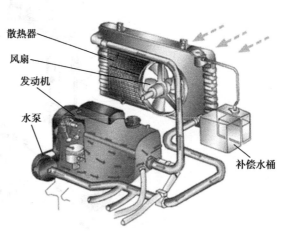

图 1-6　润滑系统

图 1-7　水冷发动机冷却系统

6. 点火系

在汽油机中，汽缸内的可燃混合气是靠电火花点燃的，为此在汽油机的汽缸盖上装有火花塞，火花塞头部伸入燃烧室内。能够按时在火花塞电极间产生电火花的全部设备称为点火系，点火系通常由蓄电池、发电机、分电器、点火线圈和火花塞等组成，如图 1-8 所示。

7. 起动系

要使发动机由静止状态过渡到工作状态，必须先用外力转动发动机的曲轴，使活塞做往复运动，汽缸内的可燃混合气燃烧膨胀做功，推动活塞向下运动使曲轴旋转。发动机才能自行运转，工作循环才能自动进行。因此，曲轴在外力作用下开始转动到发动机开始自动地怠速运转的全过程，称为发动机的起动。完成起动过程所需的装置，称为发动机的起动系，如图 1-9 所示。

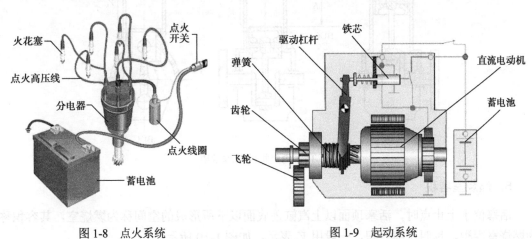

图 1-8　点火系统　　　　　　图 1-9　起动系统

1.1.2　基本术语

1. 工作循环

活塞式内燃机的工作循环是由进气、压缩、做功和排气四个工作过程组成的封闭过程。周而复始地进行这些过程，内燃机才能持续地做功。

2. 上、下止点

活塞在汽缸里做往复直线运动时，当活塞向上运动到最高位置，即活塞顶部距离曲轴旋转中心最远的极限位置，称为上止点 TDC（**Top Dead Center**）。

活塞在汽缸里做往复直线运动时，当活塞向下运动到最低位置，即活塞顶部距离曲轴旋转中心最近的极限位置，称为下止点 BDC（**Bottom Dead Center**）。

在上、下止点处，活塞的运动速度为零，具体标识如图 1-10 所示。

3. 活塞行程

上、下止点间的距离 S 称为活塞行程，曲轴的回转半径 R 称为曲柄半径。显然，曲轴每回转一周，活塞移动两个活塞行程。对于汽缸中心线通过曲轴回转中心的内燃机，$S=2R$，如图 1-10 所示。

4．汽缸工作容积

活塞从一个止点运动到另一个止点所扫过的容积，称为汽缸工作容积，一般用 V_h 表示，如图 1-10 所示。

$$V_h = \frac{\pi}{4}D^2 \times S \times 10^{-6}(\text{L})$$

式中：D——汽缸直径，单位为 mm；

S——活塞行程，单位为 mm。

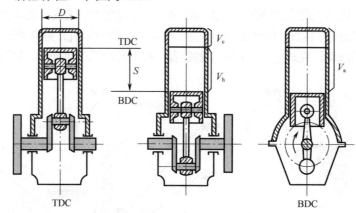

图 1-10　内燃机的基本术语

5．燃烧室容积

活塞位于上止点时，活塞顶面以上汽缸盖底面以下所形成的空间称为燃烧室，其容积称为燃烧室容积，也叫压缩容积，一般用 V_c 表示，如图 1-10 所示。

6．汽缸的总容积

活塞位于下止点时，其顶部与汽缸盖之间的容积称为汽缸总容积，如图 1-10 所示。一般用 V_a 表示，显而易见，汽缸总容积就是汽缸工作容积和燃烧室容积之和，即 $V_a=V_c+V_h$。

7．内燃机排量

多缸发动机各汽缸工作容积的总和，称为发动机排量。一般用 V_L 表示。

$$V_L = i \cdot V_h$$

式中：V_h——汽缸工作容积，单位为 L；

i ——汽缸数目。

8．压缩比

压缩比是发动机中一个非常重要的概念，压缩比表示了气体的压缩程度，它是气体压缩前的容积与气体压缩后的容积之比值，即汽缸总容积与燃烧室容积之比称为压缩比。一般用 ε 表示。

$$\varepsilon = \frac{V_a}{V_c} = \frac{V_h + V_c}{V_c} = 1 + \frac{V_h}{V_c}$$

式中：V_a——汽缸总容积，单位为 L；

V_h——汽缸工作容积，单位为 L；

V_c——燃烧室容积，单位为 L。

通常汽油机的压缩比为 6~10，柴油机的压缩比较高，一般为 16~22。压缩比对发动机工作的影响如下所述。

（1）压缩比增加则可燃混合气温度增加，压力随之增加，燃烧速度快，使得发动机功率增加，经济性更好。

（2）压缩比如果过大，反而会出现爆燃或表面点火等不正常燃烧现象。

- 爆燃指气体压力和温度过高，在燃烧室内离点燃中心较远处的末端可燃混合气自燃而造成的一种不正常燃烧。爆燃的现象为：尖锐的敲缸声，因燃烧速度过快形成压力波，压力波撞击燃烧室。爆燃会导致发动机过热、功率下降、经济性下降，严重时甚至出现气门烧毁、轴瓦破裂、火花塞绝缘体被击穿等不良后果。
- 表面点火指由于燃烧室内炽热表面（如排起门头、火花塞电极、积炭）点燃混合气产生的一种不正常燃烧现象。表面点火的现象为：沉闷的敲缸声。表面点火会导致发动机零部件负荷增加，寿命下降。

9．工况

内燃机在某一时刻的运行状况简称工况，以该时刻内燃机输出的有效功率或转矩及其相应的曲轴转速表示。

1.1.3　内燃机的分类

车用内燃机，根据其将热能转变为机械能的主要构件的形式，可分为活塞式内燃机和燃气轮机两大类。前者又可按活塞运动方式分为往复活塞式内燃机和旋转活塞式内燃机两种。往复活塞式内燃机在汽车上应用最为广泛，是本书研究的重点。

车用内燃机（主要指车用往复活塞式内燃机）分类方法很多，按照不同的分类方法可以把内燃机分成不同的类型。

1．按照所用燃料分类

内燃机按照所使用燃料的不同可以分为汽油机、柴油机、煤气机、气体燃料发动机、多种燃料发动机等，如图 1-11 所示。使用汽油为燃料的内燃机称为汽油机，使用柴油为燃料的内燃机称为柴油机。汽油机与柴油机比较各有特点：汽油机转速高、质量轻、噪声小、起动易、制造成本低；柴油机压缩比大、热效率高、经济性能和排放性能都比汽油机好。

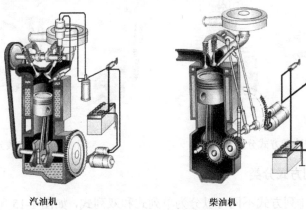

汽油机　　　　　　　　　　　柴油机

图 1-11　按燃料分类

2．按照行程分类

内燃机按照完成一个工作循环所需的行程数可分为四冲程内燃机和二冲程内燃机，如图 1-12 所示。把曲轴转两圈（720°），活塞在汽缸内上下往复运动四个行程，完成一个工作循环的内燃机称为四冲程内燃机；而把曲轴转一圈（360°），活塞在汽缸内上下往复运动两个行程，完成一个工作循环的内燃机称为二冲程内燃机。目前，汽车发动机广泛使用四冲程内燃机。

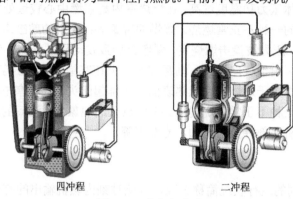

四冲程 　　　　　　　　　　二冲程

图 1-12 　按行程分类

3．按照冷却方式分类

内燃机按照冷却方式不同可以分为水冷发动机和风冷发动机，如图 1-13 所示。水冷发动机是利用在汽缸体和汽缸盖冷却水套中进行循环的冷却液作为冷却介质进行冷却的，而风冷发动机是利用流动于汽缸体与汽缸盖外表面散热片之间的空气作为冷却介质进行冷却的。水冷发动机冷却均匀、工作可靠、冷却效果好，被广泛地应用于现代车用发动机。

4．按照汽缸数目分类

内燃机按照汽缸数目不同可以分为单缸发动机和多缸发动机，如图 1-14 所示。仅有一个汽缸的发动机称为单缸发动机，有两个以上汽缸的发动机称为多缸发动机。如双缸、三缸、四缸、五缸、六缸、八缸、十二缸等都是多缸发动机，现代车用发动机多采用四缸、六缸、八缸发动机。

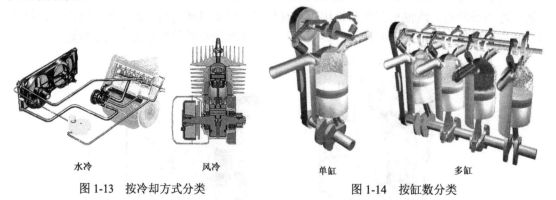

水冷 　　　　　　　　　 风冷 　　　　　　　　 单缸 　　　　　　　　　 多缸

图 1-13 　按冷却方式分类 　　　　　　　　　 图 1-14 　按缸数分类

5．按照汽缸排列方式分类

内燃机按照汽缸排列方式不同可以分为单列式和双列式，如图 1-15 所示。单列式发动机的各个汽缸排成一列，一般是垂直布置的，但为了降低高度，有时也把汽缸布置成倾斜的甚至水平的；双列式发动机把汽缸排成两列，两列之间的夹角小于 180°（一般为 90°）称为 V 形发动机，若两列之间的夹角恰好为 180°，则称为对置式发动机。

6. 按照进气系统是否采用增压方式分类

内燃机按照进气系统是否采用增压方式可以分为自然吸气（非增压）式发动机和强制进气（增压）式发动机，如图 1-16 所示。汽油机常一般采用自然吸气式，柴油机为了提高功率常采用增压式的。

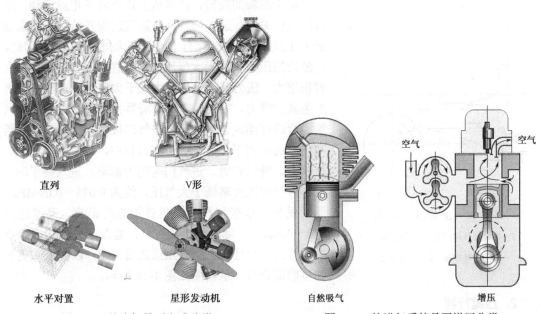

直列 V形	空气 空气
水平对置 星形发动机	自然吸气 增压
图 1-15 按汽缸排列方式分类	图 1-16 按进气系统是否增压分类

7. 按活塞运动方式分类

发动机按照活塞运动方式不同分为往复活塞式和转子式发动机如图 1-17 所示，转子发动机采用三角转子旋转运动来控制压缩和排放，与传统的活塞往复式发动机的直线运动迥然不同。

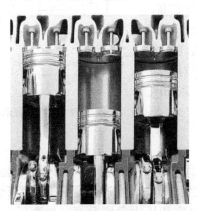

往复活塞式发动机　　　　　　　　　　转子式发动机

图 1-17 往复活塞式和转子式发动机

1.2　四冲程内燃机的工作原理

1.2.1　四冲程汽油机的工作原理

四冲程汽油机的运转是按进气行程、压缩行程、做功行程和排气行程的顺序不断循环反复的。

1. 进气行程

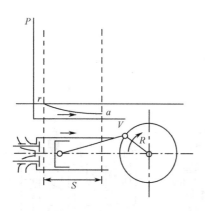

图1-18　进气行程示功图

P—汽缸内气体压力；V—汽缸容积；

S—活塞行程；R—曲柄半径

由于曲轴的旋转，活塞从上止点向下止点运动，这时排气门关闭，进气门打开。进气过程开始时，活塞位于上止点，汽缸内残存有上一循环未排净的废气，因此，汽缸内的压力稍高于大气压力。随着活塞下移，汽缸内容积增大，压力减小，当压力低于大气压时，在汽缸内产生真空吸力，空气经空气滤清器并与化油器供给的汽油混合成可燃混合气，通过进气门被吸入汽缸，直至活塞向下运动到下止点。在进气过程中，受空气滤清器、化油器、进气管道、进气门等阻力影响，进气终了时，汽缸内气体压力略低于大气压，约为0.075～0.09MPa，同时受到残余废气和高温机件加热的影响，温度达到370～400K。实际汽油机的进气门是在活塞到达上止点之前打开，并且延迟到下止点之后关闭，以便吸入更多的可燃混合气。示功图如图1-18所示。

2. 压缩行程

曲轴继续旋转，活塞从下止点向上止点运动，这时进气门和排气门都关闭，汽缸内成为封闭容积，可燃混合气受到压缩，压力和温度不断升高，当活塞到达上止点时压缩行程结束。此时气体的压力和温度主要随压缩比的大小而定，可燃混合气压力可达0.6～1.2MPa，温度可达600～700K。压缩比越大，压缩终了时汽缸内的压力和温度越高，则燃烧速度越快，发动机功率也越大。但压缩比太高，容易引起爆燃，将使发动机过热，功率下降，汽油消耗量增加以及机件损坏。轻微爆燃是允许的，但强烈爆燃对发动机是很有害的，汽油机的压缩比一般为 $\varepsilon=6\sim10$，示功图如图1-19所示。

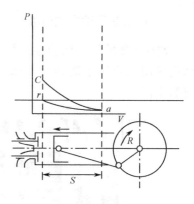

图1-19　压缩行程示功图

3. 做功行程

做功行程包括燃烧过程和膨胀过程，在这一行程中，进气门和排气门仍然保持关闭。当活塞位于压缩行程接近上止点（即点火提前角）位置时，火花塞产生电火花点燃可燃混合气，可燃混合气燃烧后放出大量的热使汽缸内气体温度和压力急剧升高，最高压力可达 3～5MPa，最高温度可达2200～2800K，高温高压气体膨胀，推动活塞从上止点向下止点运动，通过连杆使曲轴旋转并输出机械功，除了用于维持发动机本身继续运转外，其余用于对外做功。随着活塞向下运动，汽缸内容积增加，气体压力和温度降低，当活塞运动到下止点时，做功行程结束，气体压力降低到 0.3～0.5MPa，气体温度降低到 1300～1600K。示功图如图 1-20 所示。

4．排气行程

可燃混合气在汽缸内燃烧后生成的废气必须从汽缸中排出去以便进行下一个进气行程。当做功接近终了时，排气门开启，进气门仍然关闭，靠废气的压力先进行自由排气，活塞到达下止点再向上止点运动时，继续把废气强制排出到大气中去，活塞越过上止点后，排气门关闭，排气行程结束。实际汽油机的排气行程也是排气门提前打开，延迟关闭，以便排出更多的废气。由于燃烧室容积的存在，不可能将废气全部排出汽缸。受排气阻力的影响，排气终止时气体压力仍高于大气压力，约为 0.105～0.115MPa，温度约为 900～1200K。曲轴继续旋转，活塞从上止点向下止点运动，又开始了下一个新的循环过程。可见四冲程汽油机经过进气、压缩、做功、排气四个行程完成一个工作循环，这期间活塞在上、下止点往复运动了四个行程，相应地曲轴旋转了两圈。示功图如图 1-21 所示。

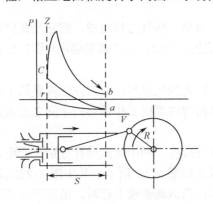　　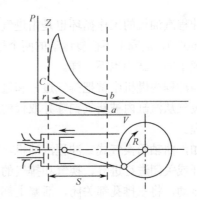

图 1-20　做功行程示功图　　　　　　图 1-21　排气行程示功图

1.2.2　四冲程柴油机的工作原理

四冲程柴油机和四冲程汽油机的工作过程相同，每一个工作循环同样包括进气、压缩、做功和排气四个行程，但由于柴油机使用的燃料是柴油，柴油与汽油有较大的差别，柴油黏度大、不易蒸发、自燃温度低，故可燃混合气的形成、着火方式、燃烧过程以及气体温度压力的变化都和汽油机不同，下面主要分析一下柴油机和汽油机在工作过程中的不同点。

四冲程柴油机在进气行程中所不同的是柴油机吸入汽缸的是纯空气而不是可燃混合气，在进气通道中没有化油器，进气阻力小，进气终了时气体压力略高于汽油机而气体温度略低于汽油机。进气终了时气体压力约为 0.0785～0.0932MPa，气体温度约为 300～370K。

压缩行程压缩的也是纯空气，在压缩行程接近上止点时，喷油器将高压柴油以雾状喷入燃烧室，柴油和空气在汽缸内形成可燃混合气并着火燃烧。柴油机的压缩比比汽油机的大很多（一般为 16～22），压缩终了时气体温度和压力都比汽油机高，大大超过了柴油机的自燃温度。压缩终了时，气体压力约为 3.5～4.5MPa，气体温度约为 750～1000K，柴油机是压缩后自燃着火的，不需要点火，故柴油机又称为压燃机。

柴油喷入汽缸后，在很短的时间内与空气混合后便立即着火燃烧，柴油机的可燃混合气是在汽缸内部形成的，而不像汽油机混合气主要是在汽缸外部的化油器中形成的。柴油机燃烧过程中汽缸内出现的最高压力要比汽油机高得多，可高达 6～9MPa，最高温度也可高达2000～2500K。做功终了时，气体压力约为 0.2～0.4MPa，气体温度约为 1200～1500K。

柴油机的排气行程和汽油机一样，废气同样经排气管排入到大气中去，排气终了时，汽缸内气体压力约为 0.105～0.125MPa，气体温度约为 800～1000K。

柴油机与汽油机比较，柴油机的压缩比高、热效率高；燃油消耗率低，同时柴油价格较低。因此，柴油机的燃料经济性能好，而且柴油机的排气污染少，排放性能较好，港口机械中使用较多。但它的主要缺点是转速低、质量大、噪声大、振动大、制造和维修费用高。在其发展过程中，柴油机不断发扬优点、克服缺点、提高速度，有望得到更广泛应用。

1.3　二冲程内燃机的工作原理

1.3.1　二冲程汽油机的工作原理

二冲程汽油机的工作循环也是由进气、压缩、做功、排气过程组成，但它是在曲轴旋转一圈（360°），活塞上下往复运动的两个行程内完成的。因此，二冲程发动机与四冲程发动机工作原理不同，结构也不一样。

在四冲程内燃机中常把排气过程和进气过程合称为换气过程，在二冲程内燃机中换气过程是指废气从汽缸内被新气扫除并取代的过程。这两种内燃机工作循环的不同之处主要在于换气过程。

例如，曲轴箱换气式二冲程汽油机，汽缸上有三排孔，利用这三排孔分别在一定时刻被活塞打开或关闭进行进气、换气和排气的。工作原理如图 1-22 所示，其中图 1-22(a)表示活塞向上运动，将三排孔都关闭，活塞上部开始压缩；当活塞继续上行时，活塞下方打开进气孔，可燃混合气进入曲轴箱，如图 1-22(b)所示；活塞接近上止点时如图 1-22(c)所示，火花塞点燃混合气，气体燃烧膨胀，推动活塞向下运动；进气孔关闭，曲轴箱内的混合气受到压缩，当活塞接近下止点时，排气孔打开，排出废气，活塞再向下运动，换气孔打开，受到压缩的混合气便从曲轴箱经进气孔流入汽缸内，并扫除废气，如图 1-22(d)所示。

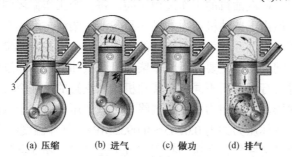

(a) 压缩　　　(b) 进气　　　(c) 做功　　　(d) 排气

图 1-22　二冲程汽油机工作原理

1—进气孔；2—排气孔；3—扫气孔

1. 第一行程——活塞在曲轴带动下由下止点移至上止点

当活塞还处于下止点时，进气孔被活塞关闭，排气孔和扫气孔开启。这时曲轴箱内的可燃混合气经扫气孔进入汽缸，扫除其中的废气。随着活塞向上止点运动，活塞头部首先将扫气孔关闭，扫气终止。但此时排气孔尚未关闭，仍有部分废气和可燃混合气经排气孔继续排出，称其为额外排气。当活塞将排气孔也关闭之后，汽缸内的可燃混合气开始被压缩。直至活塞到达上止点，压缩过程结束。

2. 第二行程——活塞由上止点移至下止点

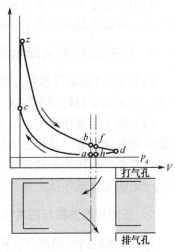

图 1-23　二冲程汽油机的示功图

在压缩行程终了时，火花塞产生电火花，将汽缸内的可燃混合气点燃，燃烧气体膨胀做功。此时排气孔和扫气孔均被活塞关闭，唯有进气孔仍然开启。空气和汽油经进气孔继续流入曲轴箱，直至活塞裙部将进气孔关闭为止。随着活塞继续向下止点运动，曲轴箱容积不断缩小，其中的混合气被预压缩。此后，活塞头部先将排气孔开启，膨胀后的燃烧气体已成废气，经排气孔排出。至此，做功行程结束，开始先期排气。随后活塞又将扫气孔开启，经过预压缩的可燃混合气从曲轴箱经扫气孔进入汽缸，扫除其中的废气，开始扫气过程，这一过程将持续到下一个活塞行程中扫气孔被关闭时为止。二冲程汽油机的示功图如图 1-23 所示。

1.3.2　二冲程柴油机的工作原理

二冲程柴油机和二冲程汽油机工作类似，所不同的是，柴油机进入汽缸的不是可燃混合气，而是纯空气。如带有扫气泵的二冲程柴油机工作过程如下所述，其工作过程示意图如图 1-24 所示。

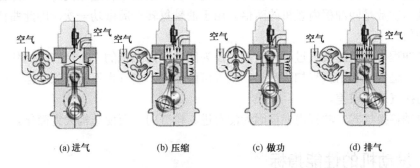

(a) 进气　　　　　(b) 压缩　　　　　(c) 做功　　　　　(d) 排气

图 1-24　带有扫气泵的二冲程柴油机工作过程

1. 第一行程——活塞从下止点向上止点运动

行程开始前不久，进气孔和排气门均已开启，利用从扫气泵流出的空气使汽缸换气。当活塞继续向上运动后，进气孔被关闭，排气门也关闭，空气受到压缩，当活塞接近上止点时，喷油器将高压柴油以雾状喷入燃烧室，燃油和空气混合后燃烧，使汽缸内压力增大。

2. 第二行程——活塞从上止点向下止点运动

开始时气体膨胀，推动活塞向下运动，对外做功，当活塞下行到大约 2/3 行程时，排气门开启，排出废气，汽缸内压力降低，进气孔开启，进行换气，换气一直延续到活塞向上运动 1/3 行程进气孔关闭结束。

1.3.3　汽油机与柴油机、四冲程与二冲程内燃机的比较

以上叙述了各类往复活塞式内燃机的简单工作原理，从中可以看出汽油机与柴油机、四冲程与二冲程内燃机的若干异同之处。

1. 四冲程汽油机与四冲程柴油机的共同点

（1）每个工作循环都包含进气、压缩、做功和排气四个活塞行程，每个行程各占 180° 曲轴转角，即曲轴每旋转两周完成一个工作循环。

（2）四个活塞行程中，只有一个做功行程，其余三个是耗功行程。显然，在做功行程曲轴旋转的角速度要比其他三个行程时大得多，即在一个工作循环内曲轴的角速度是不均匀的。为了改善曲轴旋转的不均匀性，可在曲轴上安装转动惯量较大的飞轮或采用多缸内燃机并使其按一定的工作顺序依次进行工作。

2. 四冲程汽油机与四冲程柴油机的不同

（1）汽油机的可燃混合气在汽缸外部开始形成并延续到进气和压缩行程终了，时间较长。柴油机的可燃混合气在汽缸内部形成，从压缩行程接近终了时开始，并占小部分做功行程，时间很短。

（2）汽油机的可燃混合气用电火花点燃，柴油机则是自燃。所以又称汽油机为点燃式内燃机，称柴油机为压燃式内燃机。

3. 二冲程内燃机与四冲程内燃机相比具有的特点

（1）曲轴每转一周完成一个工作循环，做功一次。当曲轴转速相同时，二冲程内燃机单位时间的做功次数是四冲程内燃机的两倍。由于曲轴每转一周做功一次，因此曲轴旋转的角速度比较均匀。

（2）二冲程内燃机的换气过程时间短，仅为四冲程内燃机的 1/3 左右。另外，进、排气过程几乎同时进行，利用新气扫除废气，新气可能流失，废气也不易清除干净。因此，二冲程内燃机的换气质量较差。

（3）曲轴箱换气式二冲程内燃机因为没有进、排气门，而使结构大为简化。

1.4　发动机的性能指标

发动机的性能指标用来表征发动机的性能特点，并作为评价各类发动机性能优劣的依据。同时，发动机性能指标的建立还促进了发动机结构的不断改进和创新。因此，发动机构造的变革和多样性是与发动机性能指标的不断完善和提高密切相关的。

1．动力性指标

动力性指标是表征发动机做功能力大小的指标，一般用发动机的有效转矩、有效功率、转速和平均有效压力等作为评价发动机动力性好坏的指标。

（1）有效转矩。发动机对外输出的转矩称为有效转矩，一般用 T_e 表示，单位为 N·m。有效转矩与曲轴角位移的乘积即为发动机对外输出的有效功。

（2）有效功率。发动机在单位时间对外输出的有效功称为有效功率，一般用 p_e 表示，单位为 kW。它等于有效转矩与曲轴角速度的乘积。发动机的有效功率可以用台架试验方法测定，也可用测功器测定有效转矩和曲轴角速度，然后用公式计算出发动机的有效功率 p_e。

$$p_e = T_e \frac{2\pi n}{60} \times 10^{-3} = \frac{T_e n}{9550} (\text{kW})$$

式中：T_e——有效转矩，单位为 N·m；

　　　n——曲轴转速，单位为 r/min。

（3）发动机转速。发动机曲轴每分钟的回转数称为发动机转速，用 n 表示，单位为 r/min。发动机转速的高低，关系到单位时间内做功次数的多少或发动机有效功率的大小，即发动机的有效功率随转速的不同而改变。因此，在说明发动机有效功率的大小时，必须同时指明其相应的转速。在发动机产品标牌上规定的有效功率及其相应的转速分别称为标定功率和标定转速。发动机在标定功率和标定转速下的工作状况称为标定工况。标定功率不是发动机所能发出的最大功率，它是根据发动机用途而制定的有效功率最大使用限度。同一种型号的发动机，当其用途不同时，其标定功率值并不相同，有效转矩也随发动机工况而变化。因此，汽车发动机以其所能输出的最大转矩及其相应的转速作为评价发动机动力性的一个指标。

（4）平均有效压力。单位汽缸工作容积发出的有效功称为平均有效压力，一般用 p_{me} 表示，单位为 MPa。显然，平均有效压力越大，发动机的做功能力越强。

2．经济性指标

发动机经济性指标包括有效热效率和有效燃油消耗率等。

（1）有效热效率。燃料燃烧所产生的热量转化为有效功的百分数称为有效热效率，一般用 η_e 表示。显然，为获得一定数量的有效功所消耗的热量越少，有效热效率越高，发动机的经济性越好。

（2）有效燃油消耗率。发动机每输出 1kW 的有效功所消耗的燃油量称为有效燃油消耗率，一般用 b_e 表示，单位为 g/(kW·h)。

$$b_e = \frac{B}{P_e} \times 10^3$$

式中：B——发动机在单位时间内的耗油量，单位为 kg/h；

　　　P_e——发动机的有效功率，单位为 kW。

显然，有效燃油消耗率越低，经济性越好。

3．其他指标

内燃机的主要性能指标是动力性指标和经济性指标，此外还有以下性能指标。

（1）强化指标。

强化指标是指发动机承受热负荷和机械负荷能力的评价指标，一般包括升功率和强化系数等。

①升功率。发动机在标定工况下，单位发动机排量输出的有效功率称为升功率。升功率大，表明每升汽缸工作容积发出的有效功率大，发动机的热负荷和机械负荷都高。

②强化系数。平均有效压力与活塞平均速度的乘积称为强化系数。活塞平均速度是指发动机在标定转速下工作时，活塞往复运动速度的平均值。

（2）紧凑性指标。

紧凑性指标是用来表征发动机总体结构紧凑程度的指标，通常用比容积和比质量衡量。

①比容积。发动机外廓体积与其标定功率的比值称为比容积。

②比质量。发动机的干质量与其标定功率的比值称为比质量。干质量是指未加注燃油、机油和冷却液的发动机质量。比容积和比质量越小，发动机结构越紧凑。

（3）环境指标。

环境指标用来评价发动机排气品质和噪声水平。由于它关系到人类的健康及其赖以生存的环境，因此各国政府都制定出严格的控制法规，以期消减发动机排气和噪声对环境的污染。

（4）可靠性指标。

可靠性指标是表征发动机在规定的使用条件下，正常持续工作能力的指标。可靠性有多种评价方法，如首发故障行驶里程、平均故障间隔里程、主要零件的损坏率等。

（5）耐久性指标。

耐久性指标是指发动机主要零件磨损到不能继续正常工作的极限时间。通常用发动机的大修里程，即发动机从出厂到第一次大修之间汽车行驶的里程数来衡量。

（6）工艺性指标。

工艺性指标是指评价发动机制造工艺性和维修工艺性好坏的指标。发动机结构工艺性好，则便于制造、便于维修，进而降低生产成本和维修费用。

1.5　内燃机的编号规则

为了便于内燃机的生产管理和使用，国家标准（GB725－1982）《内燃机产品名称和型号编制规则》中对内燃机的名称和型号做了统一规定。

1. 内燃机的名称和型号

内燃机名称均按所使用的主要燃料命名，如汽油机、柴油机、煤气机等。内燃机型号由阿拉伯数字和汉语拼音字母组成。内燃机型号由以下四个部分组成。

①首部，为产品系列符号和换代标志符号，由制造厂根据需要自选相应字母表示，但需主管部门核准。

②中部，由缸数符号、冲程符号、汽缸排列形式符号和缸径符号等组成。

③后部，结构特征和用途特征符号，以字母表示。

④尾部，区分符号。同一系列产品因改进等原因需要区分时，由制造厂选用适当符号表示。

2. 内燃机型号的排列顺序及符号所代表的含义

内燃机型号的排列顺序及符号所代表的含义规定如图1-25所示。

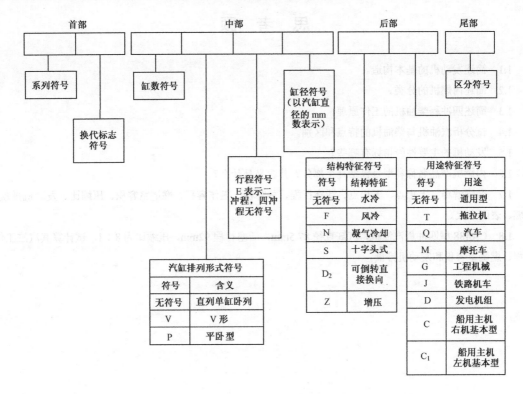

图 1-25　内燃机型号的排列顺序及符号含义

3．型号编制举例

（1）汽油机。

- 1E65F：表示单缸、二冲程、缸径 65mm、风冷通用型。
- 4100Q：表示四缸、四冲程、缸径 100mm、水冷车用。
- 4100Q-4：表示四缸、四冲程、缸径 100mm、水冷车用、第四种变型产品。
- CA6102：表示六缸、四冲程、缸径 102mm、水冷通用型、CA 表示系列符号。
- 8V100：表示八缸、四冲程、缸径 100mm、V 形、水冷通用型。
- TJ376Q：表示三缸、四冲程、缸径 76mm、水冷车用、TJ 表示系列符号。
- CA488：表示四缸、四冲程、缸径 88mm、水冷通用型、CA 表示系列符号。

（2）柴油机。

- 195：表示单缸、四冲程、缸径 95mm、水冷通用型。
- 165F：表示单缸、四冲程、缸径 65mm、风冷通用型。
- 495Q：表示四缸、四冲程、缸径 95mm、水冷车用。
- 6135Q：表示六缸、四冲程、缸径 135mm、水冷车用。
- X4105：表示四缸、四冲程、缸径 105mm、水冷通用型、X 表示系列代号。
- 12V135：表示十二缸、四冲程、汽缸 V 形排列、缸径 135mm、水冷通用型。

思 考 题

1.1　简述发动机的基本构造。

1.2　简述内燃机的分类。

1.3　简述四冲程柴油机的工作原理。

1.4　试分析汽油机与柴油机的特点和区别。

1.5　发动机的主要性能指标有哪些？

1.6　内燃机产品名称和型号包括几个部分？其含义是什么？

1.7　名词解释：上止点、下止点、活塞行程、总容积、工作容积、燃烧室容积、压缩比、发动机排量、爆燃、表面点火。

1.8　CA488型四冲程汽油机，汽缸直径87.5mm，活塞行程92mm，压缩比为8∶1，试计算其汽缸工作容积、燃烧室容积和发动机排量。

项目教学任务单

项目 1 发动机总体结构的认知——实训指导

参考学时	2	分组		备注	

教学目标	通过本次实训，学生应该能够： 1. 说出实训室各项规章制度的基本内容； 2. 指出发动机的前后朝向和左右朝向； 3. 指出发动机的基本型号和参数； 4. 介绍发动机的两大机构和六大系统
实训设备	1. 整车； 2. 发动机台架； 3. 发动机散件
实训 过程 设计	根据学生人数分组，教师现场指导。 1. 讲解实训室各项规章制度，重点强调安全性和规范性； 2. 讲解上实训课的目的、意义以及如何上好实训课； 3. 组织学生分成若干小组，选出组长； 4. 引导学生在整车上观察发动机的总体布置； 5. 引导学生认知发动机台架和发动机散件，找出发动机的两大机构 和五大系统； 6. 小组代表对发动机的结构进行介绍，计小组平时分
实训 纪要	

项目1　发动机总体结构的认知——任务单

班级		组别		姓名		学号	

1. 上实训课列队时你所站的位置是第_____行、第_____号，你分在第_____小组；

2. 你认为上实训课的主要目的是（　　）；

A. 培养职业素质　　　　　　B. 提高技能水平　　　　　C. 提高理论水平

3. 上实训课分组实操时，你选择（　　）；

A. 站着看，偶尔指导别人一下，培养当领导的能力

B. 抢着干，充分利用实训资源提高自身技能水平

C. 积极动手操作，同时不忘与别人合作完成任务

D. 想好了再干，边干边思考，做到举一反三

E. 根据任务组织大家分工协作，自己积极参与

4. "5S管理"包括_____、_____、_____、_____和_____5项内容；

5. 实训室关于学生上实训课或练习实操，对实训服穿着的规定是（　　）；

A. 必须正确穿着　　　B. 可穿可不穿

6. 你观察到车辆发动机的布置形式是_____置式，排量为_____升；

7. 你所在小组发动机台架是_____缸发动机，每个汽缸有_____个气门；

8. 该发动机的型号是_____，发动机号码是_____，面对该发动机曲轴皮带轮，起动发动机，曲轴皮带轮是_____时针方向转动；

9. 曲轴皮带轮装在发动机的_____、飞轮装在发动机的_____端；

10. 找出发动机主要部件的安装位置；

1）该发动机后端连接的是_____总成，型号为_____；

2）进气系统在发动机的_____侧，排气系统在发动机的_____侧；

3）冷却水箱在发动机的_____面，机油滤清器位于发动机的_____；

4）该发动机曲轴皮带轮驱动的部件有_____、_____和_____等

2.标注发动机各零部件名称

总结评分	
	教师签名：　　　　　　　　　　　　　　　年　　月　　日

项目 2 发动机拆装——实训指导

参考学时	2	分组		备注	
教学目标	通过本次实训，学生应该能够： 1．说出发动机维护的主要内容； 2．说出发动机维护的作业方法； 3．能对发动机进行检查，清洁及润滑等维护作业				
实训设备	1．发动机台架、教材； 2．机油、机油滤清器； 3．扭力扳手、机油盘、气枪； 4．常用维修工具				
实训 过程 设计	根据学生人数分组，教师现场指导。 一、内燃机拆装 1．讲解内燃机拆装安全操作规程； 2．示范工具量具正确使用方法及注意事项； 3．示范及引导内燃机拆装步骤及方法； 4．小组分头实操； 5．小组代表讲述拆装过程及注意事项，存在集中典型问题； 6．教师点评，小结 二、内燃机维护。 1．讲解日常发动机维护的内容； 2．示范发动机维护的作业方法； 3．学生对发动机进行检查、清洁、润滑等维护作业； 4．小组代表讲述发动机维护的主要内容及作业方法，示范检查机油的作业方法；同学及教师进行现场点评； 5．小组代表对上述项目进行操作或讲述，同学及教师进行现场点评				
实训 纪要					

项目 2 发动机拆装——任务单

班级		组别		姓名		学号	

1. 发动机维护的内容包括（　　　　）等；

A. 紧固　　　　B. 清洁　　　　C. 润滑　　　D. 检查　　　E. 调整

2. 发动机的"四漏"是指（　　　　）；

A. 漏油　　　　B. 漏风　　　　C. 漏水　　　D. 漏电　　　E. 漏馅　　　F. 漏气

3. 本小组发动机"四漏"的故障是（　　　　），故障部件是＿＿＿＿＿＿＿＿；

A. 漏油　　　　B. 漏风　　　　C. 漏水　　　D. 漏电　　　E. 漏馅　　　F. 漏气

4. 机油的更换里程一般为（　　　）km；

A. 2000　　　　B. 5000　　　　C. 10000　　　D. 20000

5. 机油的检查内容有（　　　　　　）等，冷却水的检查内容有（　　　　　　）等；

A. 液面高度　　　B. 黏度　　　　C. 气味　　　D. 颜色　　　E. 沉淀物　　　　F. 有无泡沫

6. 本小组发动机机油的检查结果是＿＿；

7. 查阅相关维修手册，该发动机油底壳放油孔塞的扭矩是＿＿＿＿N·m，安装新机油滤清器时先在衬垫上涂抹少许干净＿＿＿＿＿，先用手拧入正确位置直至衬垫接触到底座，然后用专用工具再拧紧＿＿＿＿＿圈；

8. 空气滤清器可用＿＿＿＿＿＿＿＿＿＿＿进行清洁；

9. 安装汽油滤清器时应使箭头指向（　　　　）；

A. 发动机　　　　B. 汽油箱　　　　C. 汽车前方　　　　D. 汽车后方

10. 拆出本小组发动机的全部火花塞，用塞尺测量各火花塞的电极间隙，测量值是：第 1 缸＿＿＿＿＿mm，第 2 缸＿＿＿＿＿mm，第 3 缸＿＿＿＿＿mm，第 4 缸＿＿＿＿＿mm，查阅相关维修手册，火花塞电极的标准间隙是＿＿＿＿＿mm。

11. 查阅相关资料，结合实际操作，写出内燃机拆装步骤及注意事项。（可附页）

2.发动拆装步骤与注意事项

总结评分	
	教师签名：　　　　　　　年　　月　　日

第2章

曲柄连杆机构

<table>
<tr><td>

【本章重点】

● 曲柄连杆机构的组成及功用；
● 汽缸体的结构形式；
● 汽缸套、活塞环的种类及作用；
● 各部件之间的装配关系

</td><td>

【本章难点】

● 曲柄连杆机构的受力分析；
● 发动机的工作次序

</td></tr>
</table>

2.1 概述

1. 功用

曲柄连杆机构是发动机实现能量转换的主要机构。它的功用是把燃气作用在活塞顶上的力转变为曲轴的扭矩，以向工作机械输出机械能。

2. 工作条件

发动机工作时，曲柄连杆机构直接与高温高压气体接触，曲轴的旋转速度又很高，活塞往复运动的线速度相当大，同时与可燃混合气和燃烧废气接触，曲柄连杆机构还受到化学腐蚀作用，并且润滑困难。可见，曲柄连杆机构的工作条件相当恶劣，它要承受高温、高压、高速和化学腐蚀作用。

3. 组成

曲柄连杆机构的主要组成件可以分成三组：汽缸体与曲轴箱组、活塞连杆组、曲轴飞轮组。

（1）汽缸体与曲轴箱组，主要包括汽缸体、曲轴箱、汽缸盖、汽缸套、汽缸衬垫、油底壳等机件。

（2）活塞连杆组，主要包括活塞、活塞环、活塞销和连杆等机件。

（3）曲轴飞轮组，主要包括曲轴、飞轮、扭转减振器等机件。

2.2 曲柄连杆机构的受力

由于曲柄连杆机构是在高压下做变速运动，因此它在工作中的受力情况很复杂。曲柄连杆机构工作条件的特点是高温、高压、高速和化学腐蚀。曲柄连杆机构的受力有气体作用力、运动质量的惯性力、相对运动件接触表面的摩擦力以及外界阻力等，一般在受力分析时忽略摩擦力，主要讨论气体作用力和惯性力。

1．气体作用力

在每个工作循环中，气体作用力始终存在并不断变化。但由于进气、排气两行程中气体作用力较小，对机件影响不大，故主要研究做功和压缩两行程中的气体作用力，示意图如图 2-1 所示。

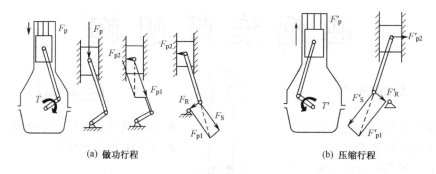

(a) 做功行程   (b) 压缩行程

图 2-1 气体作用力示意图

在做功行程中，气体压力是推动活塞向下运动的力，这时，燃烧气体产生的高压直接作用在活塞顶部。如图 2-1(a)所示，活塞所受总压力为 F_p，它传到活塞销上可分解为 F_{p1} 和 F_{p2}。分力 F_{p1} 通过活塞传给连杆，并沿连杆方向作用在曲柄销上。F_{p1} 还可分解为两个分力 F_R 和 F_S。沿曲柄方向分力 F_R 使曲轴主轴颈与主轴承间产生压紧力；与曲柄垂直的分力 F_S 除了使主轴颈和主轴承之间产生压紧力外，还对曲轴形成转矩 T，推动曲轴旋转。F_{p2} 把活塞压向汽缸壁，形成活塞与缸壁间的侧压力，有使机体翻倒的趋势，故机体下部的两侧应支撑在车架上。

在压缩行程中，气体压力是阻碍活塞向上运动的阻力。这时作用在活塞顶的气体总压力 F_p' 也可分解为两个分力，如图 2-1(b)所示。

在任何工作行程中，气体作用力的大小都是随着活塞的位移而变化的，再加上连杆左右摇摆，因而作用在活塞销和曲轴轴颈的表面以及二者的支撑表面上的压力和作用点不断变化，造成各处磨损的不均匀性。同样，汽缸壁沿圆周方向的磨损也不均匀。

2．往复惯性力与离心力

当运动速度变化时，做往复运动的物体将产生往复惯性力。物体绕某一中心做旋转运动时，就会产生离心力。这两种力在曲柄连杆机构的运动中都是存在的，如图 2-2 所示。

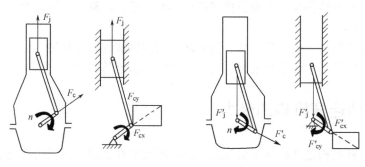

(a) 活塞在前半行程时的惯性力   (b) 活塞在后半行程时的惯性力

图 2-2 往复惯性力与离心力的作用情况

往复惯性力是指活塞组件和连杆小头在汽缸中做往复直线运动所产生的惯性力，其大小与机件的质量及加速度成正比，其方向总与加速度的方向相反，如图 2-2 中 F_j 和 F_j' 所示。

　　活塞在汽缸内的运动速度很高，而且数值在不断变化。当活塞从上止点向下止点运动时，其速度变化规律为从零开始，逐渐增大，临近中间达最大值，后又逐渐减小至零。也就是说，当活塞向下运动时，前半行程是加速运动，惯性力 F_j 向上，如图 2-2(a)所示；后半行程是减速运动，惯性力 F_j' 向下，如图 2-2(b)所示。同理，当活塞向上时，前半行程惯性力向下，后半行程惯性力向上。

　　活塞、活塞销和连杆小头的质量越大，曲轴转速越大，往复惯性力也越大，从而使曲柄连杆机构的各零件和所有轴颈承受周期性的附加载荷，加快轴承的磨损；而惯性力又由于未被平衡并不断变化着，传到汽缸体后还将引起发动机的振动。

　　离心力是指偏离曲轴轴线的曲柄、曲柄销和连杆大头绕曲轴轴线做圆周运动产生的旋转惯性力，简称离心力，其大小与曲柄半径、旋转部分的质量及曲轴转速有关，其方向沿曲柄半径向外，如图 2-2 中 F_c 和 F_c' 所示。曲柄半径长、旋转部分质量大、曲轴转速高，则离心力大。离心力在垂直方向的分力 F_{cy} 与 F_{cy}' 与往复惯性力方向总是一致的，因而加剧了发动机的上、下振动；而水平方向的分力 F_{cx} 和 F_{cx}' 则使发动机产生水平方向振动。离心力使连杆大头的轴瓦和曲柄销、曲轴主轴颈及其轴承受到又一附加载荷，将增加它们的变形和磨损。

3．摩擦力

　　任何一对互相压紧并做相对运动的零件表面之间都存在摩擦力，其大小与对摩擦面形成的正压力和摩擦系数成正比，其方向与相对运动的方向相反。摩擦力是造成零件配合表面磨损的根源。

　　上述各种力作用在曲柄连杆机构和机体的各有关零件上，使它们受到压缩、拉伸、弯曲和扭转等不同形式的负荷。为了保证工作可靠，减少磨损，必须在结构上采取相应的改善措施。

2.3　机体组

2.3.1　机体组的功用及组成

　　现代汽车发动机机体组主要由机体、汽缸盖、汽缸盖罩、汽缸垫、主轴承盖以及油底壳等组成。镶汽缸套的发动机，机体组还包括干式或湿式汽缸套。机体组的组成部件如图 2-3 所示。

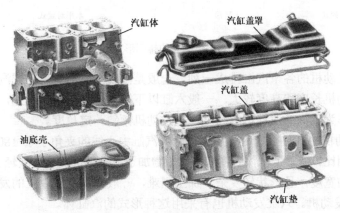

图 2-3　机体组的组成部件

机体组是发动机的支架，是曲柄连杆机构、配气机构和发动机各系统主要零部件的装配基体。汽缸盖用来封闭汽缸顶部，并与活塞顶和汽缸壁一起形成燃烧室。另外，汽缸盖和机体内的水套和油道以及油底壳又分别是冷却系统和润滑系统的组成部分。

2.3.2　机体

1. 机体的工作条件及要求

机体是汽缸体与曲轴箱的连铸体。绝大多数水冷发动机的汽缸体与曲轴箱连铸在一起，而且多缸发动机的各个汽缸也被合铸成一个整体。风冷发动机几乎无一例外地将汽缸体与曲轴箱分别铸制。在发动机工作时，机体承受拉伸、压缩、弯曲、扭转等不同形式的机械负荷，同时还因为汽缸壁面与高温燃气直接接触而承受很大的热负荷。因此，机体应具有足够的强度和刚度，且耐磨损和耐腐蚀，并应对汽缸进行适当冷却，以免机体损坏和变形。机体也是最重的零件，应该力求结构紧凑、质量轻，以减小整机的尺寸和质量。

2. 机体材料

机体一般用高强度灰铸铁或铝合金铸造。目前，在轿车发动机上采用铝合金机体的情况也越来越普遍。

3. 机体构造

水冷发动机的汽缸体和上曲轴箱常铸成一体，称为汽缸体—曲轴箱，也可称为汽缸体。汽缸体一般用灰铸铁铸成，汽缸体上部的圆柱形空腔称为汽缸，下半部为支承曲轴的曲轴箱，其内腔为曲轴运动的空间。在汽缸体内部铸有许多加强筋，冷却水套和润滑油道等。

（1）按汽缸排列形式可分为直列式（也称单列式）、V形和水平对置式三种，如图2-4所示。

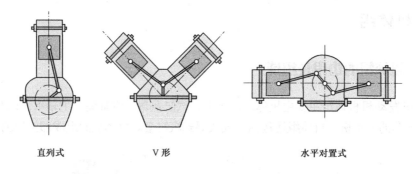

直列式　　　　　　V形　　　　　　　　　水平对置式

图2-4　汽缸的排列形式

直列式，指发动机的各个汽缸排成一列，一般是垂直布置的。直列式汽缸体结构简单、加工容易，但发动机长度和高度较大。一般六缸以下发动机多采用直列式，如捷达轿车和富康轿车。有的汽车为了降低发动机的高度，把发动机倾斜一定角度。

V形，指发动机的汽缸排成两列，左右两列汽缸中心线的夹角小于180°，V形发动机与直列式发动机相比，缩短了机体长度和高度，增加了汽缸体的刚度，减轻了发动机的重量，但加大了发动机的宽度，且形状较复杂，加工困难，一般用于八缸以上的发动机，如红旗轿车中的8V100型发动机。六缸发动机也有采用这种形式的汽缸体。

对置式，指发动机的汽缸排成两列且在同一水平面上，即左右两列汽缸中心线的夹角为180°。对置式发动机的特点是高度小，总体布置方便，有利于风冷。这种汽缸应用较少。

（2）按汽缸体与油底壳安装平面的位置不同分为一般式、龙门式、隧道式三种，如图 2-5 所示。

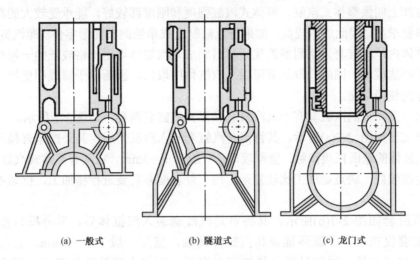

(a) 一般式　　　　　(b) 隧道式　　　　　(c) 龙门式

图 2-5　汽缸体的结构形式

　　一般式汽缸体。其特点是油底壳安装平面和曲轴旋转中心在同一高度。这种汽缸体的优点是机体高度小、质量轻、结构紧凑、便于加工、曲轴拆装方便，但其缺点是刚度和强度较差。北京吉普 BJ2023 用的发动机 492QA 的汽缸体即属于这种形式。

　　隧道式汽缸体。这种形式的汽缸体曲轴的主轴承孔为整体式，采用滚动轴承，主轴承孔较大，曲轴从汽缸体后部装入。其优点是结构紧凑、刚度和强度好；但其缺点是加工精度要求高，工艺性较差，曲轴拆装不方便。如黄河 JN1181C3 型汽车用的发动机 6135Q 就属于该类型。

　　龙门式汽缸体。其特点是油底壳安装平面低于曲轴的旋转中心。它的优点是强度和刚度都好，能承受较大的机械负荷；但其缺点是工艺性较差，结构笨重，加工较困难。如 CA1091 型解放汽车用的 CA6102 发动机就采用该种形式。

（3）为使汽缸内表面能在高温下正常工作，必须对汽缸和汽缸盖进行适当地冷却。按发动机的冷却方法不同又分为水冷式和风冷式，如图 2-6 所示。

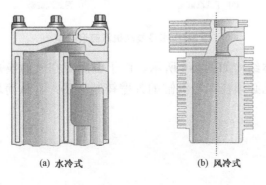

(a) 水冷式　　　　　　(b) 风冷式

图 2-6　发动机的冷却方式

　　水冷发动机的汽缸周围和汽缸盖中都加工有冷却水套，并且汽缸体和汽缸盖冷却水套相通，冷却水在水套内不断循环，带走部分热量，对汽缸和汽缸盖起冷却作用。

　　汽缸内表面由于受高温、高压燃气的作用并与高速运动的活塞接触而极易磨损，为提高汽缸的耐磨性和延长汽缸的使用寿命而出现了不同的汽缸结构形式和表面处理方法。汽缸直接镗在汽缸体上叫做整体式汽缸，整体式汽缸强度和刚度都较好，能承受较大的载荷，这种汽缸对材料要求高，因此成本较高。如果将汽缸制造成单独的圆筒形零件（即汽缸套），然后再装到汽缸体内；汽缸套采用耐磨的优质材料制成，汽缸体可用价格较低的一般材料制造，从而降低了制造成本。同时，汽缸套可以从汽缸体中取出，因而便于修理和更换，并可大大延长汽缸体的使用寿命。

　　（4）水冷发动机的汽缸套有干式汽缸套和湿式汽缸套两种，如图2-7所示。

　　干式汽缸套如图 2-7(a)所示，其特点是汽缸套装入汽缸体后，其外壁不直接与冷却水接触，而和汽缸体的壁面直接接触，壁厚较薄，一般为1～3mm。它具有整体式汽缸体的优点，强度和刚度都较好；缺点是加工比较复杂，内、外表面都需要进行精加工，拆装不方便，散热不良。

　　湿式汽缸套如图 2-7(b)所示，其特点是汽缸套装入汽缸体后，其外壁直接与冷却水接触，汽缸套仅在上、下圆环地带和汽缸体接触，壁厚一般为5～9mm。它散热良好、冷却均匀、加工容易，通常只需要精加工内表面，而与水接触的外表面不需要加工，拆装方便；缺点是强度、刚度都不如干式汽缸套好，而且容易产生漏水现象。应该采取一些防漏措施。

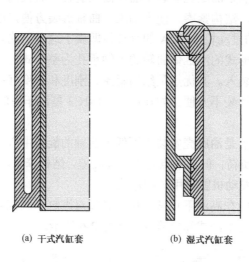

(a) 干式汽缸套　　　　　　　(b) 湿式汽缸套

图2-7　水冷发动机汽缸套类型

　　风冷发动机汽缸体结构如图2-8所示。由于金属对空气的换热系数仅是金属对水的换热系数的1/33。因此必须在风冷汽缸的外壁铸制散热片，从而增加散热面积，增强散热能力。

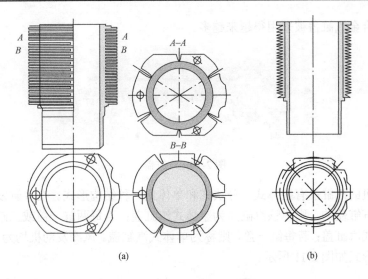

(a)　　　　　　　　　　　　　　　　(b)

图 2-8　风冷发动机汽缸体的结构

2.3.3　曲轴箱

　　汽缸体下部用来安装曲轴的部位称为曲轴箱，曲轴箱分上曲轴箱和下曲轴箱。上曲轴箱与汽缸体铸成一体，下曲轴箱用来储存润滑油，并封闭上曲轴箱，故又称为油底壳，如图 2-9所示。油底壳受力很小，一般采用薄钢板冲压而成，其形状取决于发动机的总体布置和机油的容量。油底壳内装有稳油挡板，以防止汽车颠动时油面波动过大；油底壳底部还装有放油螺塞，通常放油螺塞上装有永久磁铁，以吸附润滑油中的金属屑，减少发动机的磨损；在上下曲轴箱接合面之间装有衬垫，防止润滑油泄漏。

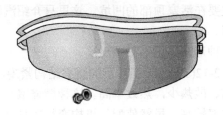

图 2-9　油底壳

2.3.4　汽缸盖

　　汽缸盖如图 2-10 所示，安装在汽缸体的上面，从上部密封汽缸构成燃烧室。它经常与高温、高压燃气相接触，因此须承受很大的热负荷和机械负荷。水冷发动机的汽缸盖内部制有冷却水套，缸盖下端面的冷却水孔与缸体的冷却水孔相通。利用循环水来冷却燃烧室等高温部分。

　　缸盖上还装有进、排气门座，气门导管孔，用于安装进、排气门，还有进气通道和排气通道等。汽油机的汽缸盖上加工有安装火花塞的孔，而柴油机的汽缸盖上加工有安装喷油器的孔，顶置凸轮轴式发动机的汽缸盖上还加工有凸轮轴轴承孔，用以安装凸轮轴。

　　汽缸盖一般采用灰铸铁或合金铸铁铸成，因为铝合金的导热性好，有利于提高压缩比，所以近年来铝合金汽缸盖被采用得越来越多。

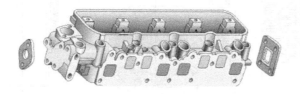

图2-10　汽缸盖

水冷发动机的汽缸盖有整体式、分块式和单体式三种结构形式。在多缸发动机中，全部汽缸共用一个汽缸盖的，则称该汽缸盖为整体式汽缸盖；若每两缸一盖或三缸一盖，则称该汽缸盖为分块式汽缸盖；若每缸一盖，则称为单体式汽缸盖。风冷发动机均为单体式汽缸盖。汽缸盖的结构形式如图2-11所示。

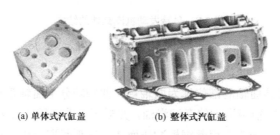

(a) 单体式汽缸盖　　　　　　　(b) 整体式汽缸盖

图2-11　汽缸盖的结构形式

汽缸盖是燃烧室的组成部分，燃烧室的形状对发动机的工作影响很大，由于汽油机和柴油机的燃烧方式不同，其汽缸盖上组成燃烧室的部分差别较大。汽油机的燃烧室主要在汽缸盖上，而柴油机的燃烧室主要在活塞顶部的凹坑。这里只介绍汽油机的燃烧室，柴油机的燃烧室将在后续章节中再介绍。

汽油机燃烧室常见的几种形式如图2-12所示。

（1）半球形燃烧室如图2-12(a)所示。半球形燃烧室结构紧凑，火花塞布置在燃烧室中央，火焰行程短，故燃烧速率高、散热少，热效率高。这种燃烧室结构上也允许气门双行排列，进气口直径较大，故充气效率较高，虽然使配气机构变得较复杂，但有利于排气净化，在轿车发动机上被广泛地应用。

（2）楔形燃烧室如图2-12(b)所示。楔形燃烧室结构简单、紧凑，散热面积小，热损失也小，能保证混合气在压缩行程中形成良好的涡流运动，有利于提高混合气的混合质量，进气阻力小，提高了充气效率。气门排成一列，使配气机构简单，但火花塞置于楔形燃烧室高处，火焰传播距离较长，如切诺基轿车发动机即采用这种形式的燃烧室。

（3）盆形燃烧室如图2-12(c)所示。汽缸盖工艺性好，制造成本低，但因气门直径易受限制，进、排气效果要比半球形燃烧室差。如捷达轿车发动机、奥迪轿车发动机采用的即是盆形燃烧室。

（4）多球形燃烧室如图2-12(d)所示，是由两个以上半球形凹坑组成的，其结构紧凑，面容比小，火焰传播距离短，气门直径较大，气道比较平直，且能产生挤气涡流。

（5）篷形燃烧室如图 2-12(e)所示，是近年来在高性能多气门轿车发动机上广泛应用的燃烧室。

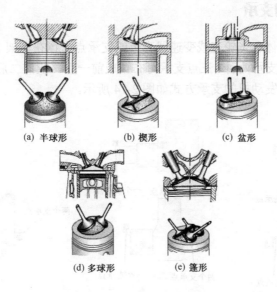

(a) 半球形　　　(b) 楔形　　　(c) 盆形

(d) 多球形　　　(e) 篷形

图 2-12　汽油机燃烧室的常见形式

2.3.5　汽缸垫

1. 汽缸衬垫的功用、工作条件及要求

汽缸衬垫如图 2-13 所示，是机体顶面与汽缸盖底面之间的密封件。其作用是保持汽缸密封不漏气，保持由机体流向汽缸盖的冷却液和机油不泄漏。汽缸衬垫承受拧紧汽缸盖螺栓时造成的压力，并受到汽缸内燃烧气体高温、高压的作用以及机油和冷却液的腐蚀。

汽缸衬垫应该具有足够的强度，并且要耐压、耐热和耐腐蚀。另外，还须要有一定的弹性，以补偿机体顶面和汽缸盖底面的粗糙度和不平度以及发动机工作时反复出现的变形。

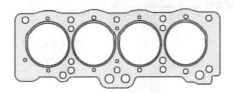

图 2-13　汽缸衬垫

2. 汽缸衬垫的分类及结构

按所用材料的不同，汽缸衬垫可分为金属—石棉衬垫、金属—复合材料衬垫和全金属衬垫等多种。目前应用较多的是铜皮—棉结构的汽缸垫，由于铜皮—棉汽缸垫翻边处有三层铜皮，压紧时较之石棉不易变形。有的发动机还采用在石棉中心用编织的钢丝网或有孔钢板为骨架，两面用石棉及橡胶黏结剂压成的汽缸垫。

安装汽缸垫时，首先要检查汽缸垫的质量和完好程度，所有汽缸垫上的孔要和汽缸体上的孔对齐，将光滑的一面朝向汽缸体，防止被高温气体冲坏。其次要严格按照说明书上的要求上好汽缸盖螺栓。拧紧汽缸盖螺栓时，必须由中央对称地向四周扩展的顺序分 2～3 次进行，最后一次拧紧到规定的力矩。

2.3.6　发动机的支承

　　发动机一般通过机体和飞轮壳或变速器壳上的支承点支撑在车架上。发动机的支承方式，一般有三点支承和四点支承两种。三点支承可布置成前一后二或前二后一。采用四点支承时，前后各有两个支承点。发动机的支承方式如图 2-14 所示。

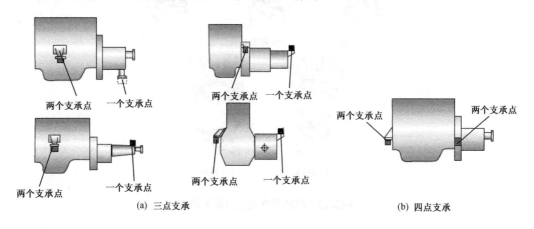

图 2-14　发动机的支承方式

2.4　活塞连杆组

　　活塞连杆组由活塞、活塞环、活塞销、连杆、连杆轴瓦等组成，如图 2-15 所示。

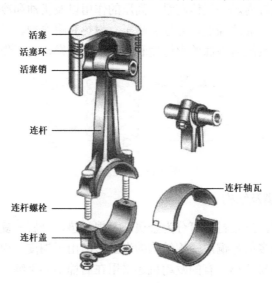

图 2-15　活塞连杆组

2.4.1　活塞

1．功用

活塞的功用是承受气体压力，并通过活塞销传给连杆驱使曲轴旋转，活塞顶部还是燃烧室的组成部分。活塞的结构如图 2-16 所示。

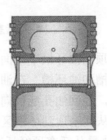

图 2-16　活塞的结构

2．工作条件

活塞在高温、高压、高速、润滑不良的条件下工作，直接与高温气体接触，瞬时温度可达 2500K 以上。因此，受热严重，而散热条件又很差。所以活塞工作时温度很高，顶部高达 600～700K，且温度分布很不均匀。活塞顶部承受气体压力很大，特别是做功行程压力最大，汽油机高达 3～5MPa，柴油机高达 6～9MPa，这就使得活塞产生冲击，并承受侧压力的作用。活塞在汽缸内以很高的速度（8～12m/s）往复运动，且速度在不断地变化，这就产生了很大的惯性力，使活塞受到很大的附加载荷。活塞在这种恶劣的条件下工作，会产生变形并加速磨损，还会产生附加载荷和热应力，同时受到燃气的化学腐蚀作用。

3．要求

（1）要有足够的刚度和强度，传力可靠。

（2）导热性能好，要耐高压、耐高温、耐磨损。

（3）质量小、重量轻，尽可能地减小往复惯性力。

铝合金材料基本上满足上面的要求，因此，活塞一般都采用高强度铝合金，但在一些低速柴油机上采用高级铸铁或耐热钢。

4．构造

活塞可分为三部分，即活塞顶部、活塞头部和活塞裙部。

（1）活塞顶部。活塞顶部承受气体压力，是燃烧室的组成部分，其形状、位置、大小都和燃烧室的具体形式有关，都是为满足可燃混合气形成和燃烧的要求，其顶部形状可分为四大类：平顶活塞、凸顶活塞、凹顶活塞和成型顶活塞，如图 2-17 所示。

平顶活塞顶部是一个平面，结构简单、制造容易、受热面积小，顶部应力分面较为均匀，一般用在汽油机上，柴油机很少采用。凸顶活塞顶部凸起呈球顶形，其顶部强度高，起导向作用，有利于改善换气过程，二冲程汽油机常采用凸顶活塞。凹顶活塞顶部呈凹陷形，凹坑的形状和位置必须有利于可燃混合气的燃烧，有双涡流凹坑、球形凹坑、U 形凹坑等。

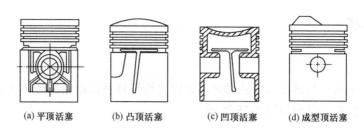

(a) 平顶活塞　　(b) 凸顶活塞　　(c) 凹顶活塞　　(d) 成型顶活塞

图 2-17　活塞顶部的形状

（2）活塞头部。由活塞顶至油环槽下端面之间的部分称为活塞头部。在活塞头部加工有用来安装气环和油环的气环槽和油环槽。在油环槽底部还加工有回油孔或横向切槽，油环从汽缸壁上刮下来的多余机油，经回油孔或横向切槽流回油底壳。

活塞头部应该足够厚，从活塞顶到环槽区的断面变化要尽可能圆滑，过渡圆角 R 应足够大，以减小热流阻力，便于热量从活塞顶经活塞环传给汽缸壁，使活塞顶部的温度不致过高，如图 2-18 所示。

在第一道气环槽上方设置一道较窄的隔热槽的作用是隔断由活塞顶传向第一道活塞环的热流，使部分热量由第二、三道活塞环传出，从而可以减轻第一道活塞环的热负荷，改善其工作条件，防止活塞环黏结。

活塞环槽的磨损是影响活塞使用寿命的重要因素。在强化程度较高的发动机中，第一道环槽温度较高，磨损严重。为了增强环槽的耐磨性，通常在第一环槽或第一、二环槽处镶嵌耐热护圈，如图 2-19 所示。在高强化直喷式燃烧室柴油机中，在第一环槽和燃烧室喉口处均镶嵌耐热护圈，以保护喉口不致因为过热而开裂。

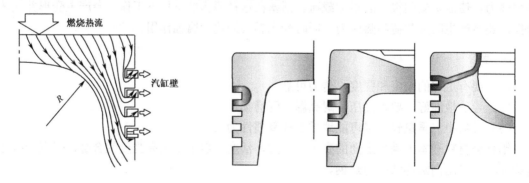

图 2-18　由活塞顶到汽缸壁的热流　　　　图 2-19　活塞环槽护圈

（3）活塞裙部。活塞裙部指从油环槽下端面起至活塞最下端的部分，它包括装活塞销的销座孔。活塞裙部对活塞在汽缸内的往复运动起导向作用，并承受侧压力。裙部的长短取决于侧压力的大小和活塞直径。所谓侧压力是指在压缩行程和做功行程中，作用在活塞顶部的气体压力的水平分力使活塞压向汽缸壁。压缩行程和做功行程气体的侧压力方向正好相反，由于燃烧压力大大高于压缩压力，所以，做功行程中的侧压力也大大高于压缩行程中的侧压力，活塞裙部的受力情况如图 2-20 所示。活塞裙部承受侧压力的两个侧面称为推力面，它们处于与活塞销轴线相垂直的方向上。

5. 结构特点

（1）预先做成椭圆形，如图 2-21 所示。

为了使裙部两侧承受气体压力并与汽缸保持小而安全的间隙，要求活塞在工作时具有正确的圆柱形。但是，由于活塞裙部的厚度很不均匀，活塞销座孔部分的金属厚，受热膨胀量大，沿活塞销座轴线方向的变形量大于其他方向。另外，裙部承受气体侧压力的作用，导致沿活塞销轴向变形量较垂直活塞销方向大。这样，如果活塞冷态时裙部为圆形，那么工作时活塞就会变成一个椭圆，使活塞与汽缸之间圆周间隙不相等，造成活塞在汽缸内卡住，发动机就无法正常工作。因此，在加工时预先把活塞裙部做成椭圆形状。椭圆的长轴方向与销座垂直，短轴方向沿销座方向。这样活塞工作时趋近正圆。

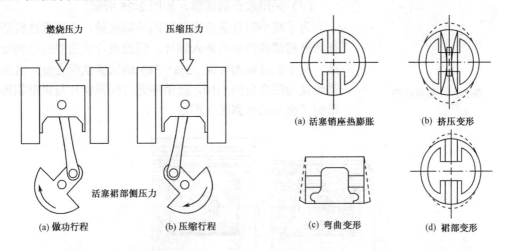

图 2-20　活塞裙部的受力情况　　　　图 2-21　活塞裙部的断面形状

（2）预先做成阶梯形、锥形，如图 2-22 所示。

活塞沿高度方向的温度很不均匀，活塞的温度是上部高、下部低，膨胀量也相应是上部大、下部小。为了使工作时活塞上下直径趋于相等，即为圆柱形，就必须预先把活塞制成上小下大的阶梯形、锥形。

（3）活塞裙部开槽，如图 2-23 所示。

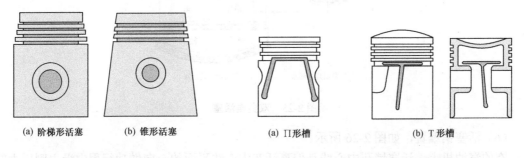

图 2-22　活塞的整体形状　　　　图 2-23　活塞裙部开槽

为了减小活塞裙部的受热量，通常在裙部开横向的隔热槽，为了补偿裙部受热后的变形量，裙部开有纵向的膨胀槽。槽的形状有"T"形或"Π"形槽。横槽一般开在最下一道环槽的下面，裙部上边缘活塞销座的两侧（也有开在油环槽之中的），以减小头部热量向裙部传递，故称为隔热槽。竖槽会使裙部具有一定的弹性，从而使活塞装配时与汽缸间具有尽可能小的间隙，而在热态时又具有补偿作用，不致造成活塞在汽缸中卡死，故将竖槽称为膨胀槽。裙部开竖槽后，会使其开槽的一侧刚度变小，在装配时应使其位于做功行程中承受侧压力较小的一侧。柴油机活塞受力大，裙部一般不开槽。

（4）采用拖板活塞，如图 2-24 所示。

图 2-24　拖板活塞

有些活塞为了减轻重量，在裙部开孔或把裙部不受侧压力的两边切去一部分，以减小惯性力，减小销座附近的热变形量，形成拖板式活塞或短活塞，拖板式结构裙部弹性好，质量小，活塞与汽缸的配合间隙较小，适用于高速发动机。

（5）采用双金属活塞，如图 2-25 所示。

为了减小铝合金活塞裙部的热膨胀量，有些汽油机活塞在活塞裙部或销座内嵌入钢片。恒范钢片式活塞的结构特点是，由于恒范钢为含镍 33%～36% 的低碳铁镍合金，其膨胀系数仅为铝合金的 1/10，而销座通过恒范钢片与裙部相连，牵制了裙部的热膨胀变形量。

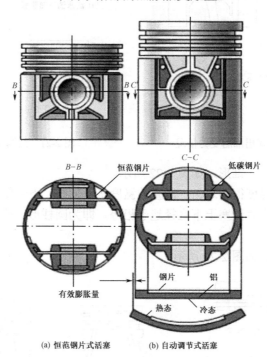

图 2-25　双金属活塞

（6）活塞销偏置，如图 2-26 所示。

有的汽油机上，活塞销孔中心线是偏离活塞中心线平面的，向做功行程中受主侧压力的一方偏移了 1～2mm。这种结构可使活塞在从压缩行程到做功行程中较为柔和地从压向汽缸的一面过渡到压向汽缸的另一面，以减小敲缸的声音。在安装时，这种活塞销偏置的方向不能装反，否则换向敲击力会增大，使裙部受损。

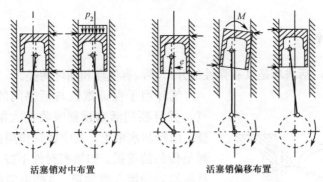

活塞销对中布置　　　　　　　活塞销偏移布置

图 2-26　活塞销偏置时的工作情况

6. 活塞的冷却

高强化发动机尤其是活塞顶上有燃烧室凹坑的柴油机，为了减轻活塞顶部和头部的热负荷而采用油冷活塞，如图 2-27 所示。用机油冷却活塞的方法有：①自由喷射冷却法，从连杆小头上的喷油孔或从安装在机体上的喷油嘴向活塞顶内壁喷射机油；②振动冷却法，从连杆小头上的喷油孔将机油喷入活塞内壁的环形油槽中，由于活塞的运动使机油在槽中产生振动而冷却活塞；③强制冷却法，在活塞头部铸出冷却油道或铸入冷却油管，使机油在其中强制流动以冷却活塞，强制冷却法广为增压发动机所采用。

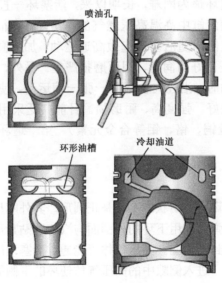

喷油孔

环形油槽　　　　冷却油道

图 2-27　油冷活塞

7. 活塞的表面处理

根据不同的目的和要求，进行不同的活塞表面处理，其方法有：①活塞顶进行硬模阳极氧化处理，形成高硬度的耐热层，增大热阻，减少活塞顶部的吸热量；②活塞裙部镀锡或镀锌，可以避免在润滑不良的情况下运转时出现拉缸现象，也可以起到加速活塞与汽缸的磨合作用；③在活塞裙部涂覆石墨，石墨涂层可以加速磨合过程，可使裙部磨损均匀，在润滑不良的情况下可以避免拉缸。

2.4.2　活塞环

如图 2-28 所示，活塞环是具有弹性的开口环，有气环和油环两类。

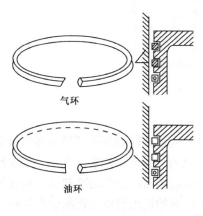

图 2-28　活塞环

气环用于保证汽缸与活塞间的密封性，防止漏气，并且要把活塞顶部吸收的大部分热量传给汽缸壁，由冷却水带走。其中密封作用是主要的，因为密封是传热的前提。如果密封性不好，高温燃气将直接从汽缸表面流入曲轴箱。这样不但由于环面和汽缸壁面贴合不严而不能很好散热，而且由于外圆表面吸收附加热量而导致活塞和气环烧坏；油环用于布油和刮油，下行时刮除汽缸壁上多余的机油，上行时在汽缸壁上铺涂一层均匀的油膜。这样既可以防止机油窜入汽缸燃烧掉，又可以减少活塞、活塞环与汽缸壁的摩擦阻力，此外，油环还能起到封气的辅助作用。

活塞环在高温、高压、高速和润滑极其困难的条件下工作，尤其是第一道环最为困难，长期以来，活塞环一直是发动机上使用寿命最短的零件。活塞环工作时受到汽缸中高温高压燃气的作用，温度很高（特别是第一道环温度可高达 600K），活塞环在汽缸内随活塞一起做高速运动，加上高温下机油可能变质，使环的润滑条件变坏，难以保证良好的润滑，因而磨损严重。另外，由于汽缸壁的锥度和椭圆度，活塞环随活塞往复运动时，沿径向会产生一张一缩运动，使环受到交变应力而容易折断。因此，要求活塞环弹性好、强度高、耐磨损。目前广泛采用的活塞环材料是合金铸铁（在优质灰铸铁中加入少量铜、铬、钼等合金元素），第一道环镀铬，其余环一般镀锡或磷化。

1. 气环

气环的密封原理：活塞环在自由状态下不是正圆形，其外廓尺寸比汽缸直径大。当活塞环装入汽缸后，在其自身的弹力作用下环的外圆面与汽缸壁贴紧形成第一密封面，汽缸内的高压气体不可能通过第一密封面泄漏。高压气体可能通过活塞顶岸与汽缸壁之间的间隙进入活塞环的侧隙和径向间隙中。进入侧隙中的高压气体使环的下侧面与环槽的下侧面贴紧形成第二密封面，如图 2-29 所示。高压气体也不可能通过第二密封面泄漏。进入径向间隙中的高压气体只能使环的外圆面与汽缸壁更加贴紧，这时漏气的唯一通道就是活塞环的开口端隙。如果几道活塞环的开口相互错开，那么就形成了迷宫式漏气通道。由于侧隙、径向间隙和端隙都很小，气体在通道内的流动阻力很大，致使气体压力 P 迅速下降，最后漏入曲轴箱内的气体就很少，一般仅为进气量的 0.2%～1.0%。

气环的断面形状很多，最常见的有矩形环、扭曲环、锥面环、梯形环和桶面环，如图 2-30 所示。

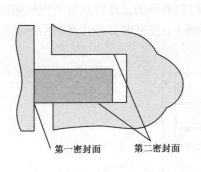

第一密封面　　第二密封面

图 2-29　气环的密封

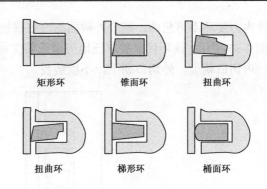

矩形环　　　锥面环　　　扭曲环

扭曲环　　　梯形环　　　桶面环

图 2-30　气环的断面形状

（1）矩形环。矩形环也称为标准环，其断面为矩形，其结构简单、制造方便、易于生产，应用最广。但是矩形环随活塞往复运动时，会把汽缸壁面上的机油不断送入汽缸中。这种现象称为"气环的泵油作用"，如图 2-31 所示。

活塞下行时，由于环与汽缸壁的摩擦阻力及环的惯性，环被压靠在环槽的上端面上，汽缸壁面上的油被刮入下边隙和内边隙；活塞上行时，环又被压靠在环槽的下端面。结果第一道环背隙里的机油就进入燃烧室，窜入燃烧室的机油，会在燃烧室内形成积炭，造成机油的消耗量增加；另外上窜的机油也可能在环槽内形成积炭，使环在环槽内卡死而失去密封作用，划伤汽缸壁，甚至使环折断。可见泵油作用是很有害的，必须设法消除。为了消除或减少有害的泵油作用，除了在气环的下面装有油环外，还广泛采用了非矩形断面的扭曲环。

（2）扭曲环。扭曲环是断面不对称的气环，装入汽缸后，由于弹性内力的作用使断面发生扭转，故称扭曲环。扭曲环断面扭转原理如图 2-32 所示。活塞环装入汽缸之后，其断面中性层以外产生拉应力，断面中性层以内产生压应力，拉应力的合力 F_1 指向活塞环中心，压应力合力 F_2 的方向背离活塞环中心；由于扭曲环中性层内外断面不对称，使 F_1 与 F_2 不作用在同一平面内而形成力矩 M；在力矩 M 的作用下，使环的断面发生扭转。

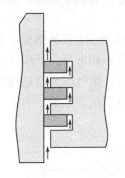

图 2-31　气环的泵油作用

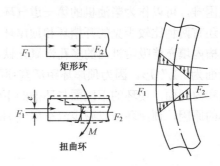

矩形环

扭曲环

图 2-32　扭曲环断面扭曲原理

若将内圆面的上边缘或外圆面的下边缘切掉一部分，整个气环将扭曲成碟子形，则称这种环为正扭曲环；若将内圆面的下边缘切掉一部分，气环将扭曲成盖子形，则称其为反扭曲环。在环面上切去部分金属称为切台。当发动机工作时，在进气、压缩和排气行程中，扭曲环发生扭曲，其工作特点一方面与锥面环类似，另一方面由于扭曲环的上下侧面与环槽的上下侧面相接触，从而防止了环在环槽内上下窜动，消除了泵油现象，减轻了环对环槽的冲击而引起的磨损。在做功行程中，巨大的燃气压力作用于环的上侧面和内圆面，足以克服环的弹性内力使环不再扭曲，整个外圆面与汽缸壁接触，这时扭曲环的工作特点与矩形环相同，如图2-33所示。该环目前被广泛地应用于第二道活塞环槽上，安装时必须注意断面形状和方向，内切口朝上，外切口朝下，不能装反。

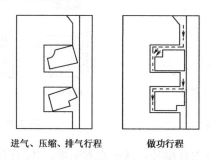

进气、压缩、排气行程　　　做功行程

图2-33　扭曲环工作示意图

（3）锥面环。环的外圆面为锥角很小的锥面。理论上锥面环与汽缸壁为线接触，磨合性好，增大了接触压力和对汽缸壁形状的适应能力。当活塞下行时，锥面环能起到向下刮油的作用。当活塞上行时，由于锥面的油楔作用，锥面环能滑越过汽缸壁上的油膜而不致将机油带入燃烧室。锥面环传热性差，所以不用做第一道气环。由于锥角很小，一般不易识别，为避免装错，在环的上侧面标有向上的记号。

（4）梯形环。断面为梯形。其主要优点是抗黏结性好。当活塞头部温度很高时，窜入第一道环槽中的机油容易结焦并将气环粘住。在侧向力换向活塞左右摆动时，梯形环的侧隙、径向间隙都发生变化将环槽中的胶质挤出。楔形环的工作特点与梯形环相似，且由于断面不对称，装入汽缸后也会发生扭曲。梯形环多用做柴油机的第一道气环。

（5）桶面环。桶面环的外圆为凸圆弧形，是近年来兴起的一种新型结构。当桶面环上下运动时，均能与汽缸壁形成楔形空间，使机油容易进入摩擦面，减小磨损。由于它与汽缸呈圆弧接触，故对汽缸表面的适应性和对活塞偏摆的适应性均较好，有利于密封，但凸圆弧表面加工较困难，可以作为柴油机的第一道气环。

另外还有两种比较少见的开槽环和顶岸环。开槽环如图2-34所示，在外圆面上加工出环形槽，在槽内填充能吸附机油的多孔性氧化铁，有利于润滑、磨合和密封；顶岸环如图2-35所示，断面为"L"形。因为顶岸环距活塞顶面近，做功行程时，燃气压力能迅速作用于环的上侧面和内圆面，使环的下侧面与环槽的下侧面、外圆面与汽缸壁面贴紧，有利于密封；由于同样的原因，顶岸环可以减少汽车尾气HC的排放量。

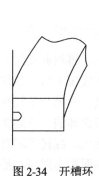

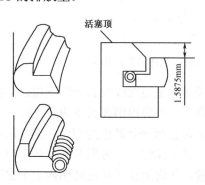

活塞顶

1.5875mm

图2-34　开槽环　　　　　　　　　　　　图2-35　顶岸环

2．油环

油环有槽孔式、槽孔撑簧式和钢带组合三种类型。

（1）槽孔式油环。因为油环的内圆面基本上没有气体力的作用，所以槽孔式油环的刮油能力主要靠油环自身的弹力。为了减小环与汽缸壁的接触面积，增大接触压力，在环的外圆面上加工出环形集油槽，形成上、下两道刮油唇，在集油槽底加工有回油孔。由上下刮油唇刮下来的机油经回油孔和活塞上的回油孔流回油底壳。这种油环结构简单、加工容易、成本低。槽孔式油环的断面形状如图 2-36 所示。

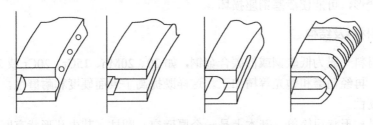

图 2-36　槽孔式油环的断面形状

（2）槽孔撑簧式油环。在槽孔式油环的内圆面加装撑簧即为槽孔撑簧式油环，一般作为油环撑簧的有螺旋撑簧、板形撑簧和轨形撑簧三种。这种油环由于增大了环与汽缸壁的接触压力，而使环的刮油能力和耐久性有所提高，其结构如图 2-37 所示。

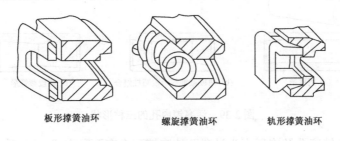

板形撑簧油环　　　　　螺旋撑簧油环　　　　　轨形撑簧油环

图 2-37　槽孔撑簧式油环的结构形式

（3）钢带组合油环。其结构形式很多，钢带组合油环由上、下刮片和轨形撑簧组合而成。撑簧不仅使刮片与汽缸壁贴紧，而且还使刮片与环槽侧面贴紧。这种组合油环的优点是接触压力大，既可增强刮油能力，又能防止上窜机油。另外，上、下刮片能单独动作，因此对汽缸失圆和活塞变形的适应能力强。但钢带组合油环需用优质钢制造，因此成本高。钢带组合油环如图 2-38 所示。

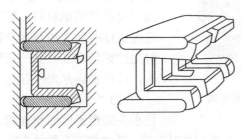

图 2-38　钢带组合油环

2.4.3 活塞销

1．活塞销的功用及工作条件

活塞销用来连接活塞和连杆，并将活塞承受的力传给连杆或相反。活塞销在高温条件下承受很大的周期性冲击负荷，且由于活塞销在销孔内摆动角度不大，难以形成润滑油膜，因此润滑条件较差。为此活塞销必须有足够的刚度、强度和耐磨性，质量尽可能小，销与销孔应该有适当的配合间隙和良好的表面质量。在一般情况下，活塞销的刚度尤为重要，如果活塞销发生弯曲变形，可能使活塞销座损坏。

2．活塞销材料及结构

活塞销的材料一般为低碳钢或低碳合金钢，如 20、20Mn、15Cr、20Cr 或 20MnV 等。外表面渗碳淬硬，再经精磨和抛光等精加工。这样既提高了表面硬度和耐磨性，又保证有较高的强度和冲击韧性。

活塞销的结构形状很简单，基本上是一个厚壁空心圆柱。其内孔形状有圆柱形、两段截锥形和组合形。圆柱形孔加工容易，但活塞销的质量较大；两段截锥形孔的活塞销质量较小，且因为活塞销所受的弯矩在其中部最大，所以接近于等强度梁，但锥孔加工较难。

活塞销的内孔有圆柱形、两段截锥与一段圆柱组合和两段截锥形三种形状，如图 2-39 所示。

(a) 圆柱形　　　　(b) 两段截锥与一段圆柱组合　　　　(c) 两段截锥形

图 2-39　活塞销内孔的三种形状

活塞销与活塞销座孔及连杆小头衬套孔的连接配合有两种方式："全浮式"安装和"半浮式"安装，如图 2-40 所示。

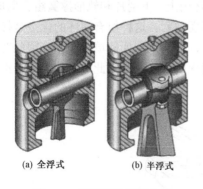

(a) 全浮式　　　　(b) 半浮式

图 2-40　活塞销的连接方式

（1）"全浮式"安装。当发动机工作时，活塞销、连杆小头和活塞销座都有相对运动，这样，活塞销能在连杆衬套和活塞销座中自由摆动，使磨损均匀。为了防止全浮式活塞销轴向窜动刮伤汽缸壁，在活塞销两端装有挡圈，进行轴向定位。活塞是铝活塞，而活塞销采用钢材料，铝比钢热膨胀量大。为保证高温工作时活塞销与活塞销座孔为过渡配合，装配时先把铝活塞加热到一定程度，然后再把活塞销装入，这种安装方式应用较广泛。

（2）"半浮式"安装。它的特点是活塞中部与连杆小头采用紧固螺栓连接，活塞销只能在两端销座内做自由摆动，而和连杆小头没有相对运动。活塞销不会做轴向窜动，因此不需要锁片。"半浮式"安装方式在小轿车上应用较多。

2.4.4　连杆

连杆分为三个部分：连杆小头、连杆杆身和连杆大头（包括连杆盖），其中连杆小头与活塞销相连，如图 2-41 所示，其功用是连接活塞与曲轴。连杆小头通过活塞销与活塞相连，连杆大头与曲轴的连杆轴颈相连。并把活塞承受的气体压力传给曲轴，使得活塞的往复运动转变成曲轴的旋转运动。

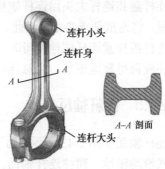

图 2-41　连杆的结构

连杆工作时，承受活塞顶部气体压力和惯性力的作用，而这些力的大小和方向都是周期性变化的。因此，连杆将受到压缩、拉伸和弯曲等交变载荷。这就要求连杆强度高、刚度大、质量轻。连杆一般都采用中碳钢或合金钢经模锻或辊锻而成，然后经机加工和热处理。

对"全浮式"活塞销，由于工作时小头孔与活塞销之间有相对运动，所以常常在连杆小头孔中压入减磨的青铜衬套。为了润滑活塞销与衬套，在小头和衬套上铣有油槽或钻有油孔以收集发动机运转时飞溅上来的润滑油并用以润滑。有的发动机连杆小头采用压力润滑，在连杆杆身内钻有纵向的压力油通道。采用"半浮式"活塞销是与连杆小头紧配合的，所以小头孔内不需要衬套，也不需要润滑。

连杆杆身通常做成"I"字形断面，抗弯强度好、质量轻、大圆弧过渡，且上小下大，采用压力法润滑的连杆，杆身中部都制有连通大、小头的油道。连杆大头与曲轴的连杆轴颈相连，大头有整体式和分开式两种。一般都采用分开式，分开式又分为平分式和斜分式两种。

（1）平分式，分面与连杆杆身轴线垂直，如图 2-42 所示，汽油机多采用这种连杆。因为一般汽油机连杆大头的横向尺寸都小于汽缸直径，可以方便地通过汽缸进行拆装，故常采用平切口连杆。

图 2-42　平分式

（2）斜分式，分面与连杆杆身轴线成 30°～60° 夹角。柴油机多采用这种连杆。因为，柴油机压缩比大，受力较大，曲轴的连杆轴颈较粗，相应的连杆大头尺寸往往超过了汽缸直径，为了使连杆大头能通过汽缸，便于拆装，一般都采用斜切口，最常见的是 45° 夹角。

把连杆大头分开可取下的部分叫连杆盖，连杆与连杆盖配对加工，加工后，在它们同一侧打上配对记号，安装时不得互相调换或变更方向。为此，在结构上采取了定位措施。平切口连杆盖与连杆的定位多采用连杆螺栓定位，利用连杆螺栓中部精加工的圆柱凸台或光圆柱部分与经过精加工的螺栓孔来保证。斜切口连杆常用的定位方法有锯齿定位、圆销定位、套筒定位和止口定位。

连杆盖和连杆大头用连杆螺栓连在一起，连杆螺栓在工作中承受很大的冲击力，若折断或松脱，将造成严重事故。为此，连杆螺栓都采用优质合金钢，并精加工和热处理特制而成。安装连杆盖拧紧连杆螺栓螺母时，要用扭力扳手分 2～3 次交替均匀地拧紧到规定的扭矩，拧紧后还应再可靠地锁紧。注意连杆螺栓损坏后绝不能用其他螺栓来代替。

2.4.5　连杆轴瓦

连杆轴瓦如图 2-43 所示，为了减小摩擦阻力和曲轴连杆轴颈的磨损，连杆大头孔内装有瓦片式滑动轴承，简称连杆轴瓦。轴瓦分上、下两个半片，目前多采用薄壁钢背轴瓦，在其内表面浇铸有耐磨合金层。耐磨合金层具有质软、容易保持油膜、磨合性好、摩擦阻力小、不易磨损等特点。耐磨合金常采用的有巴氏合金、铜铝合金、高锡铝合金。连杆轴瓦的背面有很高的光洁度。半个轴瓦在自由状态下不是半圆形，当它们装入连杆大头孔内时，又有过盈，故能均匀地紧贴在大头孔壁上，具有很好的承受载荷和导热的能力，并可以提高工作可靠性和延长使用寿命。

图 2-43　连杆轴瓦

连杆轴瓦上制有定位凸键，供安装时嵌入连杆大头和连杆盖的定位槽中，以防轴瓦前后移动或转动，有的轴瓦上还制有油孔，安装时应与连杆上相应的油孔对齐。

V 形发动机左右两个汽缸的连杆安装在同一个曲柄销上，其结构随安装形式的不同而不同，共分并列连杆、主副连杆和叉形连杆三种，如图 2-44 所示。

（1）并列连杆，如图 2-44(a)所示，指两个完全相同的连杆一前一后并列地安装在同一个曲柄销上。连杆结构与上述直列式发动机的连杆基本相同，只是大头宽度稍小一些。并列连杆的优点是前后连杆可以通用，左右两列汽缸的活塞运动规律相同；缺点是两列汽缸沿曲轴纵向须相互错开一段距离，从而增加了曲轴和发动机的长度。

（2）主副连杆，如图 2-44(b)所示，指一个主连杆和一个副连杆组成主副连杆，副连杆通过销轴铰接在主连杆体或主连杆盖上。一列汽缸装主连杆，另一列汽缸装副连杆，主连杆大头安装在曲轴的曲柄销上。主副连杆不能互换，且副连杆对主连杆作用以附加弯矩。两列汽缸中活塞的运动规律和上止点位置均不相同。采用主副连杆的 V 形发动机，其两列汽缸不须要相互错开，因而也就不会增加发动机的长度。

（3）叉形连杆，如图 2-44(c)所示，指一列汽缸中的连杆大头为叉形，另一列汽缸中的连杆与普通连杆类似，只是大头的宽度较小，一般称其为内连杆。叉形连杆的优点是两列汽缸中活塞的运动规律相同，两列汽缸无须错开；缺点是叉形连杆大头结构复杂，制造比较困难，维修也不方便，且大头刚度较差。

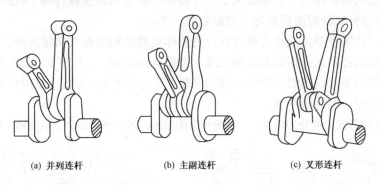

(a) 并列连杆　　　　(b) 主副连杆　　　　(c) 叉形连杆

图 2-44　V 形发动机的连杆

2.5　曲轴飞轮组

曲轴飞轮组主要由曲轴、飞轮和一些附件组成。

2.5.1　曲轴

1. 曲轴功用、工作条件、材料及要求

（1）功用。曲轴是发动机最重要的机件之一，如图 2-45 所示。它与连杆配合将作用在活塞上的气体压力变为旋转的动力，传给底盘的传动机构。同时，驱动配气机构和其他辅助装置，如风扇、水泵、发电机等。

（2）受力。工作时，曲轴承受气体压力、惯性力及惯性力矩的作用，受力大且复杂，并且承受交变负荷的冲击作用。同时，曲轴又是高速旋转件，因此，要求曲轴具有足够的刚度和强度，具有良好的承受冲击载荷的能力，耐磨损且润滑良好。

图 2-45　曲轴

（3）材料及要求。一般由 45、40Cr、35Mn2 等中碳钢和中碳合金钢模锻而成，轴颈表面经高频淬火或氮化处理，最后进行精加工。有的柴油机采用球墨铸铁曲轴，价格便宜，耐磨性好，轴颈不需硬化处理。为提高曲轴的疲劳强度，消除应力集中，轴颈表面应进行喷丸处理，圆角处要经滚压处理。

2．曲轴的构造与分类

（1）构造：曲轴一般由主轴颈、连杆轴颈、曲柄、平衡块、前端和后端等组成。装正时齿轮的一端称为自由端（前端），另一端用来装飞轮，称为输出端（后端）。一个主轴颈、一个连杆轴颈（曲柄销）和一个曲柄组成了一个曲拐，曲轴的曲拐数目等于汽缸数（直列式发动机），V 形发动机曲轴的曲拐数等于汽缸数的一半。

（2）分类：曲轴按单元曲拐连接方式分为整体式曲轴和组合式曲轴两种。

整体式曲轴的各单元曲拐锻制或铸造成一个整体的曲轴，工作可靠、质量轻、结构简单；

组合式曲轴的单元曲拐组合装配而成的曲轴。单元曲拐便于制造，使用中损坏可以更换，不必将整根轴报废，但拆装不便。

曲轴按照支撑方式一般分为两种，一种是全支承曲轴，另一种是非全支承曲轴，如图 2-46 所示。

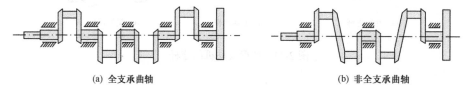

　　　(a) 全支承曲轴　　　　　　　　　　　　　(b) 非全支承曲轴

图 2-46　曲轴的支撑方式

全支承曲轴：曲轴的主轴颈数比汽缸数目多一个，即每一个连杆轴颈两边都有一个主轴颈。如六缸发动机全支承曲轴有七个主轴颈，四缸发动机全支承曲轴有五个主轴颈。这种支承，曲轴的强度和刚度都比较好，并且减轻了主轴承载荷，减小了磨损。柴油机和大部分汽油机多采用这种形式。

非全支承曲轴：曲轴的主轴颈数比汽缸数目少或与汽缸数目相等的支撑方式叫非全支承曲轴，虽然这种支承的主轴承载荷较大，但缩短了曲轴的总长度，使发动机的总体长度有所减小。承受载荷较小的汽油机可以采用这种曲轴形式。

3．平衡重和平衡机构

曲柄是主轴颈和连杆轴颈的连接部分，断面为椭圆形，为了平衡惯性力，曲柄处铸有（或紧固有）平衡重块，如图 2-47 所示。平衡重块用来平衡发动机不平衡的离心力矩，有时还用来平衡一部分往复惯性力，从而使曲轴旋转平稳。

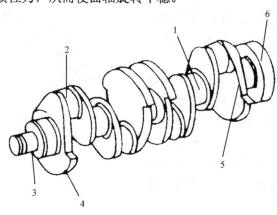

图 2-47　曲轴平衡重

1—主轴颈；2—连杆轴颈；3—前端轴；4、5—平衡重块；6—后端凸缘

　　平衡重作用方法有完全平衡法和分段平衡法两种。完全平衡法是指每个曲柄臂设有平衡重，平衡重数量多，曲轴质量增加，工艺性变差；分段平衡法是指部分曲柄臂设有平衡重。

　　平衡重形状多为扇形，以使其重心远离曲轴回转中心，以较小质量获得较大旋转惯性力。平衡重安装时与曲柄臂锻或铸成一体，也有的单独制成零件，之后用螺栓紧固在曲柄臂上。

　　现代轿车特别重视乘坐的舒适性和噪声水平，为此必须将引起汽车振动和噪声的发动机不平衡力及不平衡力矩减小到最低限度。在曲轴的曲柄臂上设置的平衡重只能平衡旋转惯性力及其力矩，而往复惯性力及其力矩的平衡则须采用专门的平衡机构。作用在曲轴上的一、二阶往复惯性力示意图如图 2-48 所示。

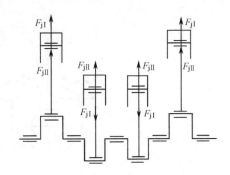

图 2-48　作用在曲轴上的一、二阶
往复惯性力示意图

　　当发动机的结构和转速一定时，一阶往复惯性力与曲轴转角的余弦成正比，二阶往复惯性力与二倍曲轴转角的余弦成正比。发动机往复惯性力的平衡状况与汽缸数、汽缸排列形式及曲拐布置形式等因素有关。

　　现代中级和普及型轿车普遍采用四冲程直列四缸发动机。平面曲轴的四缸发动机的一阶往复惯性力、一阶往复惯性力矩和二阶往复惯性力矩都平衡，只有二阶往复惯性力不平衡。为了平衡二阶往复惯性力需采用双轴平衡机构：两根平衡轴与曲轴平行且与汽缸中心线等距，旋转方向相反，转速相同，均为曲轴转速的二倍。两根轴上都装有质量相同的平衡重，其旋转惯性力在垂直于汽缸中心线方向的分力互相抵消，在平行于汽缸中心线方向的分力则合成为沿汽缸中心线方向作用的力，与 $F_{jⅡ}$ 大小相等、方向相反，从而使 $F_{jⅡ}$ 得到平衡。链传动双轴平衡机构和齿轮传动双轴平衡机构分别如图 2-49 和图 2-50 所示。

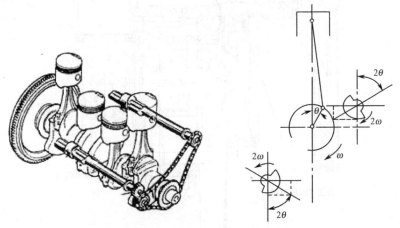

图 2-49　链传动双轴平衡机构

4. 曲轴润滑

　　主轴颈与主轴承间的润滑油来自于汽缸体的润滑油道，最终从发动机润滑系统而来，连杆轴颈与连杆轴承间的润滑油来自于曲轴中的油道。

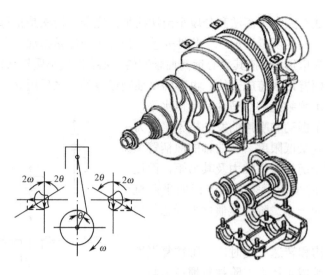

图 2-50　齿轮传动双轴平衡机构

5．曲轴前后端的密封

曲轴工作时其前后端都需要进行密封。曲轴前端借助甩油盘和橡胶油封实现密封。

发动机工作时，落在甩油盘上的机油，在离心力的作用下被甩到定时传动室盖的内壁上，再沿壁面流回油底壳。即使有少量机油落到甩油盘前面的曲轴上，也会被装在定时传动室盖上的自紧式橡胶油封挡住。由于近年来橡胶油封的耐油、耐热和耐老化性能的提高，在当代的汽车发动机上曲轴后端的密封越来越多地采用与曲轴前端一样的自紧式橡胶油封。自紧式油封由金属保持架、氟橡胶密封环和拉紧弹簧构成。曲轴前后端的密封如图 2-51 和图 2-52 所示。

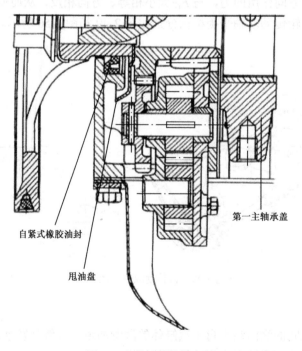

第一主轴承盖

自紧式橡胶油封

甩油盘

图 2-51　曲轴前端的密封

6．连杆轴承和主轴承

连杆轴承和主轴承均承受交变载荷和高速摩擦，因此轴承材料必须具有足够的抗疲劳强度，而且要摩擦小、耐磨损和耐腐蚀。

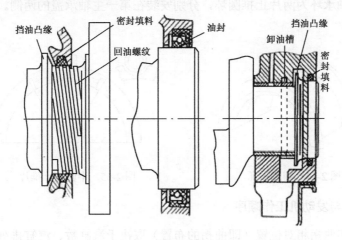

挡油凸缘　密封填料　油封　挡油凸缘　卸油槽　密封填料　回油螺纹

图 2-52　曲轴后端的密封

连杆轴承和主轴承均由上、下两片轴瓦对合而成，如图 2-53 所示。每一片轴瓦都是由钢背、减磨合金层构成或由钢背、减磨合金层和软镀层构成，前者称二层结构轴瓦，后者称三层结构轴瓦。钢背是轴瓦的基体，由 1～3mm 厚的低碳钢板制造，以保证有较高的机械强度。在钢背上浇铸减磨合金层，减磨合金材料主要有白合金、铜基合金和铝基合金。白合金也叫巴氏合金，应用较多的锡基白合金减磨性好，但疲劳强度低、耐热性差，温度超过 100℃硬度和强度均明显下降，因此常用于负荷不大的汽油机。铜铅合金的突出优点是承载能力大、抗疲劳强度高、

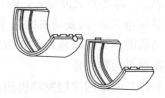

图 2-53　轴瓦

耐热性好，但磨合性能和耐腐蚀性差。为了改善其磨合性和耐腐蚀性，通常在铜铅合金表面电镀一层软金属而成三层结构轴瓦，多用于高强化的柴油机。铝基合金包括铝锑镁合金、低锡铝合金和高锡铝合金。含锡 20%以上的高锡铝合金轴瓦因为有较好的承载能力、抗疲劳强度和减磨性能而被广泛地用于汽油机和柴油机。软镀层是指在减磨合金层上电镀一层锡或锡铅合金，其主要作用是改善轴瓦的磨合性能并作为减磨合金层的保护层。

轴瓦在自由状态时，两个结合面外端的距离比轴承孔的直径大，其差值称为轴瓦的张开量。在装配时，轴瓦的圆周过盈变成径向过盈，对轴承孔产生径向压力，使轴瓦紧密贴合在轴承孔内，以保证其良好的承载和导热能力，提高轴瓦工作的可靠性并延长其使用寿命。

7．曲轴止推轴承

汽车行驶时由于踩踏离合器而对曲轴施加轴向推力，使曲轴发生轴向窜动。过大的轴向窜动将影响活塞连杆组的正常工作并破坏正确的配气定时和柴油机的喷油定时。为了保证曲轴轴向的正确定位，需装设止推轴承，而且只能在一处设置，以保证曲轴受热膨胀时能自由伸长。曲轴止推轴承有翻边轴瓦、半圆环止推片和止推轴承环三种形式。

翻边轴瓦（是将轴瓦两侧翻边作为止推面，在止推面上浇铸减磨合金。轴瓦的止推面与曲轴

止推面之间留有 0.06～0.25mm 的间隙，从而限制了曲轴轴向窜动量。翻边轴瓦如图 2-54 所示。

半圆环止推片一般为四片，上、下各两片，分别安装在机体和主轴承盖上的浅槽中，用定位舌或定位销固定，防止其转动。装配时，需将有减磨合金层的止推面朝向曲轴的止推面，不能装反。止推轴承环为两片止推圆环，分别安装在第一主轴承盖的两侧。半圆环止推片如图 2-55 所示。

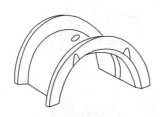 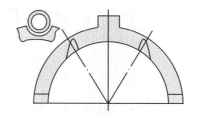

图 2-54　翻边轴瓦　　　　　　　　图 2-55　半圆环止推片

8．曲拐布置与发动机工作顺序

曲轴的形状和曲拐相对位置（即曲拐的布置）取决于汽缸数、汽缸排列和发动机的点火顺序。安排多缸发动机的点火顺序应注意使连续做功的两缸相距尽可能远，以减轻主轴承的载荷，同时避免可能发生的进气重叠现象。做功间隔应力求均匀，也就是说发动机在完成一个工作循环的曲轴转角内，每个汽缸都应点火做功一次，而且各缸点火的间隔时间以曲轴转角表示，称为点火间隔角。四冲程发动机完成一个工作循环曲轴转两圈，其转角为 720°，在曲轴转角 720° 内发动机的每个汽缸应该点火做功一次，且点火间隔角是均匀的。因此四冲程发动机的点火间隔角为 720°$/i$，（i 为汽缸数目），即曲轴每转 720°$/i$，就应有一缸做功，以保证发动机运转平稳。

（1）四缸四冲程发动机的点火顺序和曲拐布置。

四缸四冲程发动机的曲拐布置如图 2-56 所示，其点火间隔角为 720°$/4＝180°$，曲轴每转半圈（180°）做功一次，四个缸的做功行程是交替进行的，并在 720° 内完成，因此，可使曲轴获得均匀的转速，工作平稳柔和。对于每一个汽缸来说，其工作过程和单缸机的工作过程完全相同，只不过是要求它按照一定的顺序工作，即为发动机的工作顺序，也叫做发动机的点火顺序。可见，多缸发动机的工作顺序（点火顺序）就是各缸完成同名行程的次序。四缸发动机四个曲拐布置在同一平面内。一、四缸在上，二、三缸在下，互相错开 180°，其点火顺序的排列只有两种可能，即为 1-3-4-2 或为 1-2-4-3，两种工作顺序的发动机工作循环表分别见表 2-1 和表 2-2。

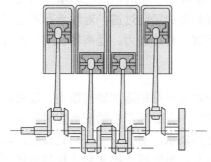

图 2-56　四缸四冲程发动机的曲拐布置

表 2-1　点火顺序为 1-3-4-2 的工作循环表

曲轴转角（°）	第一缸	第二缸	第三缸	第四缸
0~180°	做功	排气	压缩	进气
180°~360°	排气	进气	做功	压缩
360°~540°	进气	压缩	排气	做功
540°~720°	压缩	做功	进气	排气

表 2-2　点火顺序为 1-2-4-3 的工作循环表

曲轴转角（°）	第一缸	第二缸	第三缸	第四缸
0~180°	做功	压缩	排气	进气
180°~360°	排气	做功	进气	压缩
360°~540°	进气	排气	压缩	做功
540°~720°	压缩	进气	做功	排气

（2）四冲程直列六缸发动机的点火顺序和曲拐布置。

四冲程直列六缸发动机的曲拐布置如图 2-57 所示，其点火间隔角为 720°/6=120°，六个曲拐分别布置在三个平面内，一种点火顺序是 1-5-3-6-2-4，为国产汽车的六缸直列发动机所采用，其工作循环表见表 2-3。另一种点火顺序是 1-4-2-6-3-5。

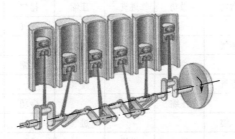

图 2-57　四冲程直列六缸发动机的曲拐布置

表 2-3　点火顺序为 1-5-3-6-2-4 的工作循环表

曲轴转角（°）		第一缸	第二缸	第三缸	第四缸	第五缸	第六缸
0~180°	60°		排气	进气	做功	压缩	
	120°	做功					进气
	180°			压缩	排气		
180°~360°	240°		进气			做功	
	300°	排气					压缩
	360°			做功	进气		
360°~540°	420°		压缩			排气	
	480°	进气					做功
	540°			排气	压缩		
540°~720°	600°		做功			进气	
	660°	压缩		进气	做功		排气
	720°		排气			压缩	

（3）四冲程 V 形八缸发动机的点火顺序。

四冲程 V 形八缸发动机的点火间隔角为 720°/8=90°，V 形发动机左右两列中对应的一对连杆共用一个曲拐，所以 V 形八缸发动机只有四个曲拐，如图 2-58 所示。

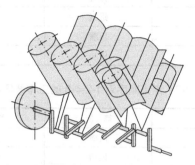

图 2-58　四冲程 V 形八缸发动机的曲拐布置

曲拐布置可以与四缸发动机相同，四个曲拐布置在同一平面内，也可以布置在两个互相错开 90°的平面内，使发动机得到更好地平衡。点火顺序为 1-8-4-3-6-5-7-2。其工作循环表见表 2-4。

表 2-4　点火顺序为 1-8-4-3-6-5-7-2 V 形八缸四冲程发动机循环表

曲轴转角（°）		第一缸	第二缸	第三缸	第四缸	第五缸	第六缸	第七缸	第八缸
0°～180°	90°	做功	做功	进气	压缩	排气	进气	排气	压缩
	180°		排气	压缩		进气			做功
180°～360°	270°	排气			做功		压缩	进气	
	360°		进气	做功		压缩			排气
360°～540°	450°	进气			排气		做功	压缩	
	540°		压缩	排气		做功			进气
540°～720°	630°	压缩			进气		排气	做功	
	720°		做功	进气		排气			压缩

2.5.2　飞轮

飞轮如图 2-59 所示，其主要功用是用来储存做功行程的能量，用于克服进气、压缩和排气行程的阻力和其他阻力，使曲轴能均匀地旋转。飞轮外缘压有的齿圈与起动电机的驱动齿轮啮合，供起动发动机用；汽车离合器也装在飞轮上，利用飞轮后端面作为驱动件的摩擦面，用来对外传递动力。

飞轮是高速旋转件，因此，要进行精确地平衡校准，平衡性能要好，达到静平衡和动平衡。飞轮是一个很重的铸铁圆盘，用螺栓固定在曲轴后端的接盘上，具有很大的转动惯量。飞轮轮缘上镶有齿圈，齿圈与飞轮紧配合，有一定的过盈量。

在飞轮轮缘上做有记号（刻线或销孔）供找压缩上止点用（四缸发动机为一缸或四缸压缩上止点，六缸发动机为一缸或六缸压缩上止点）。当飞轮上的记号与外壳上的记号对正时，正好是压缩上止点。奥迪 100 飞轮上有一"0"标记。

飞轮与曲轴在制造时一起进行过动平衡实验，在拆装时为了不破坏它们之间的平衡关系，飞轮与曲轴之间应有严格不变的相对位置。通常用定位销和不对称布置的螺栓来定位。

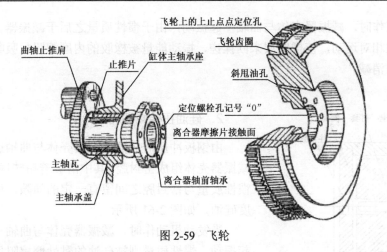

图 2-59　飞轮

2.5.3　曲轴扭转减振器

曲轴是一种扭转弹性系统,其本身具有一定的自振频率。在发动机工作过程中,经连杆传给连杆轴颈的作用力的大小和方向都是周期性变化的,所以曲轴各个曲拐的旋转速度也是忽快忽慢呈周期性变化。安装在曲轴后端的飞轮转动惯量最大,可以认为是匀速旋转,由此造成曲轴各曲拐的转动比飞轮时快时慢,这种现象称之为曲轴的扭转振动。当振动强烈时甚至会扭断曲轴。扭转减振器的功用就是吸收曲轴扭转振动的能量,消减扭转振动,避免发生强烈的共振及其引起的严重恶果。一般低速发动机不易达到临界转速,但曲轴刚度小、旋转质量大、缸数多及转速高的发动机,由于自振频率低,强迫振动频率高,容易达到临界转速而发生强烈的共振。因而加装扭转减振器就很有必要。

扭转减振器常见的有橡胶扭转减振器和硅油扭转减振器、硅油-橡胶扭转减振器。

1．橡胶扭转减振器

减振器壳体与曲轴连接,减振器壳体与扭转振动惯性质量黏结在硫化橡胶层上,如图 2-60 所示。

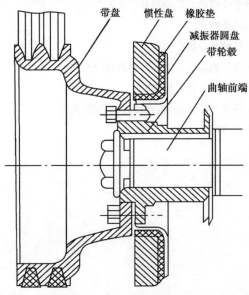

图 2-60　橡胶式扭转减振器

　　发动机工作时，减振器壳体与曲轴一起振动，由于惯性质量之后于减振器壳体，因而在两者之间产生相对运动，使橡胶层来回揉搓，振动能量被橡胶的内摩擦阻尼吸收，从而使曲轴的扭振得以消减。

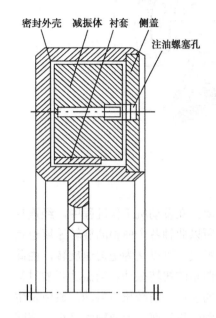

密封外壳　减振体　衬套　侧盖

注油螺塞孔

图2-61　硅油式扭转减振器

2．硅油扭转减振器

　　由钢板冲压而成的减振器壳体与曲轴连接。侧盖与减振器壳体组成密封腔，其中滑套着扭转振动惯性质量。惯性质量与密封腔之间留有一定的间隙，里面充满高黏度硅油，如图2-61所示。

　　当发动机动作时，减振器壳体与曲轴一起旋转、一起振动，惯性质量则被硅油的黏性摩擦阻尼和衬套的摩擦力所带动。由于惯性质量相当大，因此它近似做匀转动，于是在惯性质量与减振器壳体间产生相对运动。曲轴的振动能量被硅油的内摩擦阻尼吸收，使扭振消除或减轻。

3．硅油-橡胶扭转减振器

　　硅油-橡胶扭转减振器中的橡胶环主要作为弹性体，并用来密封硅油和支撑惯性质量。在封闭腔内注满高黏度硅油。硅油-橡胶扭转减振器集中了硅油扭转减振器和橡胶扭转减振器二者的优点，即体积小、质量轻和减振性能稳定等。

思　考　题

2.1　曲柄连杆机构由哪些零件组成？其功用是什么？

2.2　试述汽缸体的三种形式及特点。

2.3　汽油机的燃烧室有哪几种？分别有何特点？

2.4　为什么要将铝合金活塞预先做成椭圆形、锥形或阶梯形？

2.5　什么是矩形环的泵油作用？有什么危害？

2.6　什么是发动机的点火顺序？什么是发动机的点火间隔角？

2.7　曲轴扭转减振器起什么作用？

项目教学任务单

项目 3　机体组零部件的检修——实训指导

参考学时	2	分组		备注	
教学目标	通过本次实训，学生应该能够： 1. 正确检测汽缸盖的平面度，并提出汽缸盖的维修方案； 2. 对汽缸体进行一般技术状况检查； 3. 说出汽缸的磨损规律； 4. 准确读出游标卡尺和千分尺度数				
实训设备	1. 发动机机体组零部件； 2. 量缸表、游标卡尺、外径千分尺； 3. 刀口尺、塞尺				
实训 过程 设计	根据学生人数分组，教师现场指导。 1. 示范并讲解汽缸盖平面度的检测，讲解汽缸盖的维修方案，学生分组进行汽缸盖平面度的检测并提出维修方案； 2. 示范并讲解汽缸体一般技术状况的检查，学生分组进行检查； 3. 示范并讲解游标卡尺和千分尺的使用，学生练习； 4. 小组代表对上述项目进行操作或讲述，同学及教师进行现场点评				
实训 纪要					

项目3　机体组零部件的检修——任务单

班级		组别		姓名		学号	

1．你所在小组发动机的汽缸体是（　　）；

A．一般式　　　　　　　B．龙门式　　　　　　　C．隧道式

2．你所在小组发动机汽缸体的材料是_____、汽缸盖的材料是_____；

3．你所在小组汽缸垫外层的材料是（　　）；

A．铜　　　　　　　　　B．钢　　　　　　　　　C．石棉

4．从汽缸体上平面可以看到多种不同作用的孔，它们是_____孔、_____孔、_____孔、_____孔和_____孔；

观察各孔（有或无）_____磨损、_____裂纹、_____腐蚀、_____破损；

5．你所在小组发动机的主油道在汽缸体上的位置是（　　）；

A．左侧　　　　　　　　B．右侧　　　　　　　　C．中部

6．你所在小组汽缸盖平面度是_____mm；

7．测量汽缸内径所需的量具包括_____、_____、_____；

8．测量汽缸磨损时，应分别在汽缸_____向和_____向测量，测量部位有___个；

9．你所在小组发动机第一个汽缸_____部磨损较大，_____部磨损较小；

10．油底壳装配表面变形可能造成发动机_____机油；

11．下图游标卡尺的读数是_____mm，千分尺的读数是_____mm

2.请标注下列主要零部件的名称。

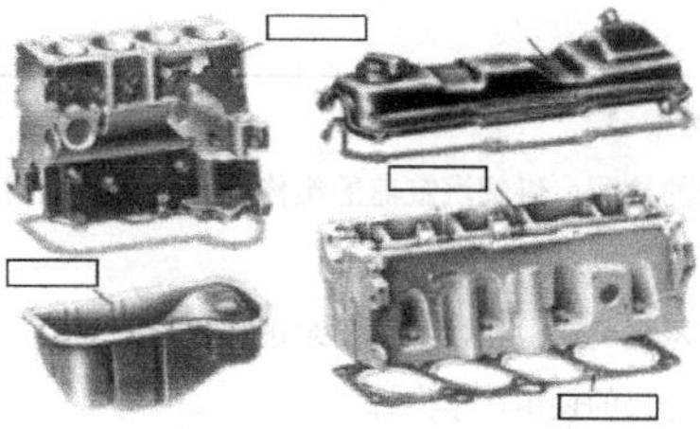

总结评分	
	教师签名：　　　　　　　　　　　　　　年　　月　　日

项目 4　活塞连杆组零部件的检修——实训指导

参考学时	2	分组		备注	
教学目标	通过本次实训，学生应该能够： 1. 正确拆装活塞环，并能测出活塞环三隙； 2. 正确测量活塞直径，以及活塞与汽缸配合间隙； 3. 说出缸体上表面、活塞连杆组上各种标记的含义； 4. 正确测量连杆的弯曲值、扭曲值				
实训设备	1. 发动机汽缸体、活塞连杆组； 2. 量缸表、游标卡尺、外径千分尺； 3. 连杆检测仪、塞尺				
实训 过程 设计	根据学生人数分组，教师现场指导。 1. 示范并讲解活塞环的检测与装配； 2. 示范并讲解活塞直径的检测，活塞与汽缸配合间隙的检测； 3. 示范并讲解连杆弯曲、扭曲的检测； 4. 学生分组进行活塞环的检测与装配、活塞直径的检测、活塞与汽缸配合间隙的检测以及连杆弯曲、扭曲的检测，教师现场指导； 5. 小组代表对上述项目进行操作或讲述，同学及教师进行现场点评				
实训 纪要					

项目4　活塞连杆组零部件的检修——任务单

班级		组别		姓名		学号	

1. 测量活塞直径应在活塞的_____，你所在小组活塞的直径是_____mm；

A．顶部　　　　B．头部　　　　C．裙部

2. 你所在小组的第一道气环是_____，第二道气环的背隙是_____mm、边隙是_____mm、端隙是_____mm；

A．矩形环　　　　B．梯形环　　　　C．扭曲环

3. 你所在小组第一缸活塞与汽缸的配合间隙是_____mm，若维修发动机时需更换加大尺寸的活塞，每一级加大_____mm；

4. 你所在小组的活塞销是_____，若活塞销与衬套的配合间隙过大，可能在发动机工作时出现_____现象；

A．全浮式　　　　B．半浮式

5. 你所在小组的活塞向前安装标记是_____，连杆的向前安装标记是_____；

A．箭头　　　　B．凸点　　　　C．凹点　　　　D．文字

6. 用连杆检测仪检测连杆弯曲和扭曲变形的计算公式是；

弯曲度=　　　　　　　　　扭曲度=

7. 安装活塞环时，活塞环有记号的一面_____、有内切槽的一面_____、有外切槽的一面_____；

A．向上　　　　B．向下

8. 该发动机装配时，活塞环开口应错开_____

A．180°　　　　B．90°　　　　C．120°

2.请标注下列主要零部件的名称。

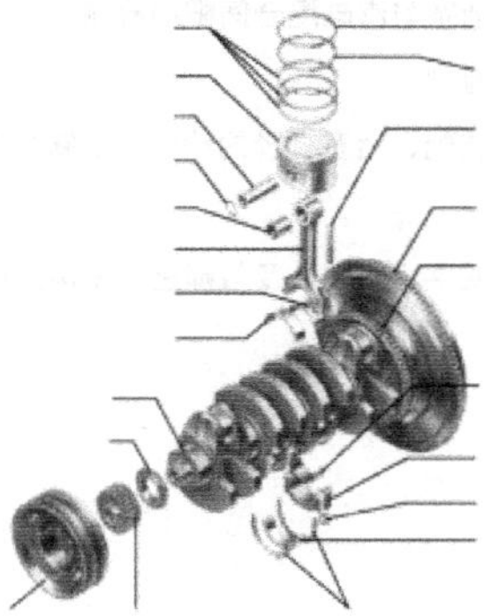

总结评分	

教师签名：　　　　　　　　　　　　　　　年　　月　　日

项目 5　曲轴飞轮组零部件的检修——实训指导

参考学时	2	分组		备注	
教学目标	通过本次实训，学生应该能够： 1．正确使用外径千分尺测量曲轴轴颈，并计算出轴颈圆度、圆柱度； 2．正确安装磁力表座及百分表，并测出曲轴径向圆跳动； 3．说出轴颈、轴承座孔尺寸公差分组标记的含义以及轴瓦尺寸选配的方法				
实训设备	1．发动机汽缸体、曲轴； 2．平板、V 形铁架各； 3．量缸表、游标卡尺、千分尺； 4．百分表、磁力表座				
实训 过程 设计	根据学生人数分组，教师现场指导。 1．示范并讲解曲轴的检测过程； 2．实物讲解曲轴轴瓦的选配； 3．学生分组检测曲轴的径向跳动和磨损； 4．学生熟练量缸操作技能； 5．小组代表对上述项目进行操作或讲述，同学及教师进行现场点评				
实训 纪要					

项目 5　曲轴飞轮组零部件的检修——任务单

班级		组别		姓名		学号	

1. 有法兰盘的方向是曲轴的（前或后）＿＿＿＿＿端，曲轴轴颈上 A 向指的是（垂直或平行）＿＿＿＿＿于曲拐平面的方向；

2. 曲轴的径向圆跳动与曲轴的弯曲度之间的大小比例关系是＿＿＿＿＿；

3. 写出圆度和圆柱度的计算公式：

　　　圆度＝　　　　　　　　　　圆柱度＝

4. 测量并填表：

第　　道　　轴颈外径　（单位：mm）				
曲轴外径	A 前		圆度偏差	圆柱度偏差
	A 后			
	B 前			
	B 后			
曲轴径向圆跳动				

汽缸标准尺寸：　　　　mm					
汽缸内径	第　　缸	纵　向	横　向	圆度偏差	圆柱度偏差
	上　部				
	中　部				
	下　部				
修理尺寸					

总结评分	

教师签名：　　　　　　　　　　　　　　　　年　　月　　日

第3章

配 气 机 构

【本章重点】

● 配气机构的组成及功用；
● 配气相位；
● 配气机构主要零部件的结构及作

【本章难点】

● 配气相位的分析；
● 液力挺柱、可变式配气机构的工作原理

3.1 概述

1. 配气机构的功用

配气机构的功用是按照发动机每一汽缸内所进行的工作循环或点火顺序的要求，定时打开和关闭各汽缸的进、排气门，使新鲜可燃混合气（汽油机）或空气（柴油机）得以及时进入汽缸，废气得以及时从汽缸排出，使换气过程最佳，以保证发动机在各种工况下工作时性能的最优。

2. 充气效率

新鲜空气或可燃混合气被吸入汽缸越多，则发动机可能发出的功率越大。新鲜空气或可燃混合气充满汽缸的程度，用充气效率表示。充气效率越高，表明进入汽缸的新鲜空气越多，可燃混合气燃烧时可能放出的热量也就越大，发动机的功率越大。

在进气行程中，实际进入汽缸内的新鲜空气或可燃混合气的质量与在进气系统进口状态下充满汽缸工作容积的新鲜空气或可燃混合气的质量之比。

$$\eta_V = M/M_0$$

式中：M——进气过程中，实际进入汽缸的新鲜空气的质量；

M_0——在理想状态下，充满汽缸工作容积的新鲜空气质量。

充气效率越高越好，而其大小与配气机构结构有直接的关系。

3.2 配气机构的布置及传动

四冲程内燃机均采用气门式配气机构，由气门组、传动组和驱动组三部分组成。通常将传动组和驱动组统称为气门传动组。

气门组包括气门、气门座、气门导管、气门弹簧、气门弹簧座及锁紧装置等零件；气门传动组包括挺柱、推杆、摇臂、摇臂轴等零件；气门驱动组包括凸轮轴、凸轮轴轴承和止推装置等。通常将气门传动组和气门驱动组统称为气门传动组。配气机构的结构如图 3-1 所示。

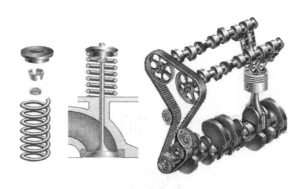

图 3-1　配气机构组成

1．气门式配气机构的布置形式

配气机构按照不同的要求有不同的分类。

（1）按气门的布置形式，可分为气门顶置式和气门侧置式。

（2）按凸轮轴的布置位置，可分为凸轮轴下置式、凸轮轴中置式和凸轮轴上置式。

（3）按曲轴和凸轮轴的传动方式，可分为齿轮传动式、链条传动式和同步齿型带传动式。

（4）按每缸气门数目，可分为二气门式、三气门式、四气门式和五气门式。

2．气门不同机构的特点

（1）顶置气门、下置凸轮轴配气机构，如图 3-2 所示。顶置气门、下置凸轮轴配气机构的凸轮轴或位于汽缸体侧部，或位于汽缸体上部，或位于 V 形内燃机汽缸体的 V 形夹角内。结构简单，安装、调整容易，气门所受侧向力很小，工作可靠。

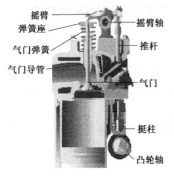

图 3-2　顶置气门、下置凸轮轴配气机构

（2）顶置气门、上置单凸轮轴配气机构，如图 3-3 所示。顶置气门、上置单凸轮轴配气机构的凸轮轴安装在汽缸盖上，它可以直接驱动沿汽缸体纵向排成一列的两个气门，也可以通过摇臂或摆杆驱动气门，如图 3-3(a)所示。为了减小气门的侧向力，凸轮轴与气门杆顶部间没有气门导筒或摆杆，如图 3-3(b)所示。

顶置气门、双摇臂、上置凸轮轴配气机构如图 3-4 所示。顶置气门、双摇臂、上置凸轮轴配气机构是用一个凸轮轴通过进、排气凸轮和两个摇臂分别控制进、排气门。

四气门较之二气门能增大 15%功率和扭矩，可降低 5%油耗。由于气门的相位角和重叠角减小，有害废气排放可减少。如奥迪 1.8L 四缸汽油机，每缸从两个气门增加为四个气门（二进二排），进气面积增加 30%，排气面积增加 50%，功率增加 2%。

（3）顶置气门、上置双凸轮轴配气机构，如图 3-5 所示。顶置气门、上置双凸轮轴配气机构是放在汽缸盖上的两根凸轮轴通过气门导筒或气门调整盘，分别控制汽缸盖上两列进气门和排气门（即同名气门是沿汽缸体纵向排列）。这种配气机构没有传动环节，其高速性最佳。

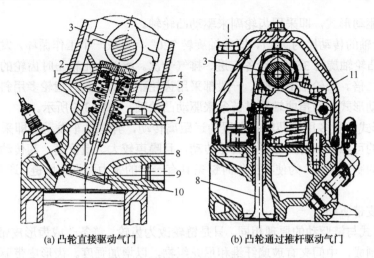

(a) 凸轮直接驱动气门　　　　　(b) 凸轮通过推杆驱动气门

图 3-3　顶置气门、上置单凸轮轴配气机构

1—垫片；2—气门导筒；3—凸轮轴；4—气门弹簧；5—卡块；6—气门弹簧；

7—气门导管；8—气门杆；9—气门头部；10—气门垫圈；11—推杆

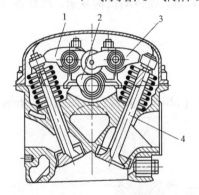

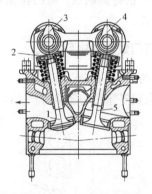

图 3-4　顶置气门、双摇臂、上置凸轮轴配气机构　　图 3-5　顶置气门、上置双凸轮轴配气机构

1、3—摇臂；2—凸轮；4—气门　　　　　　1—排气门；2—气门调整盘；3—排气凸轮轴；

4—进气凸轮轴；5—进气门

对于每缸采用三气门（两个进气门、一个排气门）和五气门（三个进气门和两个排气门）的内燃机，其气门的驱动方式与四气门驱动方式类似。

3．配气机构的传动

配气机构传动方式如图 3-6 所示。

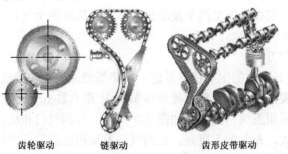

齿轮驱动　　　　　链驱动　　　　　齿形皮带驱动

图 3-6　配气机构传动方式

（1）齿轮驱动形式，即采用齿轮副来驱动凸轮轴。

曲轴与凸轮轴的传动比为 2∶1，即曲轴旋转 720°，完成一个工作循环，发动机各缸工作一次，对应的凸轮轴旋转 360°，给各缸进、排气一次。所以凸轮轴正时齿轮的齿数为曲轴正时齿轮齿数的二倍。凸轮轴下置时，一般都采用齿轮副驱动，正时齿轮多用斜齿。

（2）链驱动形式，即指曲轴通过链条来驱动凸轮轴，如图 3-6 所示。

这种驱动形式一般多用于凸轮轴上置的远距离传动，奔驰轿车发动机即采用这种驱动方式。但链传动的可靠性和耐久性不如齿轮传动，且噪声较大、造价高，其传动性能的好坏直接取决于链条的制造质量。为使在工作时链条具有一定的张力而不致脱链，通常装有导链板、张紧轮装置等。

（3）齿形皮带驱动。

这种驱动方式与链驱动的原理相同。只是链轮改为齿轮，链条改成齿形皮带。这种齿形皮带用氯丁橡胶制成，中间夹有玻璃纤维和尼龙织物，以增加强度。齿形皮带驱动弥补了链驱动的缺陷，并降低了成本。

气门顶置式配气机构目前在汽车上应用最广泛，发动机具有较高的动力性。但气门顶置式与侧置式相比也有其缺点，即凸轮轴与曲轴相距较远，使传动机构复杂，汽缸盖结构复杂，发动机高度增加。

4．每缸气门数及其排列方式

（1）每缸两个气门方式。

一般发动机较多采用每缸两个气门，即一个进气门和一个排气门，如图 3-7 所示。

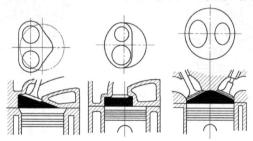

图 3-7　双气门发动机燃烧室断面和气门布局

（2）每缸四个气门方式。

两个气门结构在可能的条件下应尽量加大气门的直径，特别是进气门的直径，以改善汽缸的换气。但是，由于燃烧室尺寸的限制，从理论上讲，最大气门直径一般不超过汽缸直径的一半。当汽缸直径较大，活塞平均速度较高时，每缸一进一排的气门结构就不能满足发动机对换气的要求。因此，在很多新型汽车发动机上多采用每缸四个气门结构，即两个进气门和两个排气门，如图 3-8 所示。

（3）每缸五个气门方式。

现代轿车发动机设计面临的主要任务是进一步降低燃油消耗和排放污染，提高动力性和改善噪声特性，另外还要降低成本。新型奥迪轿车的 V 形六缸五气门发动机和捷达 EA113 型四缸五气门发动机就采用五气门技术，如图 3-9 所示。与四气门相比，采用每缸五气门的发动机气门流通截面更大，充气效率更高。在四气门发动机缸盖和五气门发动机缸盖上，气门可能的最大直径是不相同的。对于四气门缸盖，气门的最大可能直径受火花塞和气门之间棱宽的限制，而对于五气门缸盖则主要受气门自身间棱宽的限制。由于气门和火花塞的间距增大，就有可能在铸件设计时把火花塞座和排气道分开，从而使整个区域的冷却得到显著改善，这就确保五气门发动机尽管汽缸充气效率高，但爆燃敏感性却极小。因此每缸采用五个气门，为满足高性能指标要求提供了机会，即可以实现燃油消耗低、扭矩大及排污少，比目前使用的四气门发动机达到的性能指标更好。此外，如果将五气门技术与增压技术相结合，其性能指标的优势将更加明显。

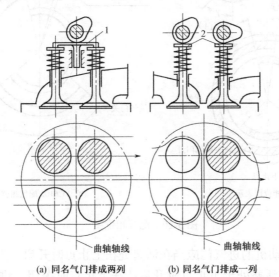

(a) 同名气门排成两列　　　　(b) 同名气门排成一列

图 3-8　四气门发动机燃烧室断面和气门布局

1—T 形杆；2—气门尾端的从动盘

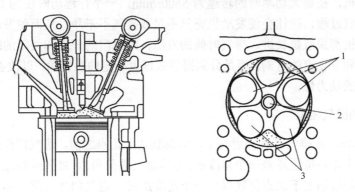

图 3-9　五气门发动机燃烧室断面和气门布局

1—进气门（3 个）；2—火花塞；3—排气门（2 个）

3.3　配气相位和气门间隙

3.3.1　配气相位

　　配气相位就是用曲轴转角表示的进、排气门的实际开闭时刻和开启的持续时间。用曲轴转角的环形图来表示配气相位，这种图称为配气相位图，如图 3-10 所示。

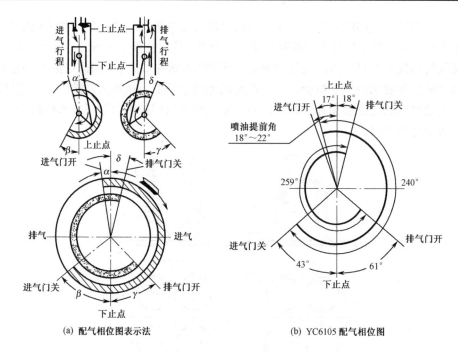

(a) 配气相位图表示法　　　　　(b) YC6105 配气相位图

图 3-10　配气相位图

理论上，四冲程发动机的进气门应当在活塞处在上止点时开启，当活塞运动到下止点时关闭；排气门则应当在活塞处于下止点时开启，在上止点时关闭。进气时间和排气时间各占 180° 曲轴转角。但是实际发动机的曲轴转速都很高，活塞每一行程历时都很短。如上海桑塔纳轿车发动机，在最大功率时的转速为 5600r/min，一个行程历时仅为 0.0054s。这样短时间的进气和排气过程，往往会使发动机充气不足或排气不干净，从而使发动机功率下降。因此，现代发动机都采取延长进、排气时间的方法，即气门的开启和关闭的时刻并不正好是活塞处于上止点和下止点的时刻，而是分别提前或延迟一定曲轴转角，以改善进、排气状况，从而提高发动机的动力性。

1. 进气门的配气相位

如图 3-10 所示，在排气行程接近终了，活塞到达上止点之前，进气门便开始开启，即曲轴转到活塞处于上止点位置还差一个角度 α（称为进气提前角）。直到活塞过了下止点重又上行，即曲轴转到超过活塞下止点位置以后一个角度 β 时，进气门才关闭，称为进气迟后角。进气提前角一般为 10°～30°，进气迟后角一般为 40°～80°。这样，整个进气过程中，进气门开启持续时间的曲轴转角，即进气持续角为 $180°+\alpha+\beta$。

进气门早开晚关的目的，是为了保证进气行程开始时进气门已有一定开度，在进气行程中获得较大进气通道截面，使新鲜气体能顺利地充入汽缸。当活塞到达下止点时，汽缸内压力仍低于大气压力，在压缩行程开始阶段，活塞上移速度较慢的情况下，仍可以利用气流较大的惯性和压力差继续进气，因此进气门晚关是利于充气的。发动机转速越高，气流惯性越大，迟闭角应取大值，以充分利用进气惯性充气。

2. 排气门的配气相位

在做功行程接近终了，活塞到达下止点前，排气门便开始开启，提前开启的角度 γ 时，称为排气提前角，一般约为 40°～80°。经过整个排气行程，在活塞越过上止点后，排气门才关闭，排气门关闭的延迟角 δ 称为排气迟后角，一般约为 10°～30°。这样，整个排气过程中，排气门开启持续时间的曲轴转角，即排气持续角为 $180°+\gamma+\delta$。

排气门早开晚关的目的是：它主要是利用排气过程后期，当做功行程接近下止点时，汽缸内的气体仍有 300～500kPa 的压力，但对活塞做功作用不大，这时若稍开启排气门，在此压力作用下大部分废气可高速从缸内排出，以减小排气行程消耗的功。排气迟后关闭角主要是利用排气气流惯性排出更多的废气。当活塞到下止点时，汽缸内压力大大下降（约为 110～120kPa），这时排气门的开度进一步增加，从而减少了活塞上行时的排气阻力。高温废气的迅速排出，还可以防止发动机过热。当活塞到达上止点时，燃烧室内的废气压力仍高于大气压力，加之排气时气流有一定惯性，所以排气门迟关，可以使废气排放得较干净。

3. 气门的叠开

同一汽缸的工作行程顺序是排气行程后紧接着进气行程。如图 3-10 所示，实际使用中，在进排气行程的上止点前后，由于进气门在上止点前即开启，而排气门在上止点后才关闭，这就出现了在一段时间内排气门与进气门同时开启的现象，这种现象称为气门重叠，重叠的曲轴转角 $\alpha+\delta$ 称为气门重叠角。由于新鲜气流和废气流的流动惯性比较大，在短时间内会保持原来的流动方向。因此只要气门重叠角选择适当，就不会产生废气倒流入进气管或新鲜气体随同废气排出的可能性，这将有利于换气。但应注意，如气门重叠角过大，当汽油机小负荷运转，进气管内压力很低时，就可能出现废气倒流，进气量减少。对于不同发动机，由于结构形式、转速各不相同，因而配气相位也不相同。合理的配气相位应根据发动机性能要求，通过反复试验确定。

3.3.2　气门间隙

气门间隙是指发动机在冷状态时，在气门杆的尾端和气门传动组之间留有一定的间隙，如图 3-11 所示，以补偿气门及传动机构受热后的膨胀量。

发动机工作时，气门将因温度升高而膨胀。如果气门及其传动件之间，在冷态时无间隙或间隙过小，则在热态下，气门及其传动件的受热膨胀势必会将气门自动顶开引起气门关闭不严，造成发动机在压缩和做功行程中的漏气，使功率下降，严重时甚至阻碍发动机起动。如间隙过大，则进、排气门开启迟后，缩短了进排气时间，降低了气门的开启高度，改变了正常的配气相位，使发动机因进气不足，排气不净而功率下降，并且，还将增加配气机构零件的撞击，使磨损加快。为消除上述现象，通常在发动机冷态装配时，在气门与其传动机构中，留有适当的间隙，以补偿气门受热后的膨胀量。

气门间隙视配气机构的总体结构形式而定，同时这一间隙也可进行调整。气门间隙的大小一般由发动机制造厂根据试验确定。通常在冷态时，进气门的间隙为 0.25～0.30mm，排气门的间隙为 0.3～0.35mm。

采用液力挺柱的发动机，挺柱的长度能自动变化，随时补偿气门的热膨胀量，故不需要预留气门间隙。如一汽奥迪、桑塔纳轿车无须预留气门间隙。

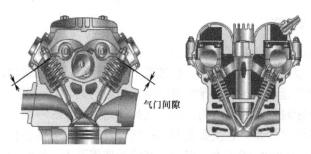

图 3-11　气门间隙示意图

3.4　配气机构的主要零部件

3.4.1　气门组

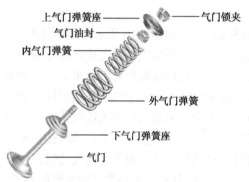

图 3-12　气门组的组成

气门组包括气门、气门座、气门导管、气门弹簧、弹簧座及锁片等零件，如图 3-12 所示。

1. 气门

气门由头部和杆部两部分组成，头部用来封闭汽缸的进、排气通道，杆部则主要为气门的运动导向。

气门头部的工作温度很高，而且还要承受气体压力、气门弹簧力以及传动组零件惯性力的作用，其冷却和润滑条件较差，因此，要求气门必须具有足够的强度、刚度、耐热和耐磨能力。

进气门的材料通常采用中碳合金钢（铬钢、镍铬钢、铬钼钢等）热负荷较大的进气门也采用耐热合金钢，如硅铬钢。由于热负荷大，一般排气门采用耐热合金钢（硅铬钢、硅铬钼钢、硅铬锰钢等）。为了节省耐热合金钢，有的发动机的排气门头部由耐热合金钢制造，而杆部的则用铬钢制造，然后将二者焊在一起，尾部再加装一个耐磨合金钢帽（如 CA6102 发动机）。

气门头顶面的形状有平顶、球面顶和喇叭形顶等，如图 3-13 所示。平顶气门头结构简单、制造方便、吸热面积小、质量较小，进、排气门均可采用；喇叭形顶头部与杆部的过渡部分具有一定的流线形，可以减少进气阻力，但其顶部受热面积大，故适用于进气门；球面顶气门头，因其强度高、排气阻力小，废气的清除效果好，适用于排气门，但球形的受热面积大、质量和惯性力大，加工较复杂。

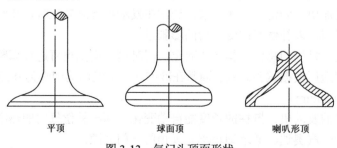

平顶　　　　　　球面顶　　　　　　喇叭形顶

图 3-13　气门头顶面形状

气门头部与气门座接触的工作面，是与杆部同心的锥角。通常将这一锥面与气门顶平面的夹角称为气门锥角，一般做成 45°。有的发动机进气门的锥角做成 30°，如图 3-14 所示。这是考虑到在气门升程相同的情况下，气门锥角较小时，气流通过断面较大，进气阻力较小。锥角较小的气门头部边缘较薄，刚度较小，致使气门头部与气门座的密封性及导热性均较差。排气门因热负荷较大而用较大的锥角。气门头部的边缘应保持一定厚度，一般为 1～3mm，以防止工作中由于气门与气门座之间的冲击而损坏或被高温气体烧蚀，为了减少进气阻力，提高充气效率，多数发动机进气门的头部直径比排气门的大。为保证良好密合，装配前应将气门头与气门座二者的密封锥面互相研磨，研磨好的零件不能互换。为了改善气门头部的耐磨性和耐腐蚀性，有的发动机在排气门密封锥面上堆焊一层含有大量的镍、铬、钴等金属元素的特种合金，以提高硬度。

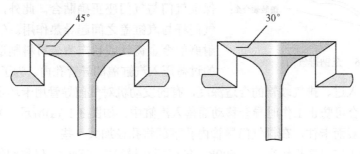

图 3-14　进排气门锥角

气门杆呈圆柱形，在气门导管中不断进行往复运动。其表面应具有较高的加工精度和较低的粗糙度，并经热处理以保证同气门导管的配合精度和耐磨性，并起到良好的导向、散热作用。气门杆端的形状决定于气门弹簧座的固定方式，如图 3-15 所示。常用的结构是用剖分或两半的锥形锁片来固定弹簧座，如图 3-15(a)所示。这时，气门杆的端部可切出环槽来安装锁片。有的发动机的气门弹簧座用锁销来固定，如图 3-15(b)所示，气门杆端有一个用来安装锁销的径向孔。

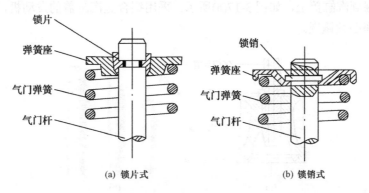

(a) 锁片式　　　　　　　　　(b) 锁销式

图 3-15　弹簧座的固定方式

由于排气门热负荷特别高，为了改善其导热性能，有些发动机采用了充钠排气门，如图 3-16 所示，如捷达 EA113 发动机五气门用充钠排气门。原理是：在排气门封闭内腔充注钠，钠在约为 1243K 时变为液态，具有良好的热传导能力，通过液态钠的来回运动，热量很快从气门头部传到根部，从而可使温度降低约 100°C，排气门的这种内部冷却方式也同时降低了混合气自

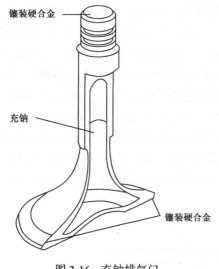

镶装硬合金

充钠

镶装硬合金

图3-16　充钠排气门

燃的危险，从而提高了气门的使用寿命。使用中值得注意的是：为了保护环境，不允许将排气门直接作为废品扔掉，必须在排气门中部用铁锯锯开一个缺口，在此期间不用水接触气门。将这样处理过的排气门扔入一个充满水的桶中，排气门一旦与水接触，就会立即发生化学反应，充注在其内部的钠发生燃烧，经过上述处理后的排气门才能作为普通废品处理。

2．气门导管

气门导管是气门在其中做直线运动的导套，以保证气门与气门座正确贴合。此外，气门导管还在气门杆与汽缸盖之间起导热作用。气门导管一般用耐磨的合金铸铁或粉末冶金材料制造，然后以一定的过盈压入汽缸盖的导管孔内。为了防止轴向运动，保证气门导管伸入进、排气歧管的合适深度，有的发动机对气门导管用卡环定位，如图3-17所示。与卡环配合可防止工作时导套移动而落入汽缸中，如图3-17(a)所示。为了防止排气门与气门导管因积炭而卡住，在排气门导管内孔下部将孔径加大一些。

气门导管的工作温度也较高，约500K。气门杆在导管中运动时，仅靠配气机构飞溅出来的机油进行润滑，因此易磨损。气门导管大多数用灰铸铁、球墨铸铁或铁基粉末冶金制造；导管内、外圆柱面经加工后压入汽缸盖的气门导管孔中，然后再精铰内孔。气门杆与气门导管之间一般留有0.05～0.12mm间隙，使气门杆能在导管中自由运动。

3．气门座

气门座与气门头部共同对汽缸起密封作用，并接受气门传来的热量。气门座在高温条件下工作，磨损严重，故有不少发动机的气门座用较好的材料（合金铸铁、奥氏体钢等）单独制作，然后镶嵌到汽缸盖上，如图3-17(a)所示。采用铝合金汽缸盖的发动机，由于铝合金材质较软，气门座必须镶嵌。

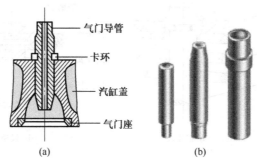

气门导管

卡环

汽缸盖

气门座

(a)　　　　　　　　(b)

图3-17　气门导管和气门座

1—气门导管；2—卡环；3—汽缸盖；4—气门座镶圆

4．气门弹簧

气门弹簧的作用是使气门自动回位，防止气门传动机构中产生间隙，克服在气门关闭过程中气门及传动件的惯性力，防止各传动件之间因惯性力的作用而产生间隙，保证气门与气门座紧密贴合，防止气门在发动机振动时发生跳动，破坏其密封性。为此，气门弹簧应具有足够的刚度和安装预紧力。

气门弹簧一端支承在缸盖或缸体上，另一端压靠在气门弹簧座上。为防止弹簧折断，有些发动机采用同心安装的内、外两根弹簧，如图 3-18 所示。气门弹簧在工作时，当其工作频率与自然振动频率相等或成某一倍数时，将会发生共振，为了防止这一现象的发生，在安装弹簧时，应使两根弹簧的旋向相反。而且当一根弹簧折断时，另一根还可维持工作，还可防止折断的弹簧圈卡入另一个弹簧圈内，并能使气门弹簧的高度减小。可采取提高气门弹簧的自然振动频率，即提高气门弹簧自身刚度的方式；也可采用不等螺距的圆柱弹簧的方式，这种弹簧在工作时，螺距小的一端逐渐叠合，有效圈数逐渐减小，自然频率逐渐提高，避免共振现象发生。

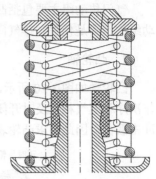

图 3-18　双弹簧气门

气门弹簧多为圆柱形螺旋弹簧，其材料为高碳锰钢、铬钒钢等冷拔钢丝。加工后要进行热处理。钢丝表面要磨光、抛光或喷丸处理，以提高疲劳强度，增强弹簧的工作可靠性。此外，为了避免弹簧的锈蚀或弹簧的表面应进行镀锌、镀铜、磷化或发蓝处理。

5. 气门旋转机构

为了改善气门和气门座密封面的工作条件，可设法使气门在工作中能相对气门座缓慢旋转。这样可使气门头沿圆周温度均匀，减小气门头部热变形的程度。气门缓慢旋转时在密封锥面上产生轻微的摩擦力，有阻止沉积物形成的自洁作用。气门旋转机构如图 3-19 所示。在图 3-19(a)所示的自由旋转机构中，气门锁片并不直接与弹簧座接触，而是装在一个锥形套筒中，后者的下端支承在弹簧座平面上，套筒端部与弹簧座接触面上的摩擦力不大，而且在发动机运转振动力作用下，在某一短时间内可能为零，这就使气门有可能自由地做不规则的转动。有的发动机采用图 3-19(b)所示的强制旋转机构，使气门每开一次便转过一定角度。在壳体中，有六个可变深度的槽，槽中装有带回位弹簧的钢球。当气门关闭时，气门弹簧的力通过支承板与碟形弹簧直接传到壳体上。当气门升起时，不断增大的气门弹簧力将碟形弹簧压平而迫使钢球沿着凹槽的斜面滚动，带着碟形弹簧、支承板、气门弹簧和气门一起转过一个角度。在气门关闭过程中，碟形弹簧的载荷减小而恢复原来的碟形，钢球即在回位弹簧作用下回到原来位置。

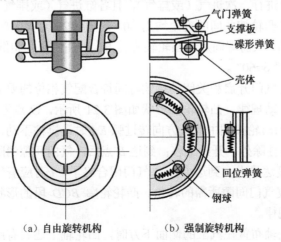

（a）自由旋转机构　　　（b）强制旋转机构

图 3-19　气门旋转机构

3.4.2　气门传动组

气门传动组主要包括凸轮轴及正时齿轮、挺柱、导管、推杆、摇臂和摇臂轴等。气门传动组的作用是使进、排气门能按配气相位规定的时刻开闭，且保证有足够的开度。

1. 凸轮轴

凸轮轴如图 3-20 所示，凸轮轴上主要配置有各缸进、排气凸轮，可以使气门按一定的工作次序和配气相位及时开闭，并保证气门有足够的升程。凸轮受到气门间歇性开启的周期性冲击载荷，因此要求凸轮表面要耐磨，凸轮轴要有足够的韧性和刚度。

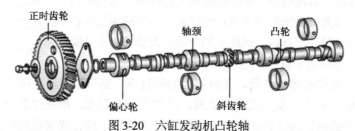

图 3-20　六缸发动机凸轮轴

1—凸轮；2—凸轮轴轴颈；3—驱动汽油泵的偏心轮；4—驱动分电器的螺旋齿轮

发动机工作时，凸轮轴的变形会影响配气相位，因此有的发动机凸轮轴采用全支承以减小其变形，如图 3-20 所示的凸轮轴有四个轴颈，支承数多，加工工艺较复杂。所以一般发动机的凸轮轴是每隔两个汽缸设置一个轴颈。为了安装方便，凸轮轴各轴颈直径是做成从前向后依次减小的。

凸轮轴的材料一般用优质钢模锻而成，也可采用合金铸铁或球墨铸铁铸造。凸轮和轴颈的工作表面一般经热处理后精磨，以改善其耐磨性。

同一汽缸的进、排气凸轮的相对角位置是与既定的配气相位相适应的。发动机各个汽缸的进气（或排气）凸轮的相对角位置应符合发动机各汽缸的点火顺序和点火间隔时间的要求。因此，根据凸轮轴的旋转方向以及各进气（或排气）凸轮的工作次序，就可以判定发动机的点火顺序。

六缸四冲程发动机每完成一个工作循环，曲轴须旋转两周而凸轮轴只旋转一周，在这一期间内，每个汽缸都要进行一次进气（或排气），且各缸进气（或排气）的时间间隔相等，即各缸进（或排）气门的凸轮彼此间的夹角均为 60°。图 3-20 点火顺序为 1-5-3-6-2-4 的六缸四冲程发动机的凸轮轴，从前端向后看凸轮轴旋转方向，任何两个相继发火的汽缸进（或排）气凸轮间的夹角为 360°/6=60°。

凸轮的轮廓应保证气门开启和关闭的持续时间符合配气相位的要求，且使气门有合适的升程及其升降过程的运动规律。凸轮轮廓形状如图 3-21 所示，O 点为凸轮旋转中心，EA 为以 O 为中心的圆弧。当凸轮按图中箭头方向转过弧 EA 时，挺柱不动，气门关闭；凸轮转过 A 点后，挺柱（液力挺柱除外）开始上移；到达 B 点后，气门间隙消除，气门开始开启；凸轮转到 C 点，气门开度达最大；到达 D 点，气门闭合终了。φ 对应着气门开启持续角，ρ_1 和 ρ_2 分别对应消除和恢复气门间隙所需的转角。凸轮轮廓 BCD 段的形状，决定了气门的升程及其升降过程的运动规律。

有些汽油机的凸轮轴布置在汽缸的侧面下方时，凸轮轴上还具有用以驱动机油泵及配电盘的齿轮和用以驱动汽油泵的偏心轮，如图 3-20 所示。凸轮轴通常用曲轴通过一对正时齿轮驱动，如图 3-22 所示为解放 CA1091 型汽车的 CA6102 型发动机的正时齿轮副。小齿轮和大齿轮分别用键装在曲轴与凸轮轴的前端，其传动比为 2∶1。在装配曲轴与凸轮轴时，必须将正时记号对准，以保证正确的配气相位和点火时刻。

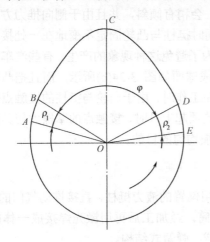

图 3-21　凸轮形状简图

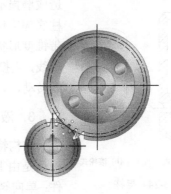

图 3-22　正时齿轮的安装

为防止凸轮轴轴向窜动，凸轮轴必须有轴向定位装置。常用的轴向定位方法如下。

（1）止推轴承定位。采用凸轮轴的第一轴承为止推轴承，如图 3-23(a)所示。即控制凸轮轴的第一轴颈 2 上的两端凸肩与凸轮轴承座之间的间隙Δ，以限制凸轮轴的轴向移动。

（2）止推片轴向定位。如图 3-23(b)所示，止推片 4 安装在正时齿轮 3 与凸轮第一轴颈 5 之间，且留有一定的间隙，从而限制了凸轮轴的轴向移动量。

（3）止推螺钉轴向定位。如图 3-23(c)所示，止推螺钉 7 拧在正时齿轮盖 6 上，并用锁紧螺母锁紧，调整止推螺钉拧入的程度就可以调整凸轮轴的轴向移动量。车用内燃机凸轮轴的轴向间隙一般为 0.10～0.20mm。

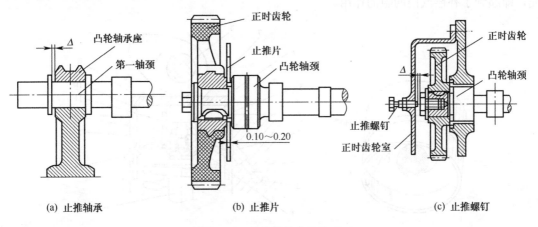

(a) 止推轴承　　　　　　　　(b) 止推片　　　　　　　　(c) 止推螺钉

图 3-23　凸轮轴的定位方式

2. 挺柱

挺柱的功用是将凸轮的推力传给推杆或气门，并承受凸轮轴旋转时所施加的侧向力。气门顶置式配气机构的挺柱一般制成筒式，如图 3-24(a)所示，以减轻质量。

另外还有滚轮式挺柱，其优点是可以减小摩擦所造成的对挺柱的侧向力，但是结构复杂、重量较大，一般多用于大缸径柴油机上。

挺柱常用镍铬合金铸铁或冷激合金铸铁制造，其摩擦表面应经热处理后精磨。

挺柱工作时，由于受凸轮侧向推力的作用，会稍有倾斜，并且由于侧向推力方向是一定的，这样就会引起挺柱与导管之间单面磨损，同时挺柱与凸轮固定不变地在一处接触，也会

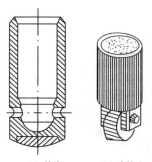

造成磨损不均匀。为了避免这种现象的产生，有些汽车发动机挺柱底部工作面都制成球面如图 3-24(b)所示，而且把凸轮面制成带锥度形状。这样在工作时，由于凸轮与挺柱的接触点偏离挺柱轴线，当挺柱被凸轮顶起上升时，接触点的摩擦力使其绕本身轴线转动，以达到磨损均匀的目的。

(a) 筒式　　　(b) 滚轮式

图 3-24　挺柱

3. 液力挺柱

结构特点是采用倒置的液力挺柱，直接推动气门的开启；挺柱体是由上盖和圆筒，经加工后再用激光焊接成一体的薄壁零件；单向阀采用钢球、弹簧式结构。

液压挺杆的工作原理：如图 3-25 所示，当凸轮由基圆部分与挺杆接触逐渐转到凸轮尖与挺杆接触时，机油通过缸盖上油道 2、量油孔 3、斜油孔 4 进入挺杆的环形油槽，再由环形油槽中的一个油孔进入挺杆低压油腔，挺杆向下移动，柱塞随之下移，高压油腔的油压升高，使球阀紧压在柱塞座上，低压油腔与高压油腔完全隔离。由于机油的不可压缩性，油缸和柱塞就如一个刚性整体。随着凸轮轴的转动，气门便逐渐被打开。在凸轮的回程中，在气门弹簧和凸轮的共同作用下，高压油腔依然关闭直至凸轮回程结束，当凸轮基圆再次与挺杆顶端相遇时，缸盖主油道中的压力油经量油孔、斜油孔，以及挺杆环形槽中的进油孔进入挺杆低压油腔。气门在气门弹簧的作用下将气门关闭。这时在高压油和柱塞回位补偿弹簧的作用下，柱塞向上移动，高压油腔的压力下降，球阀打开，高、低压腔相通，高压油腔的油得到了补充，即起到了补偿气门间隙的作用。

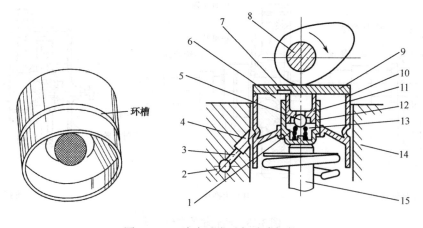

图 3-25　一汽奥迪发动机液力挺柱

1—高压油腔；2—缸盖油道；3—量油孔；4—斜油孔；5—球阀；6—低压油腔；7—键形槽；8—凸轮轴；
9—挺柱体；10—柱塞焊缝；11—柱塞；12—油缸；13—补偿弹簧；14—缸盖；15—汽缸门

为防止发动机在停机状态下汽缸盖油道中出现空油的现象，在汽缸盖上设有一回油道，以确保发动机重新起动时挺杆内立即充油。

在气门关闭位置如图 3-26 所示，若气门、推杆受热膨胀，挺柱回落后向挺柱体腔内的补油过程便会减少补油量（工作过程中）或使挺柱体腔内的油液从柱塞与挺柱体间隙中泄漏一部分（停车时）。从而使挺柱自动"缩短"；因此可不留气门间隙而仍能保证气门关闭。相反，若气门、推杆冷缩，则向挺柱体腔内的补油过程，便会增加补油量（工作过程中）或在柱塞弹簧作用下将柱塞上推，吸开单向阀向挺柱体腔内补油（停车时），从而使挺柱自动"伸长"，因此仍能保持配气机构无间隙传动。

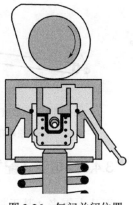

图 3-26　气门关闭位置

采用液力挺柱，可消除配气机构中的间隙，减小各零件的冲击载荷和噪声，同时凸轮轮廓可设计得较陡些，气门开启和关闭更快，以减小进、排气阻力，改善发动机的换气，提高发动机的性能，尤其是高速性能。

4. 推杆

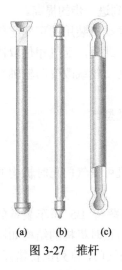

(a)　(b)　(c)

图 3-27　推杆

推杆的作用是将凸轮轴经过挺柱传来的推力传给摇臂，是气门机构中最易弯曲的零件。因为要求有很高的刚度，因此在动载荷大的发动机中，推杆应尽量做得短些。

对于缸体与缸盖都是铝合金制造的发动机，其推杆最好用硬铝制造。推杆的两端焊接成压配有不同形状的端头，下端头通常是圆球形，以使与挺柱的凹球形支座相适应；上端头一般制成凹球形，以便与摇臂上的气门间隙调整螺钉的球形头部相适应。推杆可以是实心或空心的。钢制实心推杆如图3-27(a)所示，一般是同球形支座锻成一个整体，然后进行热处理。如图3-27(b)所示硬铝棒制成的推杆两端配以钢制的支承。如图3-27(c)所示是钢管制成的推杆，前者的球头是直接锻成，然后经过精磨加工的。后者的球支承则是压配的，并经淬火和磨光，以提高其耐磨性。

5. 摇臂

功用是将推杆和凸轮传来的力改变方向，作用到气门杆端以推开气门。

摇臂实际上是一个双臂杠杆，如图 3-28 所示。摇臂两边臂长的比值称为摇臂比，约为1.2～1.8，其中长臂一端是推动气门的。端头的工作表面一般制成圆柱形，当摇臂摆动时可沿气门杆端面滚滑，这样可使两者之间的力尽可能沿气门轴线作用。摇臂内还钻有润滑油道和油孔。在摇臂的短臂一端装有用以调节气门间隙的调节螺钉及锁紧螺母如图 3-28(b)所示，螺钉的球头与推杆顶端的凹球座相接触。摇臂多是用 45 号钢锻压而成，也有用铸铁或铸钢精铸而成。

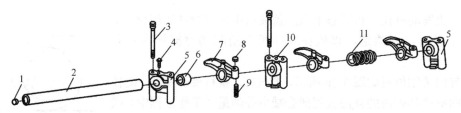

图 3-28　摇臂及摇臂组

1—堵塞；2—摇臂轴；3—螺栓；4—摇臂轴固定螺栓；5—摇臂轴支座；6—摇臂衬套；7—摇臂；

8—调整螺钉锁紧螺母；9—气门间隙调整螺钉；10—摇臂轴中间支座；11—定位弹簧

3.4.3　可变式配气机构

近几十年来，基于提高汽车发动机动力性、经济性和降低排污的要求，许多国家和发动机厂商、科研机构投入了大量的人力、物力进行新技术的研究与开发。目前，这些新技术和新方法，有的已在内燃机上得到应用，有些正处于发展和完善阶段，有可能成为未来内燃机技术的发展方向。

发动机可变配气相位是近年来被逐渐应用于现代轿车上的新技术之一，发动机采用这种技术可以提高进气充量，使充量效率提高，发动机的扭矩和功率也可以得到进一步的提高。

由于进气门配气相位对发动机性能的影响比排气门大，所以各种发动机装用的可变配气相位控制机构一般只控制进气门配气相位，以免使配气机构过于复杂。此外，配气相位取决于凸轮的形状及凸轮轴与曲轴的相对位置，在发动机工作中，变换驱动凸轮或改变凸轮轴与曲轴相对位置，均可实现配气相位的调节。

目前，车用发动机装用的可变配气相位控制机构主要有以下几种类型。

1. ANQ5 发动机可变气门正时机构

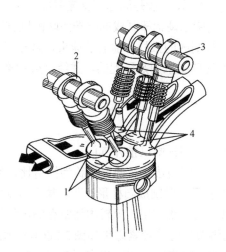

图 3-29　ANQ5 发动机可变气门正时机构的结构

1—排气门；2—排气凸轮轴；3—进气凸轮轴；4—进气门

（1）ANQ5 发动机可变气门正时机构的结构。

奥迪 A6、上海帕萨特 B5 轿车装备的 ANQ5 发动机可变气门正时机构的结构如图 3-29 所示。它有 3 个进气门，排列位置错开、打开的时间也不同（中间的气门先打开），使发动机吸入的新鲜空气产生旋涡，加速和优化混合气的雾化，提高发动机的功率和转矩。

曲轴通过同步带首先驱动排气凸轮轴，排气凸轮轴通过链条驱动进气凸轮轴，在两轴之间设置一个凸轮轴调整器，在内部液压缸的作用下，调整器可以上升和下降，以调整发动机进气凸轮轴的位置。液压缸的油路与汽缸盖上的油路连通，工作压力由凸轮轴调整阀控制，而凸轮轴调整阀由 ECU 进行控制。排气凸轮轴位置是不可调的可变气门调整器结构如图 3-30 所示。

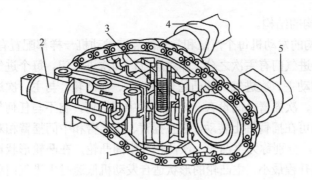

图 3-30 可变气门调整器结构

1—凸轮轴调整器；2—凸轮轴调整阀 N205；3—液压缸；4—进气凸轮轴；5—排气凸轮轴

（2）ANQ5 发动机可变气门正时机构的工作原理。

如图 3-31 所示为可变气门调整器工作原理示意图。

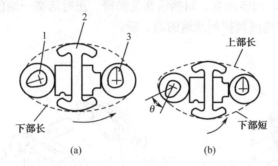

图 3-31 可变气门调整器工作原理示意图

1—进气凸轮轴；2—凸轮轴调节器；3—排气凸轮轴

① 如图 3-31(a)所示为功率位置（不进行调整时的位置），即高速状态。为了充分利用进气流的惯性，进气迟闭角增大（轿车发动机一般在此位置），链条的上部较长，而下部较短。排气凸轮轴首先要拉紧下部链条成为紧边，进气凸轮轴才能被排气凸轮轴带动。就在下部链条由松变紧的过程中，排气凸轮轴已转过了一个角度，进气凸轮才开始动作，进气门关闭得较迟，从而使发动机高速时产生高功率。

② 如图 3-31(b)所示为转矩位置，即中、低速状态。通过凸轮轴调整器向下的运动来缩短上部链条而加长下部链条。由于排气凸轮轴受到正时皮带制约不能转动，从而使进气凸轮轴偏转一个角度，较早关闭进气门，使发动机在中速和低速范围内能产生高转矩。

由于可变气门正时调节的是链条的长度，所以链条在安装时其基础设定是非常重要的。ANQ5 发动机链条的基础设定是在两个凸轮轴链条驱动齿轮标记之间的链条长度为 16 个链条孔距。

2. 本田 ACCORDF22B1 发动机 VTEC

随着发动机各缸采用多气门化，发动机的高速动力性有了很大的提高，同时却带来了中小负荷经济性变差和低速扭矩的降低。从而使从高速到低速整个使用范围性能都得到提高。

本田汽车采用一种可变配气相位与气门升程电子控制（VTEC）机构，如图 3-32 所示，来控制进气时间与进气量，从而使发动机产生不同的输出功率。

（1）VTEC 机构的结构。

装有 VTEC 机构的发动机每个汽缸和常规的高速发动机一样都配置有 2 个进气门和排气门。不过，它的两个进气门有主次之分，即主进气门和次进气门。每个进气门均由单独的凸轮通过摇臂来驱动，驱动主、次进气门的凸轮分别叫主、次凸轮，与主、次进气门接触的摇臂分别叫主、次摇臂。主、次摇臂之间设有一个特殊的中间摇臂，它不与任何气门直接接触。三个摇臂并列在一起，均可在摇臂轴上转动。在主摇臂、次摇臂和中间摇臂相对应的凸轮轴上铸有 3 个不同升程的凸轮，分别称为主凸轮、次凸轮和中间凸轮，在凸轮形状设计上，中间凸轮的升程最大，次凸轮的升程最小。主凸轮的形状适合发动机低速时主进气门单独工作时的配气相位要求，中间凸轮的形状适合发动机高速时主、次双进气门工作时的配气相位要求。

正时片的功用是正时活塞处于初始位置和工作位置时，靠回位弹簧使正时片插入正时活塞相应的槽中，使正时活塞定位。

进气摇臂总成如图 3-33 所示，在 3 个摇臂靠近气门的一端均设有油缸孔，油缸孔中装有靠液压控制的正时活塞、同步活塞、阻挡活塞及弹簧。正时活塞一端的油缸孔与发动机的润滑油道连通，ECU 通过电磁阀控制油道的通、断。

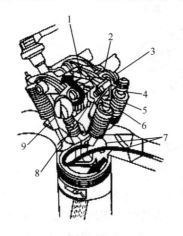

图 3-32　VTEC 机构的组成

1—正时板；2—中间摇臂；3—次摇臂；4—同步活塞 B；
5—同步活塞 A；6—正时活塞；7—进气门；8—主摇臂；9—凸轮轴

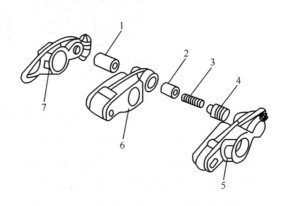

图 3-33　进气摇臂总成

1—同步活塞 B；2—同步活塞 A；3—弹簧；
4—正时活塞；5—主摇臂；6—中间摇臂；7—次摇臂

（2）VTEC 机构的工作原理。

可变配气相位控制系统的功能是：根据发动机转速、负荷等变化来控制 VTEC 机构工作，改变驱动同一汽缸两进气门工作的凸轮，以调整进气门的配气相位及升程，并实现单进气门工作和双进气门工作的切换。

发动机低速运转时，VTEC 机构电磁阀不通电，使油道关闭，机油压力不能作用在正时活塞上，在此摇臂油缸孔内的弹簧和阻挡活塞作用下，正时活塞和同步活塞 A 回到主摇臂油缸孔内，与中间摇臂等宽的同步活塞 B 停留在中间摇臂的油缸孔内，三个摇臂彼此分离，如图 3-34 所示。此时，主凸轮通过主摇臂驱动主进气门，中间凸轮驱动中间摇臂空摆；次凸轮的升程非常小，通过次摇臂驱动次进气门微量开启，其目的是防止次进气门附近积聚燃油。配气机构处于单进、双排气门工作状态，单进气门由主凸轮驱动。

当发动机高速运转，且发动机转速、负荷、冷却水温度及车速达到设定值时，计算机控制电路向 VTEC 机构电磁阀供电，使电磁阀开启，来自润滑油道的机油压力作用在正时活塞一侧，由正时活塞推动两同步活塞和阻挡活塞移动，两同步活塞分别将主摇臂与中间摇臂、次摇臂与中间摇臂插接成一体，成为一个同步工作的组合摇臂，如图 3-35 所示。此时，由于中间凸轮升程最大，组合摇臂受中间凸轮驱动，两个进气门同步工作，进气门的配气相位和升程与发动机低速时相比，其升程、提前开启角和迟后关闭角均增大。

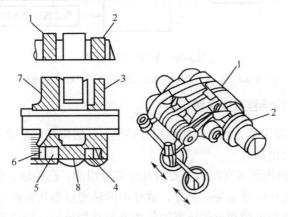

图 3-34 发动机低速运转时 VTEC 机构的工作状态

1—中间凸轮；2—中间摇臂；3—次摇臂；4—阻挡活塞；5—同步活塞 A；6—正时活塞；7—主摇臂；8—同步活塞 B

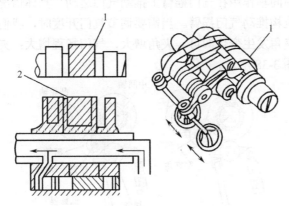

图 3-35 发动机高速运转时 VTEC 机构的工作状态

1—主凸轮；2—次凸轮

当发动机转速下降到设定值时，计算机控制电路切断 VTEC 机构电磁阀电流，正时活塞一侧的机油压力降低，各摇臂油缸孔内的活塞在回位弹簧作用下回位，三个摇臂又彼此分离而独立工作。

（3）VTEC 控制系统。

VTEC 控制系统如图 3-36 所示。发动机控制 ECU 根据发动机转速、负荷、冷却水温度和车速信号控制 VTEC 机构电磁阀。电磁阀通电后，通过压力开关给计算机提供一个反馈信号，以便监控系统工作。

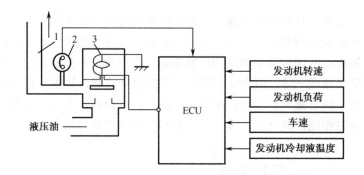

图 3-36　VTEC 控制原理

1—液压油道；2—VTEC 机构压力开关；3—VTEC 机构电磁阀

3. 丰田的无极气门扬程可变系统

丰田于 2008 年公布了其无级气门扬程可变系统，其结构相对简单，重量较轻，在增加动力的同时，减少了燃油消耗。

如图 3-37 所示丰田扬程可变机构主要由几个部分组成：凸轮轴、中间轴、摇臂、滚轮摇臂、摇臂推动机构。其结构最重要的部分，就是中间轴通过斜齿带动的两个摇臂推动机构和一个滚轮摇臂；摇臂推动机构和滚轮摇臂的斜齿方向是相反的；所以当中间轴旋转的时候，摇臂推动机构和滚轮摇臂会以相反的方向旋转，从而它们的夹角会出现变化。而凸轮轴通过部件刚性连接的可变中间轴作用在气门摇臂上推动气门运动。具体情况是：凸轮轴作用在滚轮摇臂上，摇臂推动机构推动气门摇臂。当需要调节气门开度时，我们只需要使摇臂推动机构和滚轮摇臂之间的夹角发生变化即可。夹角增大，气门扬程增大；夹角减小，气门扬程减小。具体控制过程如图 3-38 所示。

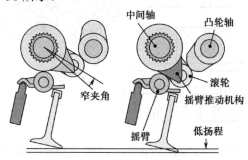

图 3-37　无极气门扬程可变系统结构

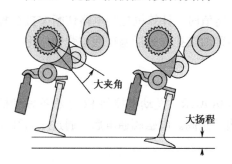

图 3-38　丰田无极气门扬程可变系统控制原理图

　　从原理上来看，丰田无极气门扬程可变系统机构和控制原理相对于简单，但是中间轴内部结构较为复杂。由于其结构紧凑，构件较少，因此能够更好地符合高转速发动机的要求。

思 考 题

3.1　简述配气机构的功用。

3.2　气门顶置式配气机构有哪几种？

3.3　气门为何要早开、晚关？

3.4　什么是配气相位？画出配气相位图，并标出气门重叠角。

3.5　简述配气机构主要零件的功用和结构特点。

3.6　什么是气门间隙？气门间隙的大小对发动机有何影响？

3.7　什么是可变式配气机构，常见的有哪几种类型？

项目教学任务单

项目　气门组零部件的拆装与调整——实训指导

参考学时	2	分组		备注	
教学目标	通过本次实训，学生应该能够： 1. 正确拆装气门组各零部件； 2. 能说出气门组零部件名称和作用； 3. 安装发动机时能正确调整配气正时； 4. 掌握气门间隙调整的原则和方法				
实训设备	1. 发动机台架； 2. 汽缸盖总成（带气门）； 3. 气门弹簧装卸钳、常用拆装工具、厚薄规等。				
实训 过程 设计	根据学生人数分组，教师现场指导。 1. 示范并讲解气门组的拆装过程及注意事项； 2. 学生分组拆装气门组； 3. 示范并讲解安装发动机时配气正时的调整； 4. 学生分组完成配气正时调整及发动机装配； 5. 示范并讲解气门间隙的检查调整方法； 6. 学生分组进行气门间隙调整检查操作，并由小组代表对上述项目进行讲述，同学及教师进行现场点评				
实训 纪要					

项目 气门组零部件的拆装与调整——任务单

班级		组别		姓名		学号	

一、配气机构零部件认知

结合试验台架拆装发动机，找出配气机构的主要零部件，并完成以下题目。

1. 在你拆装的发动机配气机构中，见过的类型有哪些？

(1) 按气门布置可分为_____和_____；

(2) 按凸轮轴布置形式可分为_____、_____和_____；

(3) 按气门数量可分为_____、_____和_____。

2. 配气机构由（   ）组和（   ）组两大部分组成。

3. 填写图 1 中 1-10 零件的名称

1 (   ), 2 (   ), 3 (   ),

4 (   ), 5 (   ), 6 (   ),

7 (   ), 8 (   ), 9 (   ),

10 (   )。

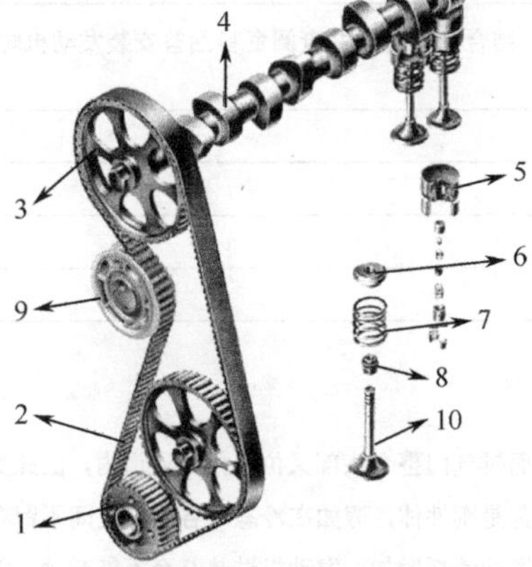

图 1 配气机构组成

4. 根据下面的机构图（见图 2）简要说明配气机构的工作原理。

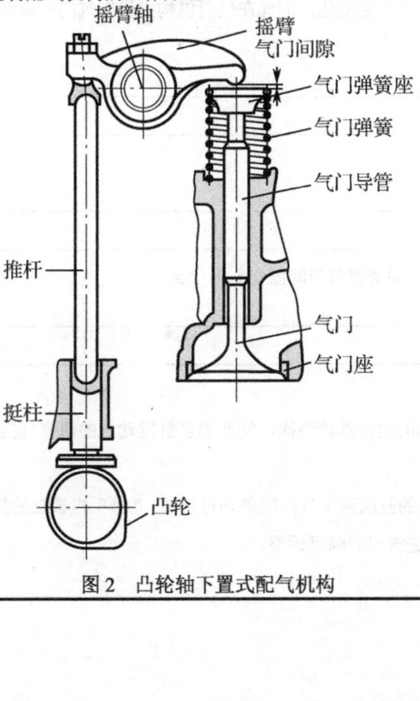

图 2 凸轮轴下置式配气机构

工作原理：发动机工作时曲轴通过正时齿轮驱动（　　　　）转动，当凸轮的突起部分顶起（　　　　　）时，挺住推动（　　　）一起上行，作用于（　　　　）上的推动力驱使摇臂绕轴转动，摇臂的另一端压缩（　　　　）使（　　　）下行。气门开启。当凸轮突起部分离开挺柱时，气门便在弹簧弹力的作用下上行，气门关闭。

二、配气正时的调整

1．什么是配气正时？

_____
_____
_____
_____
_____

2．通过拆装 EQ6100 发动机，简述该发动机安装时，如何保证配气正时准确？

_____
_____
_____
_____
_____

3．对于正时皮带传动的直列四缸发动机，结合试验台架并查阅资料回答安装发动机时，如何保证配气正时正确？

_____
_____
_____
_____
_____

三、气门间隙的调整

1．气门间隙的意义

进、排气门头部直接位于燃烧室内，而排气门整个头部又位于排气通道内，因此受到的温度很高。在如此高温下，气门会因受热膨胀而伸长。由于气门传动组零件都是刚性体，假如在冷态时各零件之间不留有气门间隙，受热膨胀的气门就会使气门关闭不严而漏气，导致发动机功率下降、燃油消耗增加、发动机过热甚至不能起动。因此发动机在冷态装配时，在气门组和气门传动组之间一定要留有一定的气门间隙。

在发动机工作过程中，气门间隙的大小会发生变化，因此在气门机构中设有气门间隙调整装置，以便对气门间隙进行调整。

（1）气门间隙过大的危害是：

_____
_____

（2）气门间隙过小的危害是：

_____
_____

（3）对于采用液力挺柱的发动机，还需要调整气门间隙吗？为什么？

_____
_____

2．"两次调整法"调整气门间隙

所谓"两次调整法"是指只要把发动机的曲轴摇转两次，就能把多缸发动机的所有气门全部检查调整好。

"两次调整法"——"双排不进法"

"双排不进法"的"双"指处于上止点的缸的两个气门间隙均可调整，"排"指该缸的排气门间隙可调整，"不"指该缸的两个气门间隙均不可调整，"进"指该缸的进气门间隙可调整。

"两次调整法"的操作程序

图3 直列六缸柴油机

（1）结合图3和你拆装过的发动机，说明六缸发动机的做功顺序是怎样的？四缸呢？

_____

_____

（2）以直列六缸发动机为例，回答如何找到一缸压缩上止点？

_____

_____

（3）找到一缸压缩上止点后，根据发动机的工作顺序，按"双、排、不、进"原则确定能调整的气门是_____

_____

简要叙述检查、调整气门间隙的工作流程及注意事项。

_____

_____

_____

_____

_____

（4）将曲轴再转一圈，使正时记号对准，用同样的方法检查、调整其余气门间隙，现在能调整的气门是_____

_____。

总结评分	教师签名： 年 月 日

第4章

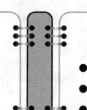

汽油机燃油供给系

【本章重点】

- 汽油机燃油供给系的组成；
- 各部件的作用、工作原理；
- 电喷燃油系统的组成；
- 各传感器的作用及电喷系统的优点

【本章难点】

- 汽油机燃油供给系各部件的工作原理；
- 各种电喷系统的工作原理；
- 传感器的原理；
- 缸内直喷发动机的构造与原理

4.1 汽油机燃油供给系的组成

4.1.1 汽油机燃油供给系的功用

根据发动机不同工况的要求，供给不同数量和浓度的可燃混合气进入气缸，燃烧后的废气经净化处理后排入大气。

4.1.2 汽油机燃油供给系的组成

按照燃料供给方式的不同分为化油器式和汽油直接喷射式。传统化油器式已不再生产，但目前尚有部分使用此类燃油供给系统的车辆。

（1）燃油供给装置：汽油箱、汽油泵、汽油滤清器、油管。

（2）空气供给装置：空气滤清器、进气管。

（3）可燃混合气形成装置：化油器（化油器式）；进气管或气缸内（电喷式）。

（4）废气排出装置：排气管道、排气消音器，三元催化转换器。

汽油机燃油供给系的组成如图4-1所示，汽油机供给系统整体布置如图4-2所示。

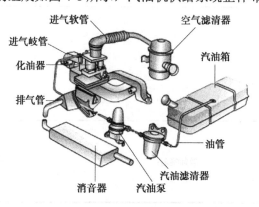

图4-1 汽油机燃油供给系的组成

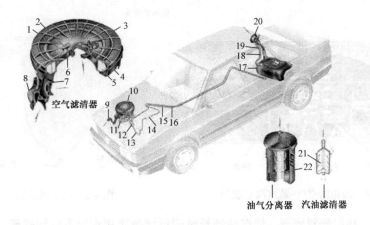

图 4-2　汽油机供给系统整体布置图

1—温控开关真空接口；2—温控开关；3—温控开关曲轴箱和凸轮室通阀；4—气阀空气滤清器壳体；
5—空气滤清器滤芯；6—真空软管；7—阀门；8—阀门位置真空控制器；9—进气软管；10—空气滤清器；
11—化油器；12—油气分离器；13—汽油泵；14—汽油滤清器；15—回油管；16—供油管；17—油箱；
18—快速排气管；19—细通气管；20—加油口；21—汽油滤清器滤芯；22—油气分离器滤芯

4.2　燃油供给装置

燃油供给装置的功用主要是储存、滤清、输送汽油。

汽油供给装置主要由汽油箱、汽油泵、汽油滤清器、油管等组成，如图 4-1 所示。

1. 汽油箱

汽油箱的功用是储存汽油。其数目、容量、形状及安装位置均随车型而异。一般车辆有一个油箱，军用车有两个油箱。汽油箱的容量应使汽车的续驶里程达 200～600km，汽油箱一般由钢板制造，在汽油箱上还装有油面指示表传感器、出油开关和放油螺塞等。汽油箱内通常有挡油板，为的是减轻汽车行驶时汽油的振荡，如图 4-3 所示。

图 4-3　汽油箱

油箱是密封的，一般在油箱盖上装有空气-蒸汽阀，如图 4-4 所示。保持油箱内油压正常。

当油箱内气压较高时，油箱内的蒸汽将蒸汽阀打开，高压的汽油蒸汽通过蒸汽阀排到大气中，内外气压稳定。当外界气压较高时，空气阀被打开，外界空气经过蒸汽阀进入汽油箱，来维持内外气压的稳定。

2. 汽油滤清器，如图 4-5 所示

汽油从汽油箱进入汽油泵之前，先经过汽油滤清器除去其中的杂质和水分，以减少汽油泵和化油器等部件的故障。汽油滤清器采用的滤清方式有沉淀式和过滤式。

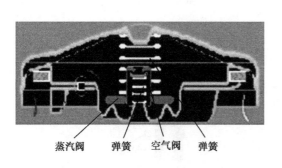

图 4-4　油箱的空气-蒸汽阀示意图

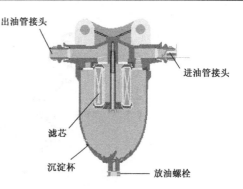

图 4-5　汽油滤清器（可拆卸式）

- 沉淀式。利用静置容器，使汽油经长时间沉淀杂质和水分下沉到底部，而上部得到较干净的汽油。
- 过滤式。利用过滤器，使汽油通过滤网，而杂质被滤网隔离，滤芯多用多孔陶瓷或微孔滤纸制造。陶瓷滤芯结构简单，不消耗金属，滤清效果较好，但滤芯不易清洗干净，使用寿命短。纸质滤芯滤清效果好，结果简单，使用方便。现代轿车发动机多采用一次性使用、不可拆式纸质滤芯汽油滤清器，如图 4-6 所示。一般每行驶 30 000km 整体更换一次。

3. 汽油泵，如图 4-7 所示

汽油泵的功用是将汽油从油箱吸出，经管路和汽油滤清器，然后泵入化油器浮子室，保证连续不断地供油。这里介绍机械驱动膜片式汽油泵，装在曲轴箱一侧，由配气凸轮轴上的偏心轮驱动。

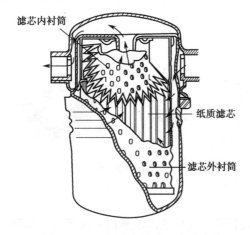

图 4-6　不可拆式纸质滤芯汽油滤清器

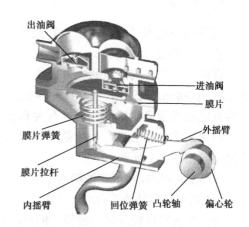

图 4-7　汽油泵结构图

汽油泵由膜片、进油阀、出油阀、拉杆、摇臂、手摇臂、膜片弹簧、壳体等组成。

（1）进油过程为：膜片装在上、下体之间，将内体分为上、下两腔，上腔上装有进油阀和出油阀。当凸轮轴转动时，偏心轮的凸起部分驱动外摇臂，外摇臂驱动，内摇臂带动拉杆将膜片向下拉，迫使膜片克服弹簧力而下凹，膜片上腔容积增加，油压下降，进油阀被吸开，出油阀关闭，汽油经过进油器，进油阀进入膜片上腔。

（2）泵油过程为：当偏心轮偏心部分转过后，膜片弹簧将膜片向上顶，迫使膜片上凹，

使膜片上腔空间渐小，油压上升，进油阀关闭，出油阀打开，油泵对外泵油。

（3）手摇臂的作用为：在发动机起动前，如果化油器浮子室内无油或储油不足时，就需要利用手摇臂泵油，将手摇臂上下摇动时，可带动半圆轴转动，通过内摇臂使膜片上下移动来实现泵油。

（4）泵油量的自动调节：一般汽油泵的最大供油量比发动机最大耗油量大 2.5～3.5 倍，而在发动机正常工作中，要求化油器浮子室油面高度不变，以保证化油器工作性能稳定，因此，要求汽油泵能根据发动机耗油量自动调节供油量。

调节原理：汽油泵油量的调节是通过上腔油压力与膜片弹簧力平衡来调节油压。膜片向下运动受偏心轮控制，位置不能改变，膜片向上运动其位置取决于上方油压。当上方空间油压升高时，在泵油过程中，弹簧推动膜片向上运动一个较小的距离，弹簧力等于油压力时达到平衡，因而，使膜片上、下运动，振幅减小，输入油量相应减少。汽油泵的供油压力取决于膜片弹簧的预紧力，一般油压力为 0.027～0.037MPa，供油压力不宜太高，否则会使浮子室油面过高，化油器供油量过多，造成浪费。

4.3　空气供给和废气排出装置

内燃机的进、排气装置主要由空气滤清器及进、排气管组成，如图 4-8 所示。

4.3.1　空气滤清器

空气滤清器，如图 4-9 所示。由于汽车行驶时速度很快，会引起道路两旁（特别是土路）上的尘土飞扬，使周围空气中含有灰尘，而灰尘中又含有大量的砂粒，如果被吸入气缸的话，就会黏附在气缸、活塞和气门座等零件的密封表面，加速它们的磨损，使发动机寿命大大下降。因此，在车用发动机上必须装有空气滤清器。

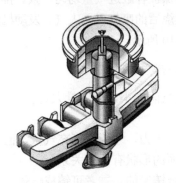　　　　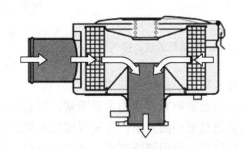

图 4-8　空气滤清器及进、排气装置　　　　图 4-9　空气滤清器

1. 空气滤清器的功用和要求

将空气中的尘土分离出来，保证供给气缸足够量的清洁空气。对空气滤清器的基本要求是滤清能力强，进气阻力小，维护保养周期长，价格低廉。

2．空气滤清器的形式和工作原理

目前采用的空气滤清器的形式很多，归纳起来按滤清方式可以分为惯性式和过滤式，按是否用机油分干式和湿式。将它们组合起来就有干惯性式、干过滤式、湿惯性式、湿过滤式，综合两种以上的叫综合式。

（1）惯性式。

它是根据离心力或惯性力与质量成正比的原理，利用尘土比空气重的特点，引导气流做高速旋转运动，重的尘土就会自动从空气中甩出去，或者引导气流突然改变方向，重的尘土就会来不及改变方向而从空气中分离出去。

惯性式的优点是进气阻力小，保养简单；缺点是滤清能力不强，即滤清效果差。

（2）过滤式。

它是根据吸附原理，引导气流通过滤芯（如金属网、丝、棉质物质和纸质等），将尘土隔离和黏附在滤芯上，从而使空气得到滤清。

过滤式的优点是滤清能力强、滤清效果好；其缺点是进气阻力大，滤芯易堵塞。

（3）综合式。

综合上述两种滤清方式，使空气通过惯性式，除去粗粒灰尘，然后再通过过滤式除去细粒灰尘。因此，滤清能力强，可将空气中大部分的灰尘清除掉，而阻力增加不大，从而得到了广泛的应用。

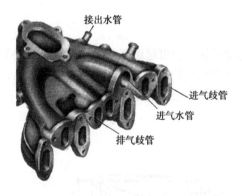

图 4-10　发动机的进、排气管

4.3.2　进气管与排气管

1．进、排气管的功用

进气管道的功用是将可燃混合气引入气缸，对多缸机还要保证各缸进气量均匀一致。排气管道的功用是将燃烧后的废气引入大气。发动机的进、排气管如图 4-10 所示。

2．进、排气管的要求

（1）进气阻力小，充气量大。

（2）排气阻力小，排气噪声小。

进气阻力是影响充气量的主要因素，只有减小进气阻力，才能提高充气量，但进气阻力又和进气管道截面积的大小、弯曲程度以及管道内表面的形状有很大关系。

进、排气管一般用铸铁制成，进气管也有用铝合金铸造的。二者可铸成一体，也可分别铸出，都固定在气缸盖上，接合面处装有石棉衬垫，以防漏气。进气总管以凸缘连通化油器，排气总管连通排气消声器。而进、排气支管则分别与进、排气门的通道连通。

3．进、排气管对发动机功率的影响

进、排气管关系到发动机的功率，提升发动机功率最简单的方法就是增大气缸工作容积，也就是提高排量。一般而言，增大工作容积就会增大发动机体积，重量也会随之增加，这种方法对于追求结构紧凑、行驶经济性的现代乘用车设计者来说是难以接受的。因此，在同体

积或者更小体积的前提下，通过改进发动机结构和采用新材料来追求更高的输出功率，是当前厂商的追求目标。

4.3.3　排气消音器

发动机废气离开引擎时压力很大，在消音器里面排列很多带有网眼的隔音盘，废气不是顺畅排出，而是迂回通过隔音盘，经过多次反射和吸收变得很小。如图 4-11 所示。排量不同，也有不同调整。消音根据需求不同也有不同的设计变化，如低沉的吼声是根据需求人为设计结构制造出来的；放炮是因为未完全燃烧的混和气排出到消音器中被消音器的高温引燃产生爆震，通常是点火正时滞后造成的。

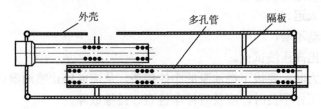

图 4-11　排气消音器

4.3.4　催化转化器

1．三元催化转化器的结构

三元催化转化器主要由外壳、隔热保护罩、中间段、入口和出口锥段、弹性夹紧材料、防直通密封催化剂等几部分组成，作为三元催化转化器的技术核心的催化剂包括载体、涂层两部分。结构如图 4-12 所示。

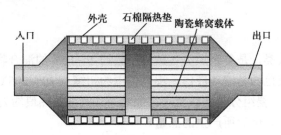

图 4-12　三元催化转化器的结构

（1）载体。基本材料为陶瓷（MgO_2，Al_2O_3，SiO_2）。目的是提供承载催化剂涂层的惰性物理结构。为了在较小的体积内有较大的催化表面，载体表面制成蜂窝状。

（2）涂层。在载体表面涂敷有一层极松散的活性层，它以金属氧化物 γ-Al_2O_3 为主。由于表面十分粗糙，这使壁面的实际面积增大了约 7000 倍，大大增加了三元催化转化器的活性表面和储存氧的能力。可在活性层外部涂敷有含锆 Zr 和铈 Ce 等元素的助催剂，及含有铑 Rh、钯 Pd、铂 Pt 等贵金属的主催化剂。

2．三元催化转化器的工作原理

发动机尾气中主要的三种污染物为 CO、HC、NO_x。三元催化转化器的作用就是利用转化器上的重金属作为催化剂，使 CO、HC、NO$_x$、O$_2$ 各气体间相互之间发生氧化与还原的化学反应，将发动机排放的三种废气有害物 CO、HC 和 NO$_x$ 转化为无害的水、二氧化碳和氮气，故又称之为三元（效）催化转化器，其催化剂大都含有铂、锗等贵金属或稀土元素，价格昂贵，在正常情况下，使用寿命为八万公里左右（国产的三元催化转化器也能达到五万公里以上）。

3．三元催化转化器的使用注意事项

① 勿用含铅汽油。
② 勿长期急速运转（开环控制状态）。
③ 勿让发动机转速忽快忽慢。
④ 点火时间勿太迟。
⑤ 勿长时间起动不着。
⑥ 勿长时间拔出高压线试火。
⑦ 测量气缸压力时，要拔下燃油泵的中控接头，从而能停止喷油器向气缸内喷油。
⑧ 发现有气缸工作不良时，应及时停车检查、排除故障。
⑨ 避免混合气偏浓的诸多因素，如喷油器关闭不严，燃油压力调节器失效（油压过高），氧传感器失效，空气流量传感器失效等。
⑩ 催化转化器只要正确使用，一般不需要维护，故不要随便拆卸，如需更换时一定要与发动机匹配。

4.4　可燃混合气体和汽油机性能关系

4.4.1　汽油

1．性质

汽油是油品的一大类，是复杂烃类（碳原子数约 4～12）的混合物。

汽油是无色至淡黄色的易流动液体。沸点范围约初馏点 30～205℃，空气中含量为 74～123g/m^3 时遇火爆炸。主要组分是四碳至十二碳烃类。汽油的热值约为 44 000kJ/kg，燃料的热值是指 1kg 燃料完全燃烧后所产生的热量。

2．分类用途

汽油是用量最大的轻质石油产品之一，是引擎的一种重要燃料。

根据制造过程可分为直馏汽油、热裂化汽油、催化裂化汽油、重整汽油、焦化汽油、叠合汽油、加氢裂化汽油、裂解汽油和烷基化汽油、合成汽油等。

根据用途可分为航空汽油、车用汽油、溶剂汽油等三大类，主要用做汽油机的燃料。

此外还广泛应用于汽车、化油器车、快艇、直升飞机、农林业用飞机等，溶剂汽油则用于橡胶、油漆、油脂、香料等工业。

3．汽油的性能指标

汽油最重要的性能指标为蒸发性和抗爆性。

蒸发性指汽油在汽化器中蒸发的难易程度。对发动机的起动、暖机、加速、气阻、燃料耗量等有重要影响。汽油的蒸发性由馏程、蒸汽压、气液比三个指标综合评定。

（1）馏程，指汽油馏分从初馏点到终馏点的温度范围。航空汽油的馏程范围要比车用汽油的馏程范围窄。评定汽油馏程对发动机工作的影响主要根据以下几个数据。

- 10%蒸发温度，表示汽油中含轻质馏分的多少，它对发动机在冬季起动的难易和夏季是否发生气阻有直接的关系。10%蒸发温度越低，汽油中轻质馏分越多，蒸发性就越好，发动机就越易于在较低的气温下起动。一般认为汽油 10%蒸发温度不宜低于 60～65℃。
- 50%蒸发温度，表示汽油的平均蒸发性。它除对发动机的预热升温时间的长短有一定的影响外，还直接影响发动机的加速性及运行的稳定性。50%蒸发温度低，发动机起动后能很快升温到正常工作温度，且加速灵敏、运转柔和，保证其最大功率和爬坡能力。反之这个温度高，当发动机由低速骤然变为高速时，供油量急剧增加，汽油来不及充分汽化，因而燃烧不完全，使发动机不能发出应有的功率，甚至熄火。90 号、93 号、97 号汽油的 50%蒸发温度不能高于 120℃。
- 90%蒸发温度和终馏点，表示汽油中重质馏分的多少。它对汽油能否完全燃烧和发动机磨损大小有一定的影响。这个温度过高，汽油燃烧不完全，冒黑烟，增加积炭，耗油量增大，未完全燃烧的重质汽油会冲洗掉气缸壁上的润滑油，从而加剧机械磨损，同时还会稀释曲轴箱中的润滑油，使其黏度变小，易窜入燃烧室被烧掉，因而润滑油消耗量也随之增大，使用周期缩短。90 号、93 号、97 号汽油 90%蒸发温度不能高于 205℃。

（2）蒸汽压，指在标准仪器中测定的 38℃蒸汽压，是反映汽油在燃料系统中产生气阻的倾向和发动机起机难易的指标。车用汽油要求有较高的蒸汽压，航空汽油要求的蒸汽压比车用汽油低。

（3）气液比，指液体燃料在标准仪器中在规定温度和大气压下，蒸汽体积与液体体积之比。气液比是温度的函数，用它评定、预测汽油气阻倾向，比用馏程、蒸汽压更为可靠。

抗爆性指汽油在各种使用条件下抗爆震燃烧的能力。

车用汽油的抗爆性用辛烷值表示。辛烷值是这样给定的：异辛烷的抗爆性较好，辛烷值给定为 100；正庚烷的抗爆性差，给定为 0。汽油辛烷值的测定是以异辛烷和正庚烷为标准燃料，使其产生的爆震强度与试样相同，标准燃料中异辛烷所占的体积百分数就是试样的辛烷值。辛烷值高，抗爆性好，汽油的等级是按辛烷值划分的。高辛烷值汽油可以满足高压缩比汽油机的需要。汽油机压缩比高，则热效率高，可以节省燃料。汽油抗爆能力的大小与化学组成有关。带支链的烷烃以及烯烃、芳烃通常具有优良的抗爆性。提高汽油辛烷值主要靠增加高辛烷值汽油组分，但也通过添加四乙基铅等抗爆剂实现。

汽油标号是指汽油辛烷值指标。常见的有 90 号、93 号、97 号、98 号。所谓的 97 号汽油，就是 97%的异辛烷，3%的正庚烷。在引擎压缩比高者应采用高辛烷值汽油，若压缩比高而用低辛烷值汽油，会引起不正常燃烧，造成震爆、耗油及行驶无力等现象。

汽油标号的高低只是表示汽油辛烷值的大小，应根据发动机压缩比的不同来选择不同标号的汽油。压缩比在 8.5～9.5 的中档轿车一般应使用 93 号汽油；压缩比大于 9.5 的轿车应使用 97 号汽油。目前国产轿车的压缩比一般都在 9 以上，最好使用 93 号或 97 号汽油。高压缩比的发动机如果选用低标号汽油，会使气缸温度剧升，汽油燃烧不完全，机器强烈震动，从而使输出功率下降、机件受损。低压缩比的发动机硬要用高标号油，就会出现"滞燃"现象，即压到头还不到自燃点，一样会出现燃烧不完全现象。

　　车辆越高档对燃油质量的要求也越高，如30万元以上的中高档车，就只能加95号或97号汽油，而这里说的95号和97号代表的只是汽油中的辛烷值能量的大与小，并不能说明97号汽油就比93号汽油清洁。而高档汽车对汽油的清洁度却要求极高，如果汽油的标号不够，对车辆的影响很快就能表现出来，如加完油后马上出现加速无力的现象；如果汽油杂质过多，对汽车的影响就要一段时间后才能反应出来，因为积炭或胶质增多到一定程度才会影响汽车行驶。

　　国家对车用汽油有严格的标准。它不仅要求汽油有一定的辛烷值（俗称汽油标号），同时对汽油各种化学成分的含量都有严格的规定。如果烯烃的含量过高，汽油不能完全燃烧，从而产生一种胶状物质，聚积在进气歧管及气门导管部位。在发动机处于正常工作温度时，无异常现象；而当发动机熄火冷却一段时间后，这些胶质会把气门粘在气门导管内。这时起动发动机，就会发生顶气门现象。并不是标号越高越好，要根据发动机压缩比合理选择汽油标号。

　　汽油的其他指标参见表4-1。

表4-1　汽油的其他指标

项　目		质　量　指　标		
牌号		90	93	97
抗爆性： 　研究法辛烷值（RON）　不小于 　抗暴指数（RON +MON）/2　不小于		 90 85	 93 88	 97 92
铅含量，g/L　　　　　　不大于		0.005		
馏程： 　10%蒸发温度，℃　　不高于 　50%蒸发温度，℃　　不高于 　90%蒸发温度，℃　　不高于 　终馏点，℃　　　　　不高于 　残留量，%（体积分数）不大于		 70 120 190 205 2		
蒸汽压，kPa 　从9月16日至3月15日　不大于 　从3月16日至9月15日　不大于		 88 70		
实际胶质，mg/100ml　不大于		5		
诱导期，min.　　　　不小于		480		
硫含量，%（质量分数）不大于		0.050		
铜片腐蚀（50℃，3h），级　不大于		1		
水溶性酸或碱		无		
机械杂质及水分		无		
硫醇（需满足下列要求之一）： 　硫醇硫（博士试验法） 　硫醇硫含量，%（质量分数）不大于		 通过 0.001		

项　　目		质 量 指 标
氧含量　%（质量分数）　不大于		2.7
苯含量，%（体积分数）　不大于		2.5
烯烃含量，%（体积分数）　不大于		30
芳烃含量，%（体积分数）　不大于		40
① 铅、铁虽然规定了限值，但是不得人为加入。		
② 禁止添加证明是对机动车排放净化系统和人体健康有不良影响的金属添加剂。		
③ 硫含量允许用 GB/T 380、SH/T 0253 方法测定，仲裁试验以 ASTM D4294 方法测定结果为准。		
④ 将试样注入 100mL 玻璃量筒中观察，应当透明，没有悬浮和沉降的机械杂质及水分。在有异议时，以 GB/T 511 和 GB/T 260 方法测定结果为准		

4.4.2　空燃比

空燃比 A/F（A：air—空气，F：fuel—燃料）表示空气和燃料的混合比。空燃比是发动机运转时的一个重要参数，它对尾气排放、发动机的动力性和经济性都有很大的影响。

理论空燃比，指燃料完全燃烧所需要的最少空气量和燃料量之比。燃料的组成成分对理论空燃比的影响不大，汽油的理论空燃比大体约为 14.7，也就是说，燃烧 1g 汽油需要 14.7g 的空气。一般常说的汽油机混合气过浓过稀，其标准就是理论空燃比。空燃比小于理论空燃比时，混合气中的汽油含量高，称做过浓；空燃比大于理论空燃比时，混合气中的空气含量高，称做过稀。

混合气略微过浓时，即空燃比为 13.5～14 时汽油的燃烧最好，火焰温度也最高。因为燃料多一些可使空气中的氧气全部燃烧。而从经济性的角度来讲，混合气稀一些时，即空燃比为 16 时油耗最小。因为这时空气较多，燃料可以充分燃烧，从发动机功率上讲，混合气较浓时，火焰温度高，燃烧速度快，当空燃比介于 12～13 之间时，发动机功率最大。

4.4.3　可燃混合气

1. 可燃混合气的成分

可燃混合气是指空气与燃料的混合物，汽油机的可燃混合气由汽油和空气在化油器内形成，其成分对发动机的动力性与经济性有很大的影响。

可燃混合气的成分用过量空气系数 α 表示。

$$\alpha = \frac{燃烧\ 1kg\ 汽油实际消耗的空气量}{完全燃烧\ 1kg\ 汽油理论上消耗的空气量}$$

理论上 1kg 汽油完全燃烧需要 14.7kg 空气。

空燃比=14.7　α=1　标准混合气

空燃比<14.7　α<1　浓混合气

空燃比>14.7　α>1　稀混合气

α=0.4　<0.85　0.88　1　1.11　>1.15　1.4

上限　过浓　浓　标准　稀　过稀　下限

2. 可燃混合气成分对发动机性能的影响（如图 4-13 所示）

可燃混合气的浓度对发动机的性能影响很大，直接影响动力性和经济性。

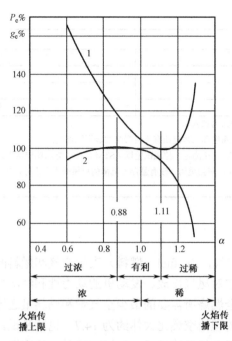

图 4-13　可燃混合气成分对发动机性能的影响
1—经济性曲线；2—动力性曲线；g_e—耗油率；P_e—发动机功率

　　试验证明，发动机的功率和耗油率都是随着过量空气系数 α 变化而变化的。理论上，对于 $\alpha=1$ 的标准混合气而言，所含空气中的氧正好足以使汽油完全燃烧。但实际上，由于时间和空间条件的限制，汽油细粒和蒸汽不可能及时地与空气绝对均匀地混合。因此，即使 $\alpha=1$，汽油也不可能完全燃烧，混合气 $\alpha>1$ 才有可能完全燃烧。

　　因为 $\alpha>1$ 时，混合气中有适量较多的空气，正好满足完全燃烧的条件，此混合气称为经济混合气，对于不同的汽油机经济混合气成分不同，一般在 $\alpha=1.05\sim1.15$ 的范围内。当 α 大于或小于 $1.05\sim1.15$ 时，耗油率 g_e 增加，经济性变坏。

　　当 $\alpha=0.88$ 时，P_e 最大，因为这种混合气中汽油含量较多，汽油分子密集，因此，燃烧速度最高，热量损失最小，因而使得缸内平均压力最高、功率最大，此混合气称为功率混合气。对不同的汽油机来说，功率混合气一般 $\alpha=0.85\sim0.95$。

　　$\alpha>1.11$ 的混合气称为过稀混合气，$\alpha<0.88$ 的混合气称为过浓混合气，混合气无论过稀过浓都会使发动机功率 P_e 降低，耗油率 g_e 增加。

　　混合气过稀时，由于燃烧速度太低，损失热量很多，往往造成发动机温度过高。严重过稀时，燃烧可延续到下一个进气过程的开始，进气门已经开启时还在进行，火焰将传到进气管，以至化油器喉管内，引起化油器"回火"并产生拍击声。当混合气稀到 $\alpha=1.4$ 以上时，混合气虽然能着火，但火焰无法传播，导致发动机熄火，所以 $\alpha=1.4$ 称为火焰传播下限。

　　混合气过浓时，由于燃烧很不完全，产生大量的 CO，造成气缸盖、活塞顶和火花塞积炭，排气管冒黑烟，甚至废气中的 CO 可能在排气管中被高温废气引燃，发生排气管"放炮"现象。混合气浓到 $\alpha<0.4$ 时，可燃混合气虽然能着火，但火焰无法传播，发动机熄火，所以 $\alpha=0.4$ 称为火焰传播上限。

　　由以上分析可知，发动机正常工作时，所用的可燃混合气 α 值，应该在获得最大功率和获得最低燃油消耗率之间，在节气门全开时，α 值的最佳范围为 $0.85\sim1.15$。一般在节气门全开条件下，α=0.85～0.95 时，发动机可得到较大的功率。当α=1.05～1.15 时，发动机可得到较好的燃料经济性。所以当α在 0.85～1.15 范围内，动力性和经济性都比较好，即发动机功率 P_e 较大，耗油率 g_e 较小。

实际上，对于一定发动机的工况，化油器只能供应一定α值的可燃混合气，该α值究竟要满足动力性，还是经济性，还是二者适当兼顾，这就要根据汽车及发动机的各种工况进行具体分析。

3．汽油机各种工况对可燃混合气成分的要求

作为车用汽油机，其工况（负荷和转速）是复杂的，如超车、刹车、高速行驶、汽车在红灯信号下的起步或怠速运转、汽车满载爬坡等，工况变化范围很大，负荷可以在0%～100%范围变动，转速可以从最低到最高。不同工况对混合气的数量和浓度都有不同要求，具体要求如下。

（1）稳定工况。

① 怠速工况。怠速是指发动机在对外无功率输出的情况下以最低转速运转，此时混合气燃烧后所做的功，只用于克服发动机的内部阻力，使发动机保持最低转速稳定运转。汽油机怠速运转一般为 300～700r/min，转速很低，化油器内空气流速也低，使得汽油雾化不良，与空气的混合也很不均匀。另外，节气门开度很小，吸入气缸内的可燃混合气量很少，同时又受到气缸内残余废气的冲淡作用，使混合气的燃烧速度减慢，因而发动机动力不足。因此要求提供较浓的混合气，α=0.6～0.8。

② 小负荷工况。要求供给较浓混合气，α=0.7～0.9，量少。因为小负荷时，节气门开度较小，进入气缸内的可燃混合气量较少，而上一循环残留在气缸中的废气在气缸内气体中占的比例相对较多，不利于燃烧，因此必须供给较浓的可燃混合气。

③ 中负荷工况。要求以经济性为主，混合气成分α=0.9～1.1，量多。发动机大部分工作时间处于中负荷工况，所以以经济性要求为主。中负荷时，节气门开度中等，故应供给接近于相应耗油率最小的α值的混合气，主要是α>1 的稀混合气。这样，功率损失不多，节油效果却很显著。

④ 全负荷工况。要求发出最大功率 P_{emax}，α=0.85～0.95，量多。汽车需要克服很大阻力（如上陡坡或在艰难路上行驶）时，驾驶员往往需要将加速踏板踩到底，使节气门全开，发动机在全负荷下工作，显然要求发动机能发出尽可能大的功率，即尽量发挥其动力性，而经济性要求居次要地位。故要求化油器供给 P_{emax} 时的α值。

（2）过渡工况。

① 起动工况。要求供给极浓的混合气，α=0.2～0.6，量少。因为发动机起动时，由于发动机处于冷车状态，混合气得不到足够预热，汽油蒸发困难。同时，由于发动机曲轴被带动的转速低，因而被吸入化油器喉管内的空气流速较低。难以在喉管处产生足够的真空度使汽油喷出。即使是从喉管流出汽油，也不能受到强烈气流的冲击而雾化，绝大部分呈油粒状态。混合气中的油粒会因为与冷金属接触而凝结在进气管壁上，不能随气流进入气缸。因而使气缸内的混合气过稀，无法引燃。因此，要求化油器供给极浓的混合气进行补偿，从而使进入气缸的混合气有足够的汽油蒸汽，以保证发动机得以起动。

② 加速工况。发动机的加速是指负荷突然迅速增加的过程。要求混合气量要突增，并保证浓度不下降。当驾驶员猛踩踏板时，节气门开度突然加大，以期发动机功率迅速增大。在这种情况下，空气流量和流速以及喉管真空度均随之增大，汽油供油量也有所增大。但由于汽油的惯性大于空气的惯性，汽油来不及足够地从喷口喷出，所以瞬时汽油流量的增加比空

气的增加要小得多，致使混合气过稀。另外，在节气门急开时，进气管内压力骤然升高，同时由于冷空气来不及预热，使进气管内温度降低。不利于汽油的蒸发，致使汽油的蒸发量减少，造成混合气过稀。结果就会导致发动机不能实现立即加速，甚至有时还会发生熄火现象。

为了改善这种情况，就应该采取强制方法。在化油器节气门突然开大时，强制多供油，额外增加供油量，及时使混合气加浓到足够的程度。

通过上述分析，可以得出以下结论。

- 发动机的运转情况是复杂的，各种运转情况对可燃混合气的成分要求不同。
- 起动、怠速、全负荷、加速运转时，要求供给浓混合气，$\alpha<1$。
- 中负荷运转时，随着节气门的开度由小变大，要求供给由浓逐渐变稀的混合气，$\alpha=0.9\sim1.1$。

4.5 汽油直接喷射系统

4.5.1 概述

1. 发动机汽油喷射的发展过程

二战后，汽油喷射技术才逐渐应用于汽车发动机。1952 年，德国 DAIMEI—BENZ300L 型赛车装用了博世公司（Bosch）生产的第一台机械式汽油喷射装置，它采用气动式混合气调节器控制空燃比，向气缸内直接喷射。1958 年，德国 Mercedes—BENS220S 型轿车装备了博世公司和 Kugerfischer 公司共同研制和生产的带油量分配器的进气管汽油喷射装置。20 世纪 60 年代以前，车用汽油喷射装置大多数采用机械式柱塞喷射泵，其结构和工作原理与柴油机喷油泵十分相似，控制功能也是借助于机械装置实现的，结构复杂，价格昂贵，因此发展缓慢，技术上无重大突破，应用范围也仅仅局限于赛车和为数不多的追求高速和大功率的豪华型轿车上。在车用汽油发动机领域内化油器仍占有绝对优势。1967 年，博世公司研制成功 K—JETRONIC 机械式汽油喷射系统，由电动汽油泵提供 0.36MPa 低压汽油，经汽油分配器输往各缸进气管上的机械式喷油器，向进气口连续喷射，用挡流板式空气流量计操纵油量分配中的计量槽来控制空燃比。后来，经改进发展成为机电结合式的 KE—Jetronic 汽油喷射系统（在 K—Jetronic 系统的油量分配器上增设一个电液式压差调节器）。1976 年，博世公司开始批量生产用进气管绝对压力控制空燃比的 D—Jetronic 模拟式电子控制汽油喷射系统。1973 年经改进发展成为 L—Jetronic 电控汽油喷射系统，用叶片式空气流量计直接测进气空气体积流量来控制空燃比，比用进气管绝对压力间接控制的方式精度高，稳定性好。1981 年，L—Jetronic 系统又进一步改进发展成为 LH—Jetronic 系统，用新颖的热线式空气流量计代替机械式空气流量计，可直接测出进气空气的质量流量，无须附加专门装置来补偿大气压力和温度变化的影响，并且进气阻力小，加速响应快。1979 年，博世公司开始生产集电子点火和电控汽油喷射于一体的 MOTRONIC 数字式发动机集中控制系统。与此同时，美国和日本各大汽车公司也竞相研制成功与各自车型配套的数字式发动机集中控制系统。例如：美国通用汽车公司（General Motors Corporation，GMC）DEFI 系统、福特汽车公司（FORD）EEC—III系统，以及日本日产汽车公司 ECCS 系统、丰田汽车公司 TCCS 系统等。这些系统能够对空燃比、点火时刻、怠速转速和废气再循环等多方面进行综合控制，控制精度越来越高，控制功能也日趋完善。

价格低廉的单点电控汽油喷射系统一度在普通车上广泛被采用。1980 年美国通用公司首先研制成功一种结构简单的节流阀体喷射系统（TBI）。1983 年博世公司推出了汽油压力只有 0.1Mpa 的 MONO—Jetronic 低压中央喷射系统。中央喷射（单点喷射）系统在进气管原先安装化油器的部位仅用一只电磁喷油器集中喷射，能迅速地输送汽油通过节流阀，在节流阀上方没有或极少发生汽油附着管壁的现象，因而消除了由此引起的混合气燃烧的延迟，缩短了供油和空燃比信息反馈之间的时间间隔，提高了控制精度，排放效果得以改善。同时，采用节气门转角和发动机转速来控制空燃比的所谓 A/R 控制方式，省去了空气流量计，结构和控制方式均较简单，兼顾了发动机性能和成本，对发动机结构的影响又较小。因此，随着废气排放法规日益严格，这种单点喷射系统在排量小于 2L 的普通轿车上得到了迅速的推广应用。

2．电喷发动机的优点

喷射式汽油供给发动机与传统的化油器式汽油供给发动机相比较有如下优点：

（1）能提高发动机的最大功率，其功率能提高 10%左右。

（2）耗油量低、经济性能好，燃油消耗率可降低 10%左右。

（3）减小排气污染，排放污染可降低 20%。

（4）提高发动机低温起动性能。

（5）怠速平稳、工况过渡圆滑、工作可靠、灵敏度高。

电子控制燃油喷射装置的缺点就是成本比化油器高，因此价格也就贵一些，故障率虽低，但是一旦损坏就难以修复，只能整件更换。

4.5.2　燃油喷射系统的种类

（1）按汽油喷射系统的控制方法分为机械控制式、电子控制式及机电混合控制式三种。近十年来电子控制汽油喷射系统（以下简称电控汽油喷射系统）得到了迅速而又充分的发展，成本大幅度下降，使用可靠性和可维修性都达到了相当高的水平。

（2）按喷射部位的不同可分为缸内喷射和缸外喷射两种。

直喷式发动机的概念最早出现在 1925 年，由瑞典工程师 Jonas Hesselman 首先应用于实践。在二战期间，直喷汽油发动机被德国、前苏联和美国应用于战斗机中。战后，直喷汽油发动机被应用于极少量的高档运动型汽车。由于成本居高不下，该技术在当时的条件下不适合推广到普通汽车。直到 21 世纪，直喷式汽油机才逐渐成为技术的主流，目前典型的直喷式汽油机有大众汽车 FSI、通用 SIDI 和梅赛德斯-奔驰 CGI 等。

缸内直喷技术发展到今天已历经三代。第一代称为壁面引导（Wall-guided）直喷型，利用缸内空气流动使油气混合物成层，实现了分层燃烧；第二代称为按化学计量混合直喷型，以理论空燃比混合燃料和空气，实现均质燃烧；而通用的 SIDI 技术则属于第三代直喷技术，通过对发动机内植入智能控制模块，可根据行车状况由电脑自动控制稀薄燃烧模式，同时实现分层燃烧和均质燃烧。

缸内直接喷射又称 FSI，如图 4-14 所示，FSI（Fuel Stratified Injection）燃料分层喷射技术代表着传统汽油引擎的一个发展方向。传统的汽油发动机是通过电脑采集凸轮位置以及发动机各相关工况从而控制喷油嘴将汽油喷入进气歧管。但由于喷油嘴离燃烧室有一定的距离，汽油同空气的混合情况受进气气流和气门开关的影响较大，并且微小的油颗粒会吸附在管道壁上，所以希望喷油嘴能够直接将燃油喷入气缸。FSI 就是大众集团开发的用来改善传统汽油发动机供油方式的不足而研制的缸内直接喷射技术，先进的直喷式汽油发动机采用类似于柴油发动机的供油技术，通过一个活塞泵提供所需的 100bar 以上的压力，将汽油提供给位于气缸内的电磁喷射器。然后通过电脑控制喷射器将燃料在最恰当的时间直接注入燃烧室，其控制的精确度接近毫秒，其关键是考虑喷射器的安装，必须在气缸上部给其留一定的空间。由于气缸顶部已经布置了火花塞和多个气门，已经相当紧凑，所以将其布置在靠近进气门侧。由于喷射器的加入导致了对设计和制造的要求都相当高，如果布置不合理、制造精度达不到要求将导致刚度不足甚至漏气，得不偿失。另外 FSI 引擎对燃油品质的要求也比较高，目前国内的油品状况可能很难达到 FSI 引擎的要求，所以部分装配了 FSI 的进口轿车出现了发动机的水土不服。

此外，FSI 技术采用了两种不同的注油模式，即分层注油和均匀注油模式。发动机低速或中速运转时采用分层注油模式。此时节气门为半开状态，空气由进气管进入气缸，撞在活塞顶部，由于活塞顶部制作成特殊的形状从而在火花塞附近形成期望中的涡流。当压缩过程接近尾声时，少量的燃油由喷射器喷出，形成可燃气体。这种分层注油方式可充分提高发动机的经济性，因为在转速较低、负荷较小时除了火花塞周围需要形成浓度较高的油气混合物外，燃烧室的其他地方只需空气含量较高的混合气即可，而 FSI 使其与理想状态非常接近。当节气门完全开启，发动机高速运转时，大量空气高速进入气缸形成较强涡流并与汽油均匀混合。从而促进燃油充分燃烧，提高发动机的动力输出。计算机不断地根据发动机的工作状况改变注油模式，始终保持最适宜的供油方式。燃油的充分利用不仅提高了燃油的利用效率和发动机的输出而且改善了排放。

缸外喷射系统分进气管喷射和进气道喷射，如图 4-15 所示。进气管喷射系统的喷油器安装在节气门体上，而节气门体安装在进气歧管的上部，相当于化油器式发动机安装化油器的位置。因此，进气管喷射又称节气门体喷射（TBI）。由于一台发动机只装有一或两个喷油器在节气门体上，所以又称这种喷射方式为单点喷射（SPI）。在每个进气歧管上分别安装喷油器喷油的叫做多点喷射，如图 4-16 所示。

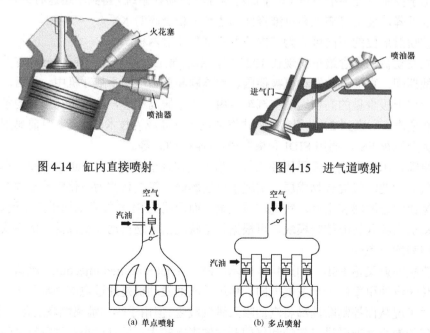

图 4-14　缸内直接喷射　　　　　　图 4-15　进气道喷射

图 4-16　单点喷射与多点喷射

（3）按喷射的连续性将汽油喷射系统分为连续喷射式和间歇喷射式。连续喷射是指在发动机工作期间，喷油器连续不断地向进气道内喷油，且大部分汽油是在进气门关闭时喷射的。这种喷射方式大多用于机械控制式或机电混合控制式汽油喷射系统。间歇式喷射是指在发动机工作期间，汽油被间歇地喷入进气道内。电控汽油喷射系统都采用间歇喷射方式。间歇喷射还可按各缸喷射时间分为同时喷射、分组喷射和按序喷射三种形式。

4.5.3　典型电控汽油喷射系统

电控汽油喷射系统（EFI 系统）是以电控单元（ECU）为控制中心，并利用安装在发动机上的各种传感器测出发动机的各种运行参数，再按照计算机中预存的控制程序精确地控制喷油器的喷油量，使发动机在各种工况下都能获得最佳空燃比的可燃混合气。目前，各类汽车上所采用的电控汽油喷射系统在结构上往往有较大的差别，在控制原理及工作过程方面也各具特点。电喷发动机燃油系统如图 4-17 所示。

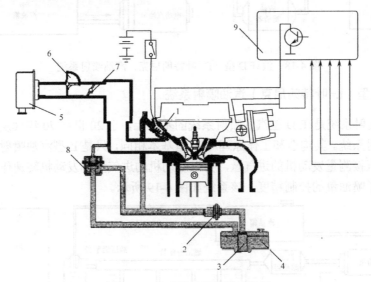

图 4-17　电喷发动机燃油系统图

1—喷油器；2—燃油滤清器；3—燃油泵；4—燃油箱；5—空气滤清器；
6—空气流量计；7—节气门体；8—压力调节器；9—控制单元

下面介绍几种典型的汽油喷射系统。

1.　波许 D 型（D–叶特朗尼克）汽油喷射系统

D 型汽油喷射系统是最早应用在汽车发动机上的电控多点间歇式汽油喷射系统，其基本特点是以进气管压力和发动机转速作为基本控制参数，用来控制喷油器的基本喷油量。其结构如图 4-18 所示。

汽油箱内的汽油被电动汽油泵吸出并加压至 0.35MPa 左右，经汽油滤清器滤除杂质后被送至燃油分配管，燃油分配管与安装在各缸进气歧管上的喷油器相通。在燃油分配管的末端装有油压调节器，用来调节油压使其保持稳定，多余的汽油经回油管返回汽油箱。

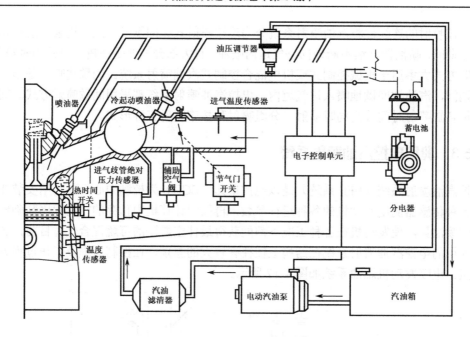

图 4-18　波许 D 型（D–叶特朗尼克）汽油喷射系统

2. 波许 L 型（L–叶特朗尼克）汽油喷射系统

L 型汽油喷射系统是在 D 型汽油喷射系统的基础上，于 20 世纪 70 年代发展起来的多点间歇式汽油喷射系统。其构造和工作原理与 D 型基本相同，只是 L 型汽油喷射系采用翼片式空气流量计直接测量发动机的进气量，并以发动机的进气量和发动机转速作为基本控制参数，从而提高了喷油量的控制精度。该系统如图 4-19 所示。

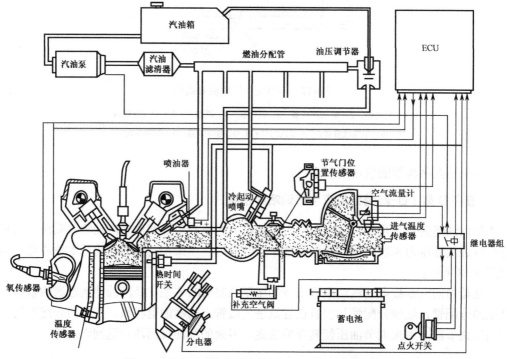

图 4-19　波许 L 型（L–叶特朗尼克）汽油喷射系统

3. 波许 LH 型（LH-叶特朗尼克）汽油喷射系统

LH 型汽油喷射系统是 L 型汽油喷射系统的变形产品，如图 4-20 所示。两者的结构与工作原理基本相同，不同之处是 LH 型采用热线式空气流量计，而 L 型采用翼片式空气流量计。热线式空气流量计无运动部件，进气阻力小，信号反应快，测量精度高。另外，LH 型汽油喷射系统的电控装置采用大规模数字集成电路，运算速度快，控制范围广，功能更加完善。

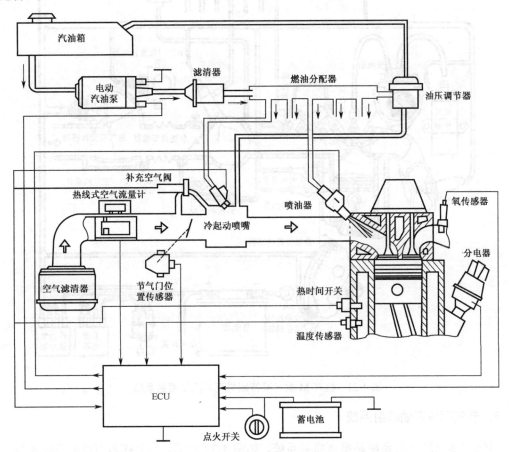

图 4-20　波许 LH 型（LH-叶特朗尼克）汽油喷射系统

4. 波许 M 型（莫特朗尼克）汽油喷射系统

M 型汽油喷射系统将 L 型汽油喷射系统与电子点火系统结合起来，用一个由大规模集成电路组成的数字式微型计算机同时对这两个系统进行控制，从而实现了汽油喷射与点火的最佳配合，进一步改善了发动机的起动性、怠速稳定性、加速性、经济性和排放性。该系统如图 4-21 所示。

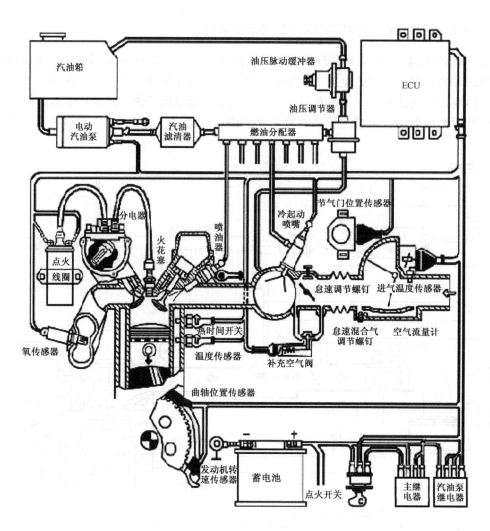

图 4-21　波许 M 型（莫特朗尼克）汽油喷射系统

5．节气门体汽油喷射系统

节气门体汽油喷射系统是单点喷射系统，如图 4-22 所示。与上述多点喷射系统不同，单点喷射系统只用一个或两个安装在节气门体上的喷油器，将汽油喷入节气门前方的进气管内，并与吸入的空气混合形成混合气，再通过进气歧管分配至各气缸。单点喷射系统的工作原理与多点喷射系统相似。电控单元根据发动机的进气量或进气管压力以及曲轴位置传感器、节气门位置传感器、发动机温度传感器及进气温度传感器等测得的发动机运行参数，计算出喷油量，在各缸进气行程开始之前进行喷油，并通过喷油持续时间的长短控制喷油量。单点汽油喷射系统的喷油器距进气门较远，喷入的汽油有足够的时间与空气混合形成均匀的可燃混合气。因此对喷油的雾化质量要求不高，可采用较低的喷射压力。

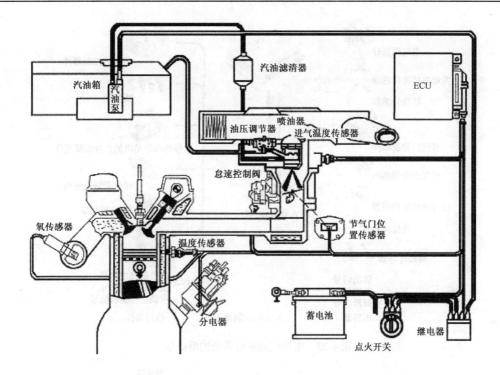

图 4-22　节气门体汽油喷射系统

4.5.4　电控汽油喷射系统主要组件的构造和工作原理

波许公司设计生产的几种电子控制汽油喷射系统已被广泛地用于各国生产的汽车上。此外还有一些国家也研制开发了多种汽油喷射系统。尽管电子控制汽油喷射系统多种多样，但就其组成和工作原理而言却大同小异。主要的区别是电控单元的控制方式、控制范围和控制程序不尽相同，所用传感器和执行元件的构造也有所差别。各类电子控制汽油喷射系统均可视为由燃油供给系统、进气系统和控制系统三部分组成，如图 4-23 所示。

电控汽油喷射系统的燃油供给系统由汽油箱、电动汽油泵、汽油滤清器、燃油分配管、油压调节器、喷油器、冷起动喷嘴和输油管等组成，有的还设有油压脉动缓冲器。

1. 电动汽油泵

在现代轿车中采用了各种不同的汽油喷射系统，它们的供油方式也有所不同，但必须安有电动燃油泵。它的主要任务是供给燃油系统足够的且有一定压力的燃油。

由于机械膜片式燃油泵，受到结构限制，安装位置既要远离热源又要直列式固装不可横置。而电动式燃油泵位置可以任意选择，并具有不产生气阻特点。

电动燃油泵的结构如图 4-24 所示。它由泵体、永磁电动机和外壳三部分所组成。永磁电动机通电即带动泵体旋转，将燃油从进油口吸入，流经电动燃油泵内部，再从出油口压出，供给燃油系供油。燃油流经电动燃油泵内部，对永磁电动机的电枢起到冷却作用，又称湿式燃油泵。

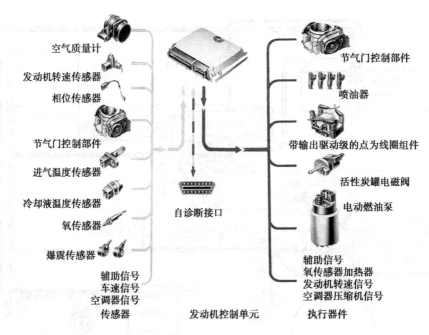

图 4-23　电控汽油喷射系统的组成部分

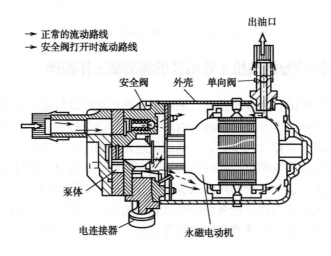

图 4-24　电动燃油泵结构原理图

电动燃油泵的电动机部分包括固定在外壳上的永久磁铁和产生电磁力矩的电枢，以及安装在外壳上的电刷装置。电刷与电枢上的换向器相接触，其引线接到外壳上的接柱上，将控制电动燃油泵的电压引到电枢绕组上。电动燃油泵的外壳两端卷边铆紧，使各部件组装成一个不可拆卸总成。

燃油泵的附加功能由安全阀和单向阀完成。安全阀可以避免燃油管路阻塞时压力过分升高，从而造成油管破裂或燃油泵损伤现象发生。单向阀设置目的，是为了在燃油泵停止工作时密封油路，使燃油系统保持一定残压，以便发动机下次起动容易。

泵体是电动燃油泵泵油的主体，根据其结构的不同可分为滚柱式和平板叶片式。最常见的滚柱式电动燃油泵。

电动燃油泵在车上安装常安装在燃油箱外。还有少数车型在燃油箱内、外各安装一个电动燃油泵，两者串联在油路上。

2．汽油过滤器

汽油过滤器的作用是将含在发动机汽油中的氧化铁、粉尘等固体杂物除去，防止汽油供给系统堵塞，减小机械磨损，确保发动机稳定行驶，提高可靠性。由于汽油供给系统发生故障，会严重影响车辆的行驶性能，所以为使汽油供给系统部件保持正常工作状态，汽油过滤器起着重要作用。

汽油过滤器要起到上述作用，应具有以下性能：①过滤效率高；②寿命长；③压力损失小；④耐压性能好；⑤体积小、重量轻。

汽油过滤器安装在汽油泵的出口一侧，过滤器内部经常受到 200～300kPa 的汽油压力，因此耐压强度要求在 500kPa 以上。油管一般使用旋入式金属管（如图 4-25 所示）。

汽油过滤器的滤芯元件一般采用滤纸叠成菊花形和盘簧形结构（如图 4-26 所示）。盘簧形具有单位体积过滤面积大的特点。

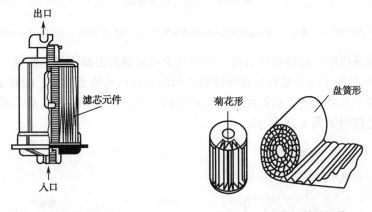

图 4-25　汽油过滤器　　　　　图 4-26　滤芯元件的结构

汽油过滤器是一次性的，应根据车辆行驶里程，一般每行驶 40 000km 更换一次。若使用的汽油杂质成分较大，则缩短更换周期。

3．燃油分配管

汽油分配管总成（如图 4-27 所示）安装在上部进气通风系统的下面。发动机分配管由铸铝制成。汽油分配管包括喷油器的内装管接头、供油管和压力调节器。汽油分配管总成用螺栓固定安装在进气歧管下部的四个固定座上。汽油分配管与喷油器相连接，并向喷油器分配汽油。

汽油压力塞在汽油分配管的右侧，用于维修时的检查和释放系统压力。另外，汽油分配管有一小鼓式膨胀室用于消除由旋转的汽油泵叶片和喷油器喷射周期引起的脉动压力。

汽油由汽油泵流出，经脉冲缓冲器，流入左侧组的汽油分配管。压力调节器保持正常的系统压力（233～257kPa），多余汽油从调节器出油口流回油管返回汽油箱。

为阻止脏物或其他杂质进入汽油通道，应在拆卸汽油分配管前先洗去喷射器周围脏物或油渍。管接头应加盖，喷油器口应予以遮盖，勿将汽油通道浸在可溶液体中清洗。

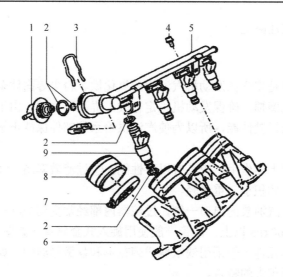

图 4-27　汽油分配管总成

1—油压调节器；2—O 形密封圈；3—固定夹；4—固定螺钉；5—燃油分配管；6—进气管下体；7—卡箍；8—中间法兰；9—喷油器

汽油分配管总成中的脏物可以引起一个或几个喷油器的出油不足。如果一个喷油器受到限制，ECU 会尽可能予以补偿直到氧传感器显示出故障已被校正为止，同时 ECU 会储存信息。汽油分配管阻塞会导致发动机性能降低和过热。如果有喷射器被阻塞，发动机将会转速不稳。燃油输送路线如图 4-28 所示。

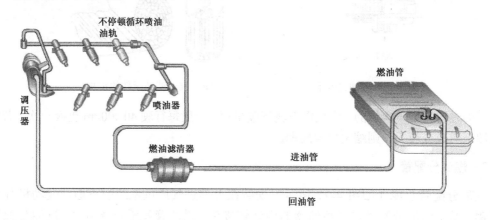

图 4-28　燃油输送路线

4．喷油器

电磁喷油器是发动机电控汽油喷射系统的一个关键的执行器，它接受 ECU 送来的喷油脉冲信号，精确地计算汽油喷射量。因此，它是一种加工精度非常高的精密器件。要求其动态流量范围大、抗堵塞抗污染能力强以及雾化性能好，为了满足这些性能要求，先后开发研制了各种不同结构形式的电磁喷油器，主要有：轴针式、球阀式和片阀式等。电磁喷油器的磁化线圈可按任何特性值绕制，但典型的一种是低电阻型喷油器，阻值为 2～3Ω；另一种是高电阻型喷油器，其阻值为 13～17Ω。（如图 4-29、图 4-30 所示）

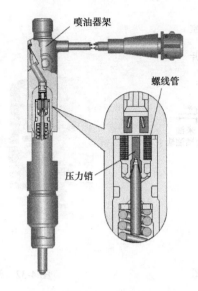

图 4-29　喷油器

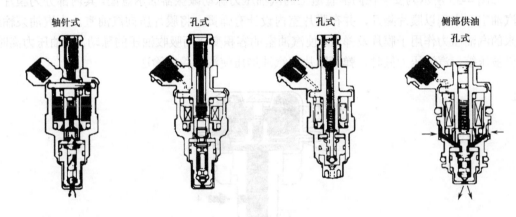

图 4-30　喷油器类型

5. 油压调节器

油压调节器的功用是使燃油供给系统的压力与进气管压力之差即喷油压力保持恒定。因为喷油器的喷油量除取决于喷油持续时间外，还与喷油压力有关。在相同的喷油持续时间内，喷油压力越大，喷油量越多，反之亦然。所以只有保持喷油压力恒定不变，才能使喷油量在各种负荷下都只唯一地取决于喷油持续时间或电脉冲宽度，以实现电控单元对喷油量的精确控制。油压调节器结构图如图 4-31 所示，油压调节器示意图如图 4-32 所示。

6. 油压脉动缓冲器

当喷油器喷射汽油时，在输送管道内会产生汽油压力脉动，汽油压力脉动减振器是使汽油压力脉动衰减，以减弱汽油输送管道中的压力脉动传递，降低噪声。

在早期的汽油喷射系统中，汽油压力脉动减振器大多安装在回油管道上，位于汽油箱到汽油压力调节器之间。后来又将汽油压力脉动减振器安装在供油总管（油架）上，或者设置在电动汽油泵上。其功用相同，只是安装部位不同而已。目前的供油系统中只安装汽油压力调节器的较多。

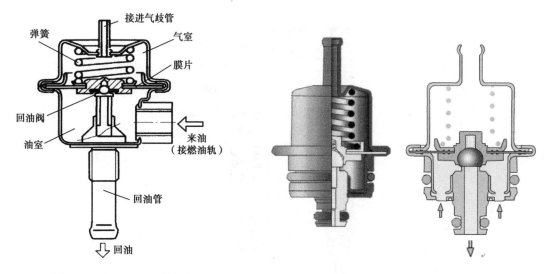

图 4-31　油压调节器结构图　　　　　　　　图 4-32　油压调节器示意图

如图 4-33 所示为安装在回油管道上的汽油压力脉动减振器的示意图。其内部分为膜片室和汽油室，中间以膜片隔开，并在膜片室内设计有弹簧，将膜片压向汽油室。由汽油泵输送出来的汽油压力作用于膜片及弹簧，使汽油室的容积变化而吸收油压的脉动。汽油压力高时，弹簧被压缩，汽油压力低时，弹簧膜片将汽油加压使汽油稳定输送。

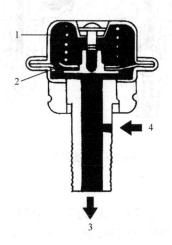

图 4-33　油压脉动缓冲器构造

1—膜片弹簧；2—膜片；3—出油口；4—进油口

4.6　电喷发动机的传感器

4.6.1　空气流量计

空气流量传感器是将吸入的空气转换成电信号送至电控单元（ECU），作为决定喷油的基本信号之一，是测定吸入发动机的空气流量的传感器。电子控制汽油喷射发动机为了在各种运转工况下都能获得最佳浓度的混合气，必须正确地测定每一瞬间吸入发动机的空气量，以此作为 ECU 计算（控制）喷油量的主要依据。如果空气流量传感器或线路出现故障，ECU 得不到正确的进气量信号，就不能正常地进行喷油量的控制，将造成混合气过浓或过稀，造成发动机运转不正常。电子控制汽油喷射系统的空气流量传感器有多种形式，目前常见的空气流量传感器按其结构形式可分为叶片（翼板）式、量芯式、卡门涡旋式、热线式、热膜式等几种。

下面介绍几种常用的空气流量传感器。

1. 叶片式空气流量计

叶片式空气流量计安装在空气过滤器和节气门之间。它的作用是检测吸入空气量的多少，并将检测结果转换成电信号。

叶片式空气流量计由两大部分组成：担任检测任务的叶片部分和担任转换任务的电位计部分。它的结构如图 4-34 所示，工作原理如图 4-35 所示。

由图 4-34（a）可知，空气流量计的叶片部分由测量叶片、缓冲叶片及壳体组成。测量叶片随空气流量的变化在空气主通道内偏转。在图 4-34（b）中，电位计部分主要由电位计、回位弹簧、调整齿圈等组成。由于电位计与风门叶片是同轴的，所以当叶片偏转时，电位计滑臂必然转动。由于转轴一端装有螺旋回位弹簧，当其弹力与吸入空气气流对测量叶片产生的推力平衡时，叶片就会处于某一稳定偏转位置，而电位计滑臂也处于镀膜电阻的某一对应位置。由图 4-35 可以看出，电位计滑臂的电位 V_S 即表征此时的空气流量。将此电压经 A/D（模拟/数字）转换后送微机，微机依据空气量的多少，经过运算、处理，确定应该喷射的汽油量，并经执行机构控制喷油，从而得到最佳空燃比。

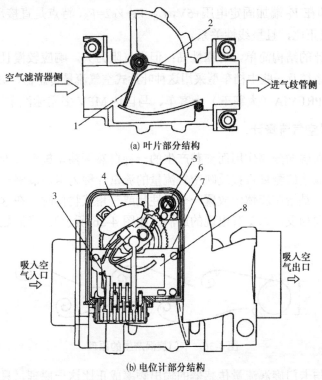

(a) 叶片部分结构

(b) 电位计部分结构

图 4-34　叶片式空气流量计的结构

1—测量叶片；2—缓冲叶片；3—汽油泵节点；4—平衡配重；5—调整齿圈；6—回位弹簧；7—电位计；8—印制电路板

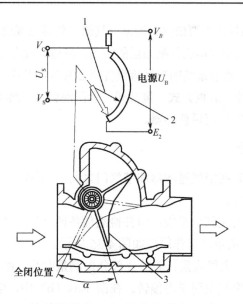

图 4-35　叶片式空气流量计的工作原理

1—电位计滑臂；2—电位计镀膜电阻；3—叶片

检测进气量的电路有两种，一种是电压比检测，即将 U_S/U_B 的电压比作为空气流量计输出（$U_S=V_C-V_S$，U_B 为电源电压），此电压比值随节气门打开而下降，其特点是电源电压变化时，信号 U_S 和 U_B 按比例变化，输出信号 U_S/U_B 保持不变，确保空气流量计测量正确。另一种是电压值检测，即在 V_C 端加固定电压+5V，$U_S=V_S-V_{E2}=V_S$，特点是直接反映进气量的数值，电压 U_S 与进气量成正比，且呈线性关系。

这种空气流量计的结构简单，可靠性高；但进气阻力大，响应较慢且体积较大。传统的波许 L 形汽油喷射系统及一些中档车型采用这种叶片式空气流量传感器，如丰田 CAMRY（佳美）小轿车、丰田 PREVIA（大霸王）小客车、马自达 MPV 多用途汽车等。

2．卡门旋涡式空气流量计

利用流体因附面层的分离作用而交替产生的一种自然振荡型旋涡（卡门旋涡）原理测量气体流速，并通过流速的测量直接反映空气流量的流量计称为卡门旋涡式空气流量计。

所谓卡门旋涡，是指在流体中放置一个圆柱状或三角状物体时，在这一物体的下游就会产生的两列旋转方向相反，并交替出现的旋涡（如图 4-36 所示）。当满足一定条件时，两列旋涡才是稳定的。

图 4-36　卡门旋涡产生的原理

利用体积流量与卡门旋涡流量传感器的输出频率成正比这一原理，只要检测卡门旋涡的频率，就可以求出空气流量。

（1）光学式卡门旋涡空气流量计。

光学式卡门旋涡空气流量计的工作原理如图 4-37 所示。

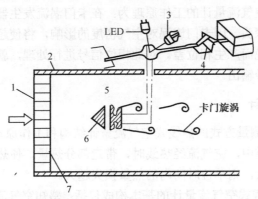

图 4-37　光学式卡门旋涡空气流量计工作原理

1—空气进口；2—管路；3—光敏三极管；4—金属箔板弹簧；5—导孔；6—旋涡发生器；7—卡门旋涡；8—整流栅

由图 4-37 可知，这种空气流量计主要由管路、旋涡发生器、整流栅、导孔、金属箔板弹簧、发光二极管（LED）、光敏三极管等部分组成。

在图 4-37 中，发光二极管作为光源使用，而光敏三极管为光电转换元件。光学式卡门旋涡空气流量计的工作原理是：在产生卡门旋涡的过程中，旋涡发生器两侧的空气压力会发生变化，通过导孔作用在金属箔上，从而使其振动，发光二极管的光照在振动的金属箔上时，光敏三极管接收到的金属箔上的反射光是被旋涡调制的光，其输出经解调得到代表空气流量的频率信号。

凌志 LS400 小轿车即用了这种形式的卡门旋涡式空气流量传感器。

（2）超声波式卡门旋涡空气流量计

超声波式卡门旋涡空气流量计的原理如图 4-38 所示。

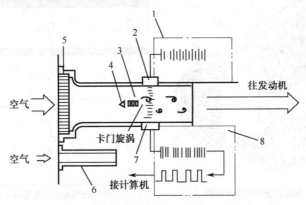

图 4-38　超声波式卡门旋涡空气流量计

由图 4-38 可知，该空气流量计中使用了超声波传感器。所谓超声波，是指频率高于 20kHz，人耳听不到的机械波。它的方向性好，穿透力强，遇到杂志或物体分界面会产生显著的反射。利用这些物理性质，可将一些非电量转换成声学参数，通过压电元件转换成电量。超声波探头即超声波换能器，可分为发射探头和接收探头。利用压电材料的逆压电效应，即当对其通以超声电信号时，它会产生机械波而制成的探头为发射头；而利用压电材料的压电效应，即当外力作用在该材料上时，它会产生电荷输出而制成的探头为接收头。

超声波式卡门旋涡空气流量计的工作原理为：在卡门涡流发生器下游管路两侧相对安装超声波发射探头和接收探头。因卡门旋涡对空气密度的影响，将使超声波从发射探头到接收探头的时间较无旋涡变晚而产生相位差。对此相位信号进行处理，就可得到旋涡脉冲信号，即代表体积流量的电信号输出。

3. 热线式空气流量计

图4-39为采用主流测量方式的热线式空气流量计结构和工作原理图。直径70μm白金热线电阻 R_H 置于进气通道中，空气流经热线时，带走部分热量，使热线温度下降。热线周围通过的空气质量流量越大，则单位时间内的热量损失越大。

如图4-39可知，热线式空气流量计的基本构成包括：感知空气流量的白金热线、根据进气温度进行修正的温度补偿电阻（冷线）、控制热线电流的控制电路，以及壳体等。根据白金热线在壳体内安装的部位不同，可分为安装在空气主通道内的主流测量方式和安装在空气旁通道内的旁通测量方式。

由图4-39可知，取样管置于主空气通道中央，两端有防护网，白金热线电阻 R_H 置于一个支承环内，其阻值随温度变化，热线支承环前后端分别安装作为温度补偿的冷线电阻 R_C 和作为惠斯登电桥臂的精密电阻 R_A，电桥另外一个臂是安装在控制电路板上的精密电阻 R_B。R_H、R_C、R_A、R_B 共同组成惠斯登电桥，电桥的两个对角线分别接控制电路的输入和输出。当无空气流动时，电桥处于平衡状态，控制电路输出某一加热电流至热线电阻 R_H；当有空气流动时，由于 R_H 的热量被空气吸收而变冷，其电阻值发生变化，电桥失去平衡，如果保持热线电阻与吸入空气的温差不变并为一定值，就必须增加流过热线电阻的电流 I_H。因此，热线电流 I_H 就是空气质量流量的函数。

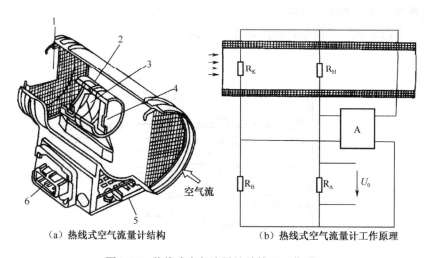

（a）热线式空气流量计结构　　　　（b）热线式空气流量计工作原理

图4-39　热线式空气流量计结构和工作原理

1—防护网；2—取样管；3—白金热线；4—温度补偿电阻；5—控制电路板；6—电连接器

实际工作中，代表空气流量的加热电流是通过电桥中的 R_A 转换成电压输出的。该空气流量计的工作过程为：当空气流量发生变化时，引起 R_H 值的变化，电桥失去平衡，其输出电位差发生变化；控制电路根据电桥输出电位差的变化调整加热电流 I_A，使电桥处于新的稳定状态，并且在 R_A 上得到代表空气流量的新的电压输出。

各汽车厂生产的热线式空气流量计输出信号略有差异。德国博世热线式空气流量计输出信号：怠速时约为 2V，3500r/min 时约为 3V。福特车用热线式空气流量计输出信号：未起动时为 0～0.5V，热怠速时为 0.5～1V，热车经济车速时为 1.5～2.5V，节气门全开时为 3～4.7V。

这种空气流量计由于无运动部件，因此工作可靠，而且响应特性较好。缺点是，在流速分布不均匀时误差较大。波许 LH 形汽油喷射系统及一些高档小轿车均采用这种空气流量传感器，如别克、日产 MAXIMA（千里马）、沃尔沃等。

4. 热膜式空气流量计

热膜式空气流量计的工作原理与热线式空气流量计类似，都是用惠斯登电桥工作的。所不同的是：热膜式不使用白金丝作为热线，而是将热线电阻、补偿电阻及桥路电阻用厚膜工艺制作在同一陶瓷基片上构成的。这种结构可使发热体不直接承受空气流动所产生的作用力，增加了发热体的强度，提高了空气流量计的可靠性，误差也较小。现在的轿车大都采用此种类型，如桑塔纳 3000 等。

热膜式空气流量计输出信号在 0～5V 间变化，其结构如图 4-40 所示。

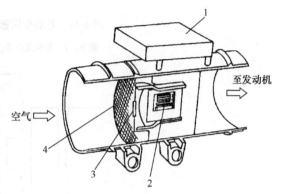

图 4-40　热膜式空气流量计

1—控制电路；2—通往发动机；3—热膜；
4—进气温度传感器

4.6.2 压力传感器

压力传感器在发动机上主要有两个方面的应用：用于气压的检测，包括进气真空度、大气压力、气缸内的气压等；用于油压的检测等。

1. 差动变压器式进气压力传感器

差动变压器是一种开磁路互感式电感传感器。由于其具有两个接成差动结构的二次线圈，所以又称为差动变压器。

当差动变压器的一次线圈由交变电源激励时，其二次线圈就会产生感应电动势，由于两个二次线圈做差动连接，所以总输出是两线圈感应电动势之差。当铁芯不动时，其总输出为零，当被测量带动铁芯移动时，输出电动势与铁芯位移呈线性变化。差动变压器式进气压力传感器的检测与转换过程是：先将压力的变化转换成差动变压器铁芯的位移，然后通过差动变压器再将铁芯位移转换成电信号输出。差动变压器式进气压力传感器的结构与原理如图 4-41 所示。

这种进气压力传感器由内部真空的膜盒（波纹管）、与膜盒连接的差动变压器铁芯、差动变压器、壳体等组成。其工作过程为：当进气歧管压力变化时，膜盒带动铁芯位移，从而差动变压器便有与进气压力变化成正比的电压输出。这里，膜盒的膜片接受压力而变形，从而将压力转换成小位移。膜盒的这种转换功能在传感器和控制系统中被广泛应用。

图 4-42 为差动变压器的测量电路相敏整流电路（也称相敏检波器）。

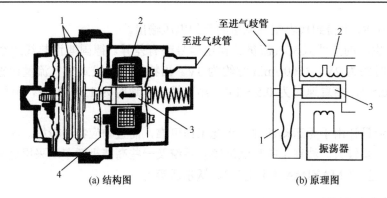

图 4-41   差动变压器式进气压力传感器

1—膜盒；2—差动变压器；3—铁芯；4—回位弹簧

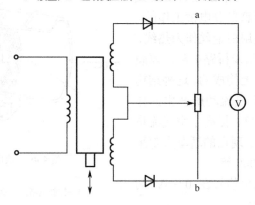

图 4-42   差动变压器相敏整流电路

相敏整流输出的信号经滤波放大后，即可送微机进行处理。

2．半导体应变式进气压力传感器（绝对压力传感器）

半导体应变式进气压力传感器是利用压阻效应原理工作的。所谓压阻效应是半导体材料当在其轴向施加一定载荷产生应力时，它的电阻率会发生变化的现象。半导体应变片有体型、薄膜型和扩散型，无论哪一种，它们的工作原理是相同的，只不过生产工艺不同罢了。

由半导体应变片构成的进气压力传感器的结构如图 4-43 所示。

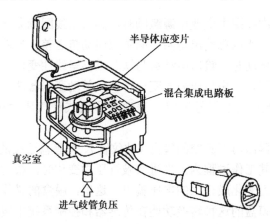

图 4-43   半导体应变片进气压力传感器

半导体应变式进气压力传感器主要由半导体应变片、真空室、混合集成电路板、外壳等组成。半导体应变片是在一个膜片上用半导体工艺制作 4 个等值电阻，并且接成电阻电桥。该半导体电阻电桥应变片置于一个真空室内，在进气压力作用下，应变片产生变形，电阻值发生变化，电桥失去平衡，从而将进气压力的变化转换成电阻电桥输出电压的变化。

4.6.3　节气门位置传感器

节气门位置传感器安装在节气门体上，它将节气门开度转换成电压信号输出，以便微机控制喷油量。节气门位置传感器有开关量输出和线性输出两种类型。

1. 开关式节气门位置传感器

这种节气门位置传感器实质上是一种转换开关，又称为节气门开关。它的结构如图 4-44 所示。

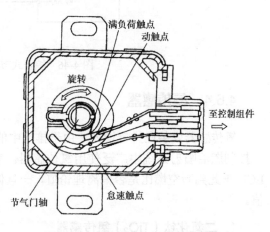

传感器由与节气门轴联动的凸轮、动触点、怠速触点、满负荷触点等组成。动触点接微机电源，当节气门全关闭时，怠速触点与动触点接通；当节气门开度达 50%以上时，满负荷触点与动触点接通；而当节气门开度在全闭至50%之间时，动触点悬空。这样，微机就可以根据怠速触点和满负荷触点提供的信号判断节气门位置，以便对发动机进行喷油控制，或对自动变速进行控制。

图 4-44　开关式节气门位置传感器

这种节气门位置传感器结构比较简单，但其输出是非连续的。

2. 线性节气门位置传感器

线性节气门位置传感器采用线性电位计，由节气门轴带动电位计的滑动触点，在不同的节气门开度下，接入回路的电阻不同（如图 4-45 所示）。通常给传感器提供+5V 电压，从而将节气门开度转换成电压信号输送给 ECU。ECU 根据节气门开度和开启速率判定发动机的运行工况。输出信号在自动变速车辆上还可作为换挡条件的主要依据。

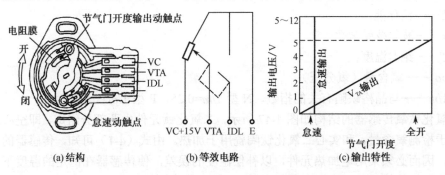

图 4-45　线性节气门位置传感器

3．综合式节气门位置传感器

综合式节气门位置传感器装在节气门上，是在线性节气门位置传感器的基础上附加怠速触点而成，可以连续检测节气门的开度，如图4-46所示。这是目前应用最多的一种节气门位置传感器。

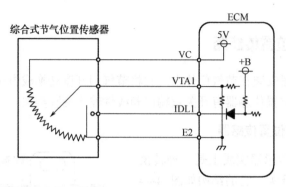

图4-46　综合式节气门位置传感器电路

4.6.4　氧传感器

氧传感器安装在排气管内。由于排气中的氧气浓度可以反映空燃比的大小，所以，在电子控制燃油喷射系统中广泛使用氧传感器。氧传感器随时将检测的氧气浓度反馈给 ECU，ECU 据此判断空燃比是否偏离理论值，一旦偏离，就调节喷油量，以控制空燃比收敛于理论值。

1．二氧化钛（TiO_2）氧传感器

二氧化钛氧传感器是利用半导体材料二氧化钛的电阻值，随排气中氧含量的变化而改变的特性制成的，是一种电阻型氧传感器。二氧化钛在表面缺氧时，氧分子将脱离表面，使晶格结构发生变化而出现空缺，移动电子为了填补空缺形成电流，导致材料的电阻值降低。二氧化钛氧传感器的电阻值 R 可按下式计算：

$$R = Ae^{\left(\frac{E}{kT}\right)}(po_2)^{\frac{1}{m}} \tag{4-1}$$

式中：A——常数；

　　　e——电子电荷量；

　　　E——活化能；

　　　k——波尔兹曼常数；

　　　T——绝对温度；

　　　po_2——氧含量（氧分压）；

　　　$1/m$——与晶格缺陷有关的指数，N 型 $1/m=0.25$，P 型 $1/m=-0.25$。

二氧化钛氧传感器的结构如图4-47所示，二氧化钛元件由两部分组成，即空心二氧化钛陶瓷用于检测氧含量，和实心二氧化钛陶瓷用于加热。由式（4-1）可知，传感器的电阻与温度有关，因而必须采用电加热元件，以补偿温度的误差，使传感器在恒定的温度下工作。通常二氧化钛氧传感器的工作温度为300～400℃。

$$V_{out} = \frac{R_C}{R + R_C} V_{in}$$

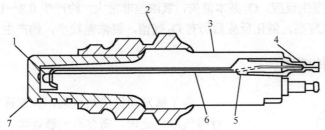

图 4-47　二氧化钛（TiO₂）氧传感器

1—二氧化钛元件；2—金属外壳；3—陶瓷绝缘材料；4—接线端子；5—陶瓷元件；6—导线；7—金属保护管

二氧化钛氧传感器的优点是结构简单、造价便宜、可靠性高。

2. 二氧化锆（ZrO₂）氧传感器

二氧化锆氧传感器的结构如图 4-48 所示。

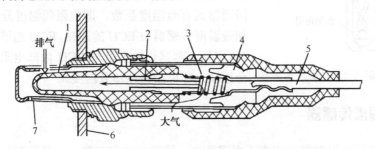

图 4-48　二氧化锆（ZrO₂）氧传感器

1—锆管；2—电极；3—弹簧；4—电极座（绝缘）；5—导线；6—排气管；7—气孔

　　二氧化锆氧气传感器的基本元件是二氧化锆（ZrO₂）陶瓷，因其为固定电解质管，故也称锆管。锆管固定在带有安装螺钉的固定套内，锆管内表面与大气相通，外表面与排气相通，其内外表面都覆盖着一层多孔性的铂膜作为电极。氧传感器安装在排气管上，为了防止排气管内废气中的杂质腐蚀铂膜，在锆管外表的铂膜上覆盖一层多孔的陶瓷层，并加有带槽口的防护套管。在其接线端有一个金属护套，其上开有一孔，使锆管内表面与大气相通。

　　当锆管接触氧气时，氧气透过多孔铂膜电极，吸附于二氧化锆，并经电子交换成为负离子。由于锆管内表面通大气，外表面通排气，其内外表面的氧气分压不同，则负氧离子浓度也不同，从而形成负氧离子由高浓度侧向低浓度侧的扩散。当扩散处于平衡状态时，两电极间便形成电动势 E，所以二氧化锆氧传感器的本质是化学电池，也称氧浓差电池。浓差电动势 E 可按下式计算：

$$E = \frac{RT}{4F} \ln \frac{po_2'}{po_2} \tag{4-2}$$

式中：R——气体常数；

　　　　T——绝对温度；

　　　　F——法拉第常数；

po_2'、po_2——排气中和大气中的氧气分压。

由于上述电动势太小，通常采用铂催化。浓混合气时，燃烧后残留的低浓度氧（O_2）和排气中的 HC、CO 发生反应，O_2 基本消失，氧浓差非常大，约产生 0.8～1V 电动势。稀混合气时，排气中 O_2 浓度高，催化反应后仍有 O_2 残留，氧浓差较小，约产生 0.1V 电动势。

4.6.5　温度传感器

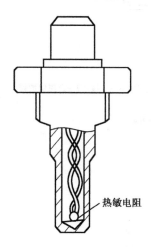

图 4-49　热敏电阻式冷却液温度传感器

为了解发动机的热状态，计算进气的质量流量及进行排气净化处理，需要有能够连续、精确地测量冷却液温度、进气温度与排气温度的传感器。温度传感器的种类很多，如热敏电阻式、半导体二极管式、热电偶式等。下面就汽车上常用的热敏电阻温度传感器予以介绍。

热敏电阻式冷却液温度传感器一般安装在发动机缸体、缸盖的水套或节温器壳内并伸入水套中（如图 4-49 所示）。热敏电阻式冷却液温度传感器与冷却水直接接触，用来检测冷却液温度。冷却液温度传感器的热敏电阻通常具有负温度系数，即电阻随温度升高而降低。冷却液温度传感器与 ECU 的连接，ECU 通过内部电路提供 5V 电压，测试热敏电阻与 ECU 内部电阻串、并联后的分压输出即可测得冷却液温度。

4.6.6　爆震传感器

爆震传感器用来检测发动机有无爆震发生，检测方法有三种：一是检测气缸压力，二是检测发动机振动，三是检测燃烧噪声。目前常用检测发动机振动的方法来判断有无爆震。爆震传感器有磁致伸缩式和压电式两种，都属于能量转换型（发电型）传感器。

1. 磁致伸缩式爆震传感器

磁致伸缩式爆震传感器的结构和输出特性如图 4-50 所示。

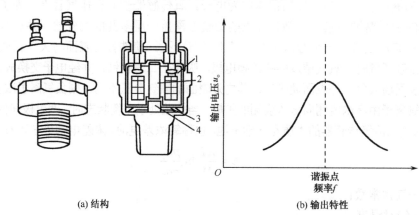

(a) 结构　　　　　　　　　(b) 输出特性

图 4-50　磁致伸缩式爆震传感器

1—线圈；2—铁芯；3—外壳；4—永久磁铁

　　磁致伸缩式爆震传感器应用较早，它是一种磁电感应式传感器，属恒定磁感应强度式。它由高镍合金的铁芯、永久磁铁、线圈及外壳等组成。其工作原理是：当发动机发生爆震时，铁芯受振偏移，使线圈中磁通发生变化，从而产生感应电动势。当传感器的固有振荡频率与发动机爆震时的振动频率共振时，传感器输出最大信号（如图 4-50（b）所示）。一般发动机的共振频率在 7kHz 左右。

2. 压电式爆震传感器

　　压电式爆震传感器可分为共振型和非共振型两种。

　　（1）共振型压电式爆震传感器。

　　这种爆震传感器结构如图 4-51 所示。

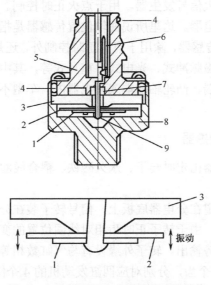

图 4-51　共振型压电式爆震传感器结构

1—压电元件；2—振荡片；3—基座；4—O 环；5—连接器；6—接头；7—密封剂；8—外壳；9—引线

　　由图 4-51 可知，这种爆震传感器由压电元件、振荡片、基座、外壳等组成。压电元件紧贴在振荡片上，振荡片固定在基座上。振荡片随发动机振荡，振荡力作用于压电元件并产生电信号输出。选择振荡片的固有频率与被测发动机爆震时的振荡频率一致，则当爆震发生时二者共振，压电元件有最大谐振电压输出。它的输出特性与磁致伸缩式类似。

　　（2）非共振型压电式爆震传感器。

　　非共振型压电式爆震传感器实际是一种加速度传感器。它是以接收加速度信号的形式，来检测爆震的。图 4-52 为这种传感器的结构。

　　这种传感器与上述共振型传感器的不同之处在

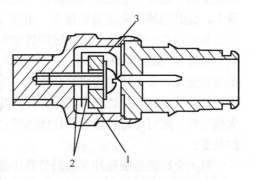

图 4-52　非共振型压电式爆震传感器结构

1—配重块；2—压电元件；3—引线

于：它内部无振荡片，但设置了一个配重块。配重块以一定预应力压紧在压电片上。当发动机工作而发生振动时，配重块就有一正比于振动加速度的交变力施加于压电片上，从而产生输出信号，此信号在发生爆震时较大。非共振型传感器在爆震时输出电压较无爆震时无明显增加，爆震是否发生是靠滤波器检出传感器输出信号中有无爆震频率来判别的。

比较共振型和非共振型压电式传感器，共振型在爆震时输出电压明显增大，易于测量，但传感器必须与发动机配套使用；非共振型用于不同发动机时，只须调整滤波器的频率范围就可以工作，通用性强，但爆震信号的检测复杂一些。

压电式爆震传感器与其他压电传感器一样，必须配合一定的压电放大器或电荷放大器，将信号放大并将高阻抗输入变换为低阻抗输出。

4.6.7　曲轴位置传感器

曲轴位置传感器亦称点火信号发生器，用于点火正时控制。传统点火系统中的曲轴位置传感器是分电器凸轮轴和断电器。这里所说曲轴位置传感器是指用于电子点火系统的。无论传统的、还是电子曲轴位置传感器，除用于点火正时控制外，还是检测发动机转速的信号源。

曲轴位置传感器可分为磁脉冲式、光电式、霍耳式等，其中磁脉冲式和霍耳式应用得比较多。其安装部位在曲轴前端、凸轮轴前端或分电器内。车型不同，所采用的结构形式也不完全相同。

1. 磁脉冲式曲轴位置传感器

磁脉冲式曲轴位置传感器由定时转子、永久磁铁、耦合线圈等组成，工作原理如图 4-53 所示。

永久磁体和耦合线圈固定在分电器底板上，信号转子装在分电器轴上，由分电器驱动。当曲轴传动分电器轴旋转时，由于转子正时齿相对线圈位置的变化，使线圈内的磁通变化，从而在线圈内产生感应电动势输出。转子外缘设有与气缸数相等且等距离分布齿，该齿即为正时齿。图 4-53 中转子有 4 个齿，分别对应四缸发动机的 4 个缸。由图 4-53（a）可见，信号转子上的凸齿接近铁芯（定子）时形成磁路并产生磁通，当信号转子离开铁芯时，铁芯和信号转子凸齿之间的气隙增大，磁阻也随之增大，使磁通量减少。绕在铁芯上的耦合线圈因磁通量的变化而产生感应电动势，在凸齿接近或离开凸齿与铁芯最近点的瞬间，磁通量变化最大，此时的感应电动势也最大。由图 4-53（b）可以看出，电压增长过程有一个正峰值，而衰减过程有一负峰值。由正脉冲转变为负脉冲的中点，感应电动势为零，这就可用做触发点火的信号。磁通量变化率取决于信号转子的转速，所以脉冲发生器输出电压可在 0.5～100V 范围内变化。将上述输出信号经整形、放大并送功率开关电路，就可控制点火线圈原边电流的通断，从而在其付边产生高压并经火花塞放电点火。这个电压和脉冲频率的变化除用做点火信号外，还可用做转速等其他传感信号。气隙的大小影响磁路的磁阻，由此影响输出电压的高低。

以上介绍的是磁脉冲式曲轴位置传感器的基本原理。在实际的发动机电子控制系统中，由于 ECU 的大容量信息处理能力，所以实际的磁脉冲式曲轴位置传感器较复杂。如定时转子外缘的定时齿数较多，或增设轴向定时齿，耦合线圈也不止一个，其目的是为了提高检测的精度。如日产汽车公司（NISSAN）的磁脉冲传感器可以输出曲轴的 1°转角信号，因此控制系统可以根据发动机的各种运转条件，精确地调节点火提前角及喷油时刻，不但实现点火正时控制，还同时实现喷油正时控制及发动机转速的检测。

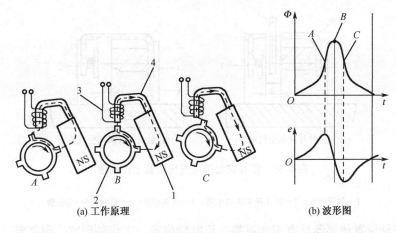

(a) 工作原理　　　　　　　　　　　　(b) 波形图

图 4-53　磁脉冲式曲轴位置传感器

1—永久磁铁；2—转子；3—耦合线圈；4—衔铁

2．霍耳式曲轴位置传感器

霍耳式曲轴位置传感器结构如图 4-54 所示。

霍耳式曲轴位置传感器由两个部件组成。一个部件是与分火头制成一体的定时转子即所谓的触发叶轮；另一个部件是霍耳信号发生器。

触发叶轮由导磁材料制成，其上的叶片数与发动机气缸数相同触发叶轮由分电器轴带动。

霍耳信号发生器由霍耳集成电路、永久磁铁等组成，两者之间留有一个空隙，以便叶轮的叶片能在隙内转动。

霍耳式曲轴位置传感器的工作原理如图 4-55 所示。

其工作原理如下：

触发叶片由分电器轴带动旋转，每当叶片进入永久磁铁与霍耳集成电路之间的空气隙时，永久磁铁的磁场被叶片旁路，霍耳集成电路表面无磁场作用，它内部的霍耳元件不产生霍耳电动势。当叶片离开空气隙时，永久磁铁的磁场经导磁板、空气隙形成磁路并作用在霍耳集成电路上，其内部的霍耳元件产生霍耳电动势输出。这样，随着叶轮的旋转，每个叶片都会使霍耳集成电路产生脉冲输出。该脉冲或经电子点火组件控制点火或经 ECU 点火。

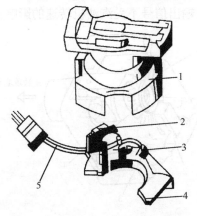

图 4-54　霍耳式曲轴位置传感器

1—定时转子；2—霍耳集成电路；3—永久磁铁；4—底板；5—导线及接插件

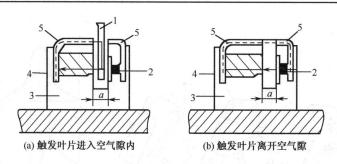

(a) 触发叶片进入空气隙内　　　　　(b) 触发叶片离开空气隙

图 4-55　霍耳式曲轴位置传感器工作原理

1—触发叶片；2—霍耳开关集成电路；3—永久磁铁；4—底板；5—导磁板

霍耳式曲轴位置传感器具有工作可靠、正时精度高，工作频带宽、耐高温、耐潮湿、耐油污等优点，因而被汽车生产厂商广泛采用。

3. 光电式位置传感器

光电式位置传感器的结构如图 4-56 所示。光源为发光二极管，它以接近红外线的频率发出不可见光束，经过其半球形透镜的聚焦，使其在遮光点的宽度约为 1.25mm；光接收器是光敏三极管；遮光盘（信号转子叶片）上开有 4 个缺口（与 4 缸汽油机相匹配）。

当遮光盘（叶片）随分电器轴（转子轴）旋转时，遮光片和缺口不断地经过光源与光接收器之间。当遮光片转至光源与接收器之间时，便将光源所发出的光束阻断，使其不能射入光敏三极管，该三极管无电流通过而处于截止状态，于是光敏三极管（接收器）的输出端输出高电位；而当遮光盘上的缺口通过光源与光接收器中，发光二极管所发出的光束直接照射到光敏三极管上，使其有基极电流通过而处于导通状态，光接收器的输出端输出低电位。分电器旋转一周，输出与缺口数（或孔数）相等的 4 个电压脉冲信号，此电信号可供 ECU 判定曲轴位置或计算转速。

光电式曲轴位置传感器工作十分可靠，即使发光二极管（光源）的表面受到灰尘等污染时，也不会影响其正常工作。因为即使光电三极管（光接收器）只接收到 10% 的光束时，也能处于饱和导通状态而输出低电位。光电式曲轴位置传感器输出信号呈方波，具有清晰、明快的特点。与磁电式相比，具有明显的优点，即没有时间上的滞后现象；不会引起点火提前离心调节特性曲线的畸变；其输出信号不受汽油机转速的影响；能使点火正时长久不变等。

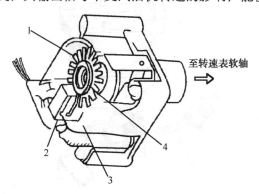

至转速表软轴

图 4-56　光电式位置传感器

1—遮光板；2—光电传感器；3—转子；4—外壳

4.6.8　转速传感器

舌簧开关式转速传感器的构造如图 4-57 所示。

舌簧开关是在一个玻璃管内装有两个细长的触头构成的开关元件。其触头由磁性材料制成。当其附近有磁场作用时，其触头就会互相吸引而闭合或者互相排斥而断开。

舌簧式转速传感器一般安装在分电器内，永久磁铁与分电器轴连接，两个舌簧开关装在分电器壳体上。当分电器轴转动时，舌簧开关就会在转子永久磁铁作用下周期性地开关动作，分电器轴每转一周，两个舌簧开关各开闭 1 次，并以 180°的相位差输出 4 个脉冲给 ECU 进行计数及运算，就可以得到发动机转速。

除舌簧式转速传感器外，转速传感器还有磁脉冲式、光电式、霍耳式等。磁脉冲式（或光电式、霍耳式等）转速传感器的结构、工作原理与磁脉冲式（或光电式、霍耳式等）曲轴位置传感器类似，即将输出脉冲信号经 ECU 处理后，就可得到转速输出。

图 4-57　舌簧开关式转速传感器

1—磁铁；2—舌簧开关；3—转子

思 考 题

4.1　用方框图表示，并注明汽油机燃料供给系统的各组成的名称，燃料供给、空气供给及废气排出的路线。

4.2　电控汽油喷射系统有何优点？它由哪几个主要部分组成？其系统是如何工作的？

4.3　电喷汽油机有哪些传感器，它们的作用分别是什么？

4.4　简述热线空气流量传感器的功用、构造与原理。

4.5　二氧化钛氧传感器是在什么样的情况下工作的？它的构造和工作原理如何？

4.6　简述霍尔转速传感器的构造与工作原理。

4.7　简述爆震传感器的功用、构造与原理。

4.8　简述电动汽油泵的工作原理。

项目教学任务单

项目　汽油机燃料供给系认知——实训指导

参考学时	2	分组		备注	
教学目标	通过本次实训，学生应该能够： 1. 理解燃料供给系作用和组成； 2. 对照发动机能找出燃料供给系零部件并说出名称； 3. 对照试验台能找出电喷发动机各传感器，并能说出作用； 4. 正确更换汽油滤清器。				
实训设备	1. 发动机台架，维修手册； 2. 发动机传感器认知专用试验台； 3. 整车 2 部。				
实训过程设计	根据学生人数分组，教师现场指导。 1. 在发动机台架上示范并讲解燃料供给系各零部件； 2. 示范汽油滤清器的更换； 3. 在发动机传感器试验台前讲解传感器名称及作用； 4. 学生分组在发动机试验台上查找燃料供给系各零部件及各传感器并做好记录； 5. 学生分组更换机油滤清器； 6. 小组代表对上述项目进行操作或讲述，同学及教师进行现场点评				
实训纪要					

项目 8　汽油机燃料供给系认知——任务单

班级		组别		姓名		学号	

一、结合试验台架（参考下图）找出发动机燃油供给系统主要零件，并说明作用。

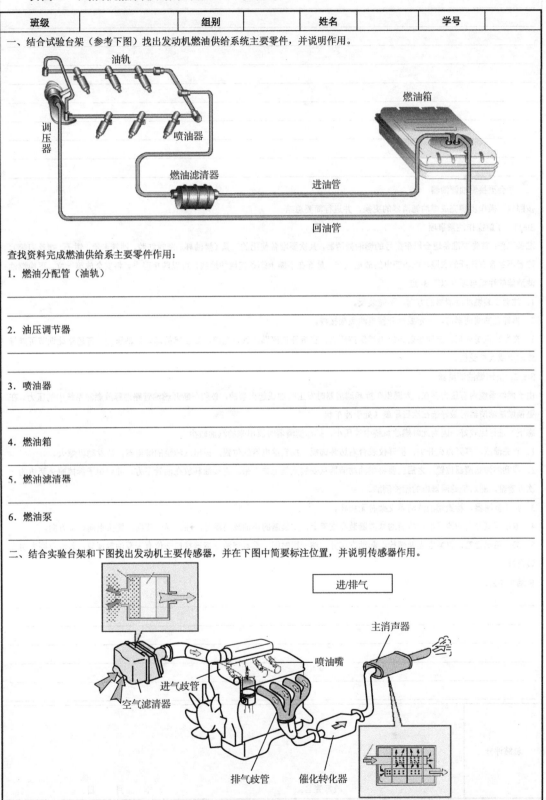

查找资料完成燃油供给系主要零件作用：

1．燃油分配管（油轨）

_____

_____

2．油压调节器

_____

_____

3．喷油器

_____

_____

4．燃油箱

_____

5．燃油滤清器

_____

6．燃油泵

二、结合实验台架和下图找出发动机主要传感器，并在下图中简要标注位置，并说明传感器作用。

发动机主要传感器及作用：

_____

_____

_____

_____

_____

_____

_____

_____

_____

三、学会更换燃油滤清器

按照以下操作步骤完成燃油滤清器的更换，并进行简要总结

Step1：了解操作注意事项

准备工作：首先要准备适合原车型号的燃油滤清器，其次要准备使用的工具（接油杯、密封红胶、油管卡箍、钳子、螺丝刀等）。注意不穿含有化纤的衣服，以防静电的放电火花。最好在手腕上绑条接地的地线，可以防止静电。将安全放第一位。更换燃油滤清器的注意事项有以下 3 点：

1．注意安装燃油滤清器的方向，不能装反。

2．拆卸燃油滤清器前，一定要拆开蓄电池负极接线。

3．在发动机熄火后，燃油喷射系统仍然保持压力。在拆开任何燃油管路之前，要正确的卸除燃油压力。若忽略此细节可能导致起火或人员受伤。

Step2：拆卸燃油滤清器

由于燃油系统内有压力存在，为避免在拆卸滤清器时发生喷油或起火事故，必须在断开燃油管路前释放燃油系统中的压力。在更换燃油滤清器时最好选在次日早晨（处于冷车状

态下）进行比较好，因为此时燃油系统中油压小，拆卸滤清器时流出来的汽油较少。

1．首先泄压，打开点火开关，拆开仪表台右边装饰板，找到继电器的位置，拔出汽油泵的继电器，待发动机熄火。

2．找到燃油滤清器位置，之后就要将燃油滤清器从安装支架上拔下来。将接油杯放在油管下方，并用钳子拆掉原来两边的一次性管箍，然后把滤清器内的燃油倒清。

3．拆下滤清器，检查燃油滤清器支架有无损坏。

4．取出同型号新的滤清器，将新的滤清器装在支架上，安装新的燃油滤清器时，注意燃油流向，箭头指向车头方向。

5．装上两端管箍，再紧固支架螺栓，起动汽车并怠速一段时间，看看燃油滤清器接口部位有无漏油等现象，若没有则表明安装良好。

总结与体会：

_____

_____

_____

_____

_____

总结评分	
	教师签名：　　　　　　　　　　年　月　日

第5章

柴油机燃油供给系

<table>
<tr><td>

【本章重点】

- 柴油机燃油供给系的组成及各部分的功用；
- 喷油泵、喷油器的构造及原理；
- 柴油电喷技术；
- 柴油机附属装置的构造及原理

</td><td>

【本章难点】

- 柴油燃烧过程分析；
- 各种喷油泵的构造和原理；
- 柴油电喷技术

</td></tr>
</table>

5.1 概述

1. 柴油机燃料供给系的作用

柴油机燃料供给系的作用是：根据柴油机的工作要求，在适当的时刻将定量、定压、洁净的柴油按照发动机的工作次序喷入各个气缸，与吸入气缸内的空气迅速、良好地混合和燃烧，然后将燃烧之后的废气排出。

2. 柴油机燃料供给系的组成

（1）燃油供给装置：由柴油箱、输油泵、低压油管、滤清器、喷油泵、高压油管和喷油器及回油管等组成，如图 5-1 所示。

（2）空气供给装置：空气滤清器、进气管道。

（3）混合气形成装置：燃烧室。

（4）废气排出装置：排气管道、消音器。

（5）燃油供给路线。

① 低压油路：从柴油箱到喷油泵入口，油压一般为 0.15～0.3MPa。

② 高压油路：从喷油泵到喷油器，油压在 10MPa 以上。

③ 多余的燃油回流：输油泵的供油量比喷油泵的最大喷油量大 3～4 倍，大量多余的燃油经喷油泵进油室的一端限压阀和回油管流回输油泵的进口或直接流回柴油箱。喷油器工作间隙漏泄的极少数柴油也经回油管流回柴油箱。

④ 柴油滤清器有粗细两种，一般粗滤器设在

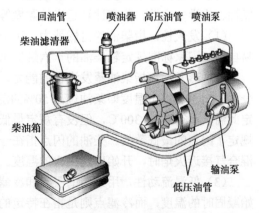

图 5-1 柴油机燃料供给系统

输油泵之前，细滤器设在输油泵之后。

⑤ 为保证各气缸供油的一致性,连接喷油泵和喷油器的钢制高压油管的直径和长度是相等的。

3．对燃料供给系统的要求

根据柴油机使用和运行的各种不同工况，柴油机燃料供给系必须按各种使用工况的要求对柴油进行有效的控制和有效供给。柴油机燃料供给系应满足以下要求：

（1）按柴油机的设计要求选用柴油。正确的选择燃油，是柴油机正常可靠运行，充分发挥动力性和经济性的重要保证。

（2）按质可靠均匀地供应柴油。供给系要保证燃油的清洁，不能渗漏，按要求可靠均匀地供应燃油，燃油喷入燃烧式的雾化要好，便于混合气的充分混合，有利于燃油的充分燃烧。

（3）喷油正时，最佳的喷油时间。既能保证柴油机的可靠运行，又能充分发挥动力性和经济性。

（4）良好的运行性能。

（5）有利于减少柴油机有害气体的排放。

5.2　柴油及其使用性能

柴油和汽油一样都是石油制品。在石油蒸馏过程中，温度在 200～350℃之间的馏分即为柴油。柴油分为轻柴油和重柴油。轻柴油用于高速柴油机，重柴油用于中、低速柴油机。汽车柴油机均为高速柴油机，所以使用轻柴油。

1．轻柴油的牌号和规格

轻柴油按其质量分为优等品、一等品和合格品三个等级，每个等级又按柴油的凝点分为 10、5、0、-10、-20、-35、-50 七种牌号。

2．轻柴油的使用性能

为了保证高速柴油机正常、高效地工作，轻柴油应具有良好的发火性、低温流动性、蒸发性、化学安定性、防腐性和适当的黏度等诸多的使用性能。

（1）发火性，指柴油的自燃能力，用十六烷值评定。柴油的十六烷值大则发火性好，容易自燃。国家标准规定轻柴油的十六烷值不小于 45。

（2）蒸发性，指柴油蒸发汽化的能力，用柴油馏出某一百分比的温度范围即馏程和闪点表示。如 50%馏出温度即柴油馏出 50%的温度，此温度越低柴油的蒸发性越好。国家标准规定此温度不得高于 300℃，但没有规定最低温度。为了控制柴油的蒸发性不致过强，标准中规定了闪点的最低数值。柴油的闪点指在一定的试验条件下，当柴油蒸汽与周围空气形成的混合气接近火焰时，开始出现闪火的温度。闪点低则蒸发性好。

（3）低温流动性，用柴油的凝点和冷滤点评定低温流动性。凝点是指柴油失去流动性开始凝固时的温度，而冷滤点则是指在特定的试验条件下，在 1min 内柴油开始不能流过过滤器 20mL 时的最高温度。一般柴油的冷滤点比其凝点高 4～6℃。

（4）黏度，是评定柴油稀稠度的一项指标，与柴油的流动性有关。黏度随温度而变化。

当温度升高时，黏度减小，流动性增强；反之，当温度降低时，黏度增大，流动性减弱。GB/T 252—2000 中规定的实际胶质、10%蒸余物残碳和氧化安定性、总不溶物等三项指标，是柴油安定性的评定指标。柴油的防腐性则用硫含量、硫醇硫含量、酸度、铜片腐蚀及水溶性酸或碱等指标来评定。柴油中的灰分、水分和机械杂质是评定柴油清洁性的指标，汽车柴油机应使用各项指标均符合国家标准的柴油。

3．轻柴油的选择

按照当地当月风险率为 10%的最低气温选用轻柴油牌号，见表 5-1。

表 5-1　轻柴油牌号的选择

轻柴油牌号	适用于风险率为 10%的最低气温在下列范围的地区
0 号	4℃以上
−10 号	−5℃以上
−20 号	−5～−14℃
−35 号	−14～−29℃
−50 号	−29～−44℃

5.3　柴油机混合气形成和燃烧室

5.3.1　可燃混合气的形成与燃烧

柴油机可燃混合气的形成和燃烧都是直接在燃烧室内进行的。当活塞接近压缩上止点时，柴油喷入气缸，与高压高温的空气接触、混合，经过一系列的物理、化学变化才开始燃烧。之后便是边喷射、边燃烧。其混合气的形成和燃烧是一个非常复杂的物理化学变化过程，其主要特点如下。

（1）燃料的混合和燃烧是在气缸内进行的。

（2）混合与燃烧的时间很短为 0.0017～0.004s（气缸内）。

（3）柴油黏度大，不易挥发，必须以雾状喷入。

（4）可燃混合气的形成和燃烧过程是同时、连续重叠进行的，即边喷射、边混合、边燃烧。可燃混合气的形成与燃烧大体分四个时期，分别是备燃期Ⅰ、速燃期Ⅱ、缓燃期Ⅲ、后燃期Ⅳ，这四个时期对应的气缸压力与曲轴转角的关系如图 5-2 所示。柴油燃烧的详细过程将在 5.3 节中详细介绍。

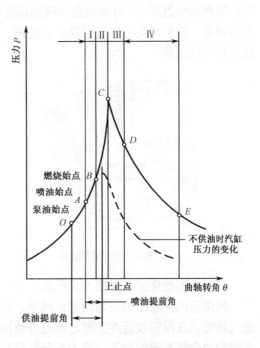

图 5-2　气缸压力与曲轴转角的关系

5.3.2 燃烧室

如图 5-3 所示，当活塞到达上止点时，气缸盖和活塞顶组成的密闭空间称为燃烧室。柴油机的燃烧可以分为统一式燃烧室和分隔式燃烧室两大类。

1. 统一式燃烧室

统一式燃烧室由凹顶活塞顶部与气缸盖底部所包围的单一内腔，几乎全部容积都在活塞顶面上。燃油自喷油器直接喷射到燃烧室中，借喷出油注的形状和燃烧室形状的匹配，以及燃烧室内空气涡流运动，迅速形成混合气，所以又叫做直接喷射式燃烧室。

组成燃烧室的部分中，缸盖底面是平的，活塞顶部下凹，根据其形状燃烧室有ω形、浅盆形、球形、U 形等。

（1）ω形燃烧室，如图 5-4 所示。

燃烧室的活塞凹顶剖面轮廓呈ω形，在直喷燃烧室中使用较多，该类燃烧室通常采用螺旋进气道。空气经螺旋进气道进入气缸后产生中等强度绕气缸轴线旋转的进气涡流，以促进混合气的形成并改善燃烧状况。喷入的燃油一部分分布在燃烧室的空间上，另一部分被空气涡流甩到燃烧室壁面上，形成油膜。由于ω形燃烧室的混合气形成以空间分布式为主，因此要求喷射压力较高，一般为 18～25MPa，并且燃料喷注形状要与燃烧室形状相吻合。一般采用多孔喷油器，4～8 个喷孔，喷孔直径为 0.25～0.4mm。该种燃烧室的柴油机压缩比较低，一般为 15～18，以避免工作粗暴。

ω形燃烧室形状简单、加工容易、结构紧凑、散热面积较小、热效率高、经济性较好。由于总有一部分燃油在空间先形成混合气，因此柴油机的低温起动性能较好，其缺点是要求较高的燃油喷射压力，对喷油泵和喷油器配合偶件的加工精度要求高。多孔喷油器的喷孔小，容易堵塞，使用时要特别注意燃料的滤清。在着火延迟期内形成的可燃混合气多，导致柴油机工作比较粗暴。

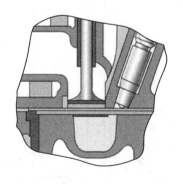

图 5-3　燃烧室示意图

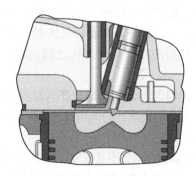

图 5-4　ω形燃烧室

（2）球形燃烧室，如图 5-5 所示。

燃烧室的活塞凹顶表面轮廓呈球形。在进气过程中，空气沿螺旋进气道进入形成强烈的进气涡流。在压缩接近终了时，燃油自喷油器顺气流并接近燃烧室切向的方向喷入燃烧室。在强烈的空气涡流作用下，绝大部分燃料被均匀喷涂在燃烧室壁面上，形成了一层很薄的油膜，只有极少量的燃油喷散在燃烧室空间上。均布的油膜从燃烧室壁面上吸热，逐层蒸发，并迅速与空气混合。喷散在空间的部分雾状燃料，最先完成与空气的混合而着火，形成火源，并引燃由油膜蒸发形成的混合气。随着燃烧的进行，燃烧室内的温度越来越高，油膜蒸发越来越快，混合和燃烧互相促进，使燃烧过程及时进行。

球形燃烧室一般采用单孔（喷孔直径 0.5～0.7mm）或双孔（喷孔直径 0.3～0.5mm）喷油器，喷射压力约为 17～22MPa。

在球形燃烧室中，混合气的形成方式以油膜蒸发为主。在初期混合气形成较慢，在着火延迟期内形成并积聚的混合气量较少，燃烧初期压力增长率较低，使发动机工作比较柔和。由于是逐层蒸发、逐层燃烧，不易出现高温裂解冒黑烟的现象。其缺点是柴油机低温起动比较困难，在低速和低负荷时工作性能较差。

2．分隔式燃烧室

分隔式燃烧室由两部分组成，一部分位于活塞顶与气缸

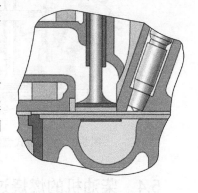

图 5-5　球形燃烧室

底面之间，称为主燃烧室，另一部分在气缸盖中，称为副燃烧室。这两部分由一个或几个孔道相连。分隔式燃烧室的常见形式有涡流室燃烧室和预燃室燃烧室两种。

（1）涡流室式燃烧室，如图 5-6 所示。

该燃烧室的副燃室常称为涡流室，多呈球形或圆柱形，其容积占燃烧室总容积的 50%～80%。连接涡流室与主燃烧室的通道与涡流室相切。在压缩过程中，活塞将气缸内的空气压入涡流室而产生强烈的涡流运动，常称为压缩涡流。燃油自喷油器顺涡流方向喷入涡流室，并在强烈涡流的作用下迅速与空气混合，形成较浓的可燃混合气。涡流室内的可燃混合气着火燃烧后，压力急剧升高，燃气带着未燃的浓混合气一起经通道高速喷入主燃烧室，冲击在活塞顶上双涡流式凹坑内，再次形成强烈的涡流（称为二次涡流），加速燃油在主燃烧内进一步混合与燃烧。

由于涡流较强，所以这种燃烧室不需要喷注与燃烧室形状相配合，对喷雾的要求也较低。一般用轴针式喷油器，喷射压力为 12～14MPa。

涡流室式燃烧室的优点是：①因有强烈的涡流运动，对空气的利用率高，过量空气系数 α 可较小（α=1.1～1.3）；②燃烧是在两部分燃烧室内先后进行的，主燃室内的压力增长比较缓慢，发动机工作柔和，对转速变化不敏感；③燃烧完全，排气污染小。

缺点是：①散热面积较大、热损失较多；②气体两次经过通道被节流，则流动损失较大。因此，与直喷燃烧室比较经济性差些，耗油率较高，冷起动较困难。

（2）预燃室式燃烧室，如图 5-7 所示。

该燃烧室的副燃室常称为预燃室。预燃室的容积只占燃烧室总容积的 25%～45%，预燃室与主燃室的连接通道的面积较小。在压缩行程空气从气缸被压入预燃室后形成无规则的紊流。压缩行程后期喷入预燃室中的柴油，依靠空气紊流的扰动而与空气初步混合，形成品质不高的混合气。小部分燃油在预燃室内开始燃烧后，使预燃室中的压力急剧升高，然后高压燃气连同未燃的浓混合气以极高的速度喷入主燃烧室中。由于经小孔通道的节流作用，在主燃烧室中再次形成涡流，促使燃料进一步雾化并与空气均匀混合而达到完全燃烧。

预燃室通常用耐热钢单独制造，再嵌入气缸盖中。预燃室式燃烧室与涡流室式燃烧室均属于分隔式的燃烧室，混合气形成方式和燃烧过程基本相似。因此，两者优缺点基本相同。

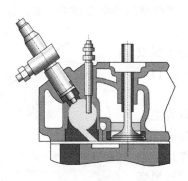

图 5-6　涡流室式燃烧室

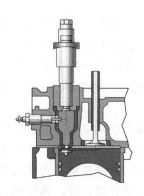

图 5-7　预燃室式燃烧室

5.4　柴油机的燃烧过程

5.4.1　着火的条件和特点

压缩行程的末期，柴油喷入燃烧室后即喷散成许多细小的油滴，这些细小油滴经过加热、蒸发、扩散与空气混合等物理准备以及分解、氧化等化学准备阶段后，便自行着火燃烧。实验表明，燃料着火需要具备两个基本条件。

（1）在形成的混合气中，燃料蒸汽与空气的比例要在一定的范围内，这个范围称为着火界限。着火界限可用混合气的浓度，即过量空气系数值 φ_a 表示。混合气过浓，则氧分子相对较少；混合气过稀，则燃料分子相对较少，这两种情况的氧化反应速率都不够。因此，如果混合气过浓或过稀而超出着火界限，就不能着火。但着火界限不是一成不变的，随着温度升高，分子运动速度增加，反应速度大大加快，将使着火界限扩大。

（2）混合气必须加热到某一临界温度。低于这个温度，燃料也不能着火。不同的燃料其自燃性能是不同的，着火温度并不是燃料本身所固有的物理常数，它与介质压力、加热条件及测试方法等因素有关。例如，当压力升高时，着火温度就降低。

由于柴油机燃烧室内各处的着火条件并不相同，根据以上分析，其着火情况有以下特点。

（1）首先着火的地点是在油束核心与外围之间混合气浓度适当的地方。

（2）由于形成合适浓度的混合气及温度条件相同的地方不止一处，因此往往是几处同时着火。

（3）由于每个循环的喷油情况与温度状况不可能完全相同，从而使每个循环的着火地点也不一定相同。

（4）火焰传播的路线和速度取决于混合气形成的情况及空气扰动等因素。如果火焰中心在传播的过程中遇不到合适浓度的混合气，则火焰传播即中断。同时，由于其他地点混合气形成的发展及准备阶段的完成，又会有新的着火核心产生，使燃烧仍然迅速进行。

5.4.2　燃烧过程

燃料着火燃烧后，使气缸中工质的压力和温度迅速升高，所以气缸中工质的压力和温度是反映燃烧过程进展情况的重要参数。可以利用示功图来分析柴油机的燃烧过程，如图 5-8

所示。为了便于研究，可根据气缸内工质压力和温度的变化规律，将柴油机的燃烧过程划分为四个阶段。

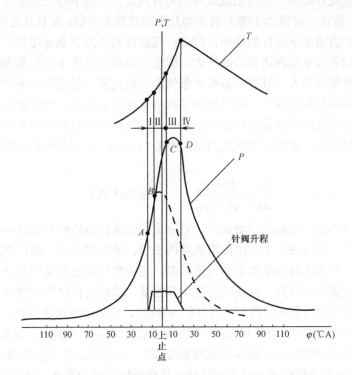

图 5-8　柴油机的燃烧过程

1．第Ⅰ阶段——滞燃期（又称着火落后期）

这一阶段从喷油开始到开始着火燃烧为止。

喷入气缸中的雾状柴油并不能马上着火燃烧，气缸中的气体温度，虽然已高于柴油的自燃点，但柴油的温度不能马上升高到自燃点，要经过一段物理和化学的准备过程。也就是说，柴油在高温空气的影响下，吸收热量，温度升高，逐层蒸发而形成油气，向四周扩散并与空气均匀混合（物理变化）。

随着柴油温度升高，少量的柴油分子首先分解，并与空气中的氧分子进行化学反应，具备着火条件而着火，形成了火源中心，为燃烧做好准备。这一时期很短，一般仅为 0.0007～0.003s。

在压缩过程接近终了时，气缸内的空气温度一般在 500～600℃，远远高于在当时压力下柴油的自燃温度，但燃料自 A 点喷入气缸后，并不能立即着火燃烧，而需要经历一系列的物理、化学变化过程，包括燃料的雾化、加热、蒸发、扩散与空气混合等物理准备阶段以及着火前的化学反应准备阶段，直到 B 点才开始着火燃烧，缸内压力也在该点开始急剧升高。从喷油开始的 A 点到压力偏离纯压缩线而开始急剧升高的 B 点，这一段时间称为滞燃期（或着火落后期）。滞燃期可以用 τ_i（ms）或 φ_i（℃A）表示。其值可以直接从 $P-\varphi$ 示功图上测定。在柴油机中，一般 τ_i=0.7～3ms，或 φ_i=4.2～18℃A（n/1000）。滞燃期虽然很短，但对整个燃烧过程影响很大，它直接影响第Ⅱ阶段速燃期的燃烧。

2. 第 II 阶段——速燃期

这一阶段从燃烧开始到气缸内出现最高压力时为止，火源中心已经形成，已准备好了的混合气迅速燃烧，在这一阶段由于喷入的柴油几乎同时着火燃烧，而且是在活塞接近上止点，气缸工作容积很小的情况下进行燃烧的，因此，气缸内的压力 P 迅速增加，温度升高很快。

从气缸内开始着火至缸内达到最高压力，即压力急剧上升的 BC 段称为速燃期。在这一阶段中，由于滞燃期内喷入气缸并具备着火条件的燃料几乎一起燃烧，所燃烧的基本上是滞燃期中形成的不均匀的预混合气，而且燃烧是在活塞靠近上止点、气缸容积变化较小的情况下进行的，所以可近似地看成是定容加热过程。此时气缸中工质的压力和温度都急速升高，尤其是压力升高得更快。通常用平均压力增长率 $\Delta P / \Delta \varphi$ 来表示气缸中压力升高的急剧程度，即

$$\frac{\Delta P}{\Delta \varphi} = \frac{P_C - P_B}{\varphi_C - \varphi_B} \qquad （MPa/{}^{\circ}CA）$$

如取瞬时值 $dP/d\varphi$，简称压力增长率，它决定了柴油机燃烧的平稳性和工作粗暴程度。而压力增长率的大小又取决于上一阶段滞燃期的长短。滞燃期越长，则在滞燃期内喷入燃烧室的燃料就越多，在着火前形成的混合气就越多。这些燃料在速燃期中几乎一起燃烧，使压力增长率和最高燃烧压力升高，致使柴油机工作粗暴，曲柄连杆机构及轴承会受到很大的冲击负荷，并伴随有强烈的金属敲击声（通常称为敲缸），使振动和噪声加剧，影响柴油机的使用寿命。为了保证柴油机运转的平稳性，一般柴油机的平均压力增长率不应超过 0.4MPa/${}^{\circ}$CA。

速燃期内，其放热量约占每循环总放热量的 1/3，而放热速度 dQ/dP 燃烧压力在此期间均达到最大值，其中最高燃烧压力达 6～9 MPa。从获得较大的功率和较低的燃油消耗率出发，柴油机一般在上止点前 5～10${}^{\circ}$CA 开始着火，而最高燃烧压力在上止点后 10～15${}^{\circ}$CA 左右出现。

3. 第 III 阶段——缓燃期

这一阶段从出现最高压力起到出现最高温度为止。

这一阶段喷油器继续喷油，由于燃烧室内的温度和压力都高，柴油的物理和化学准备时间很短，几乎是边喷射边燃烧。但因为气缸中氧气减少、废气增多，燃烧速度逐渐减慢，气缸容积增大。所以气缸内压力略有下降，温度达到最高值，通常喷油器已结束喷油。

从压力急剧升高的终点 C 起至压力开始急剧下降的 D 点为止，称为缓燃期。在此阶段中，柴油几乎是边喷射边燃烧，具有扩散燃烧的特征。为了控制速燃期的压力增长率，在全负荷时，每循环喷射的大部分柴油应当在这一阶段中进行燃烧。到这一阶段结束时，一般放热量可达每循环总放热量的 80%左右，工质的温度也在上止点后 20～30${}^{\circ}$CA 达到最高燃烧温度（高达 1800～2200${}^{\circ}$C）。但是，这一阶段的燃烧是在活塞下移、气缸容积不断增加的情况下进行的，所以这一时期气缸内的压力变化并不大，可以近似地将它看成定压加热过程。

随着燃烧过程的进展，气缸内的燃烧产物逐渐增多，而混合气中氧的浓度不断减少，所以，高温、缺氧是这一燃烧时期的一个显著特点。如果所喷入的燃料是处在高温废气区域，则燃料得不到氧气，容易裂解而形成碳烟；如果燃料喷到缸内氧气浓度较大的区域，由于高温的影响，混合气燃烧前的物理、化学反应很快，相应的滞燃期很短，燃料能很快地进行燃烧，但这时如果氧气渗透不充分，过浓的混合气也容易裂解形成碳烟。所以，适当加强燃烧室内的空气运动，加速混合气的形成，对保证缓燃期中燃料迅速而完全地燃烧

具有重要的作用。

4. 第Ⅳ阶段——后燃期（又称补燃期或过后燃烧期）

这一阶段是从出现最高温度以后的燃烧时期。

这一时期虽然不喷油，但仍有一小部分柴油没有燃烧完，随着活塞下行继续燃烧。后燃期没有明显的界限，有时甚至延长到排气冲程还在燃烧。后燃期放出的热量不能充分利用来做功，很大一部分热量将通过缸壁散至冷却水中，或随废气排出，使发动机过热，排气温度升高，造成发动机动力性下降，经济性下降。因此，要尽可能地缩短后燃期。

从缓燃期的终点 D 起到燃料基本上燃烧完时为止，称为后燃期。在柴油机中，由于燃烧时间短促，燃料与空气的混合又不均匀，总有一些燃料不能及时燃烧完，拖到膨胀过程中继续燃烧。后燃期的终点较难确定，一般认为放热量达到每循环总放热量的 95%～99% 即为后燃期的结束。燃烧较正常时，相当于上止点后 60～70℃A 的位置。但是在高速、高负荷时，由于过量空气少，并且混合气形成和燃烧时间更短，后燃现象比较严重，有时甚至一直持续到排气过程之中。在后燃期，因为活塞已远离上止点，燃料是在较低的膨胀比下燃烧放热，所放出热量的不能有效利用，相应地增加了散往冷却水的热损失，使柴油机过热和经济性下降。此外，后燃还增加了活塞组的热负荷以及使排气温度升高，所以应尽量减少后燃。

5.4.3　对燃烧过程的要求

从燃烧放热规律出发，可知要使燃烧过程进行得好，混合气形成的好坏是关键，所以对混合气形成的要求如下。

（1）改善燃料与空气的混合，在尽可能小的过量空气系数下，使燃料完全地燃烧。因为每次循环进入气缸内的新鲜空气充量一定时，在气缸内能完全燃烧的燃料量越多，则意味着缸内的空气利用率越高，相应的平均有效压力也越高，即柴油机的动力性能就越好。

（2）有较理想的放热规律（燃料的放热量随曲轴转角的变化规律），即希望燃烧先缓后急。开始放热要适中，以控制压力增长率和最高燃烧压力，满足运转柔和、降低机械负荷的要求，这就要求缩短滞燃期。随后燃烧要加快，使燃烧尽量在活塞接近上止点附近，以减少传给冷却介质的散热损失，并使工质得到较充分膨胀，从而有利于提高柴油机的经济性能。这就对喷油时刻提出了严格的要求。要求喷油时刻要准确，混合气形成的规律应合适气缸中燃烧过程的主要放热阶段应该是上止点稍后，容积小可得到较高的压力，热效率高、热损失小，所以要求喷油时刻要准确。喷油过早、过晚对发动机工作都是不利的。

如果喷油过早，则混合气提前形成，并在活塞到达上止点前像爆炸似的同时着火燃烧，结果给正在上行的活塞造成一个短时间阻力，并严重"敲缸"工作粗暴。如果喷油过迟，则混合气在活塞下行时才开始形成和燃烧，结果燃烧空间增大，从气缸壁面传走的热量增加，造成发动机过热，燃烧压力降低，气体压力推动活塞的效果减小，甚至有可能使部分混合气来不及燃烧而随废气排出去，使功率降低。

最好的喷油时刻与燃烧室的型式和发动机转速有关，对于一定结构的发动机在规定转速下，可通过试验找到一个功率大、油耗低的最好喷油时刻，通常用曲轴距活塞到达上止点的转角表示，称为喷油提前角。

（3）喷油质量应与燃烧室形状相适应，以便形成均匀的混合气。喷油泵和喷油器的喷射质量应与燃烧室相适应，使燃油雾化良好，同时，燃烧时的形状与空气流的运动符合也利于形成均匀的混合气。

（4）在燃烧过程中应尽量减少产生有害排放物和噪声，使之符合国家有关环境保护法规的要求（具体介绍见第 12 章）。显然，对燃烧过程的要求相互之间存在着矛盾，是难于同时满足的。例如，为了提高平均有效压力 P_{me}，以提高柴油机的动力性能，希望在尽可能小的过量空气系数 φ_a 下组织燃烧过程。但是，这和适当加大 φ_a 改善燃烧过程，提高经济性能的要求是相矛盾的。为了提高经济性能，希望燃料尽可能在活塞接近上止点附近燃烧，而这势必会导致 $\Delta p/\Delta\varphi_a$ 和最高燃烧压力的增大，从而使柴油机工作粗暴，这又在提高经济性与柴油机平稳运转之间产生了矛盾。又如，某些改善燃烧而提高动力性能或经济性能的措施，又会导致柴油机排放性能的恶化。

总之，综合解决柴油机的动力性能、经济性能、排放性能及运转平稳性之间的矛盾是研究燃烧过程的基本任务。

5.4.4　影响燃烧过程的运转因素

1．燃料性质的影响

柴油的十六烷值是影响燃烧的重要指标。前文已述，柴油的十六烷值越高，其自燃性能越好，相应滞燃期就越短，则柴油机的运转较平稳，起动也容易。但是，如果十六烷值过高则柴油的热稳定性变差，喷入气缸的柴油还来不及与空气充分混合就可能着火燃烧，造成柴油在高温下裂解成碳烟的现象，经济性也随之下降。相反，如果柴油的十六烷值过低，则使柴油机工作粗暴。

2．喷油规律的影响

燃烧过程的放热规律在很大程度上取决于燃油系统的喷油规律。为此，可以通过调节喷油规律来获得较理想的放热规律。采用合适的喷油规律，主要是指采用最佳的喷油提前角，并且通过正确地设计燃油系统中喷油泵、喷油器、高压油管及喷油泵凸轮型线等结构参数，来控制各个燃烧时期的喷油量，使喷油的速度与所要求的燃烧速度相适应。

比较理想的喷油规律和燃烧放热规律一样，也是"先缓后急"，即在滞燃期内喷入气缸的燃料量不宜过多，以控制速燃期内的压力增长率，保证柴油机平稳运转。而当着火燃烧以后，则应使燃料以较短的时间尽快地喷入气缸，以缩短燃料喷射的持续时间，使燃料尽量在上止点附近燃烧。图 5-9 表明了喷油规律对燃烧过程的影响。图中 q_f 为每循环喷油量，两种喷油规律的喷油提前角 $\theta_{\overline{h}}$ 及滞燃期 τ_i 均相同。但曲线 1 所示的喷油规律开始喷油很急，在滞燃期中喷入气缸的燃料量较多，因此压力增长率和最高燃烧压力都较大，工作较粗暴；而曲线 2 所示的喷油规律比较符合"先缓后急"的要求，当喷射持续期保持不变时，燃烧比较柔和。

喷油提前角 $\theta_{\overline{h}}$ 对柴油机的燃烧过程、压力增长率和最高爆发压力也有直接的影响。如果喷油提前角过大，则喷油时因气缸内空气的压力及温度较低，使滞燃期延长，不仅使压力增长率和最高燃烧压力迅速升高，而且还增加了压缩负功，这样不但使柴油机的动力性和经济性均下降，而且还会造成难于起动和怠速不稳定；如果喷油提前角过小，则燃料不能在上止点附近迅速燃烧，后燃增加，虽可使最高燃烧压力有所降低，但造成排气冒黑烟，柴油机过热，使柴油机的动力性和经济性也随之下降。

　　柴油机的每一种工况均有一个最佳喷油提前角，通常，柴油机的最佳喷油提前角是在标定工况下由实验选定的。

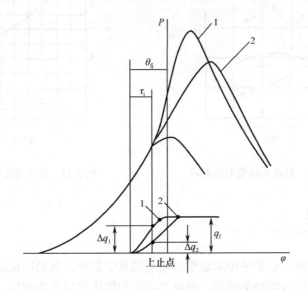

图 5-9　喷油规律对燃烧过程的影响

3．转速的影响

　　当转速升高时，燃烧室内的空气运动加强，喷油压力提高，有利于燃料的蒸发、雾化以及与空气的混合。同时转速升高时，由于传热损失和活塞环的漏气损失减小，使压缩终点的温度和压力增高，这些都使以秒计的滞燃期 τ_i（ms）和燃烧持续时间均有所缩短。但是由于每循环所占的时间按比例缩短更多，故在一般情况下，随着转速的升高，以曲轴转角计的滞燃期 φ_i（°CA）和燃烧持续时间增加，如图 5-10 所示。为了保证燃料在上止点附近迅速燃烧，最佳喷油提前角也应随转速的升高而增大。由于车用高速柴油机的工作转速变化范围较大，常装有喷油提前角自动调节器，以使喷油提前角随柴油机转速而变化。

　　一般来说，转速过低或过高时，都会使燃烧状况有所下降。转速过低，空气运动减弱，喷油压力下降，使混合气质量变差；转速过高，燃烧过程所占的曲轴转角加大，充量系数下降，也会给燃烧带来不利的影响。

4．负荷的影响

　　柴油机的功率调节方法属于"质调节"，即进入气缸的空气量基本上不随负荷而变化，改变功率只需调节每循环供油量。如转速保持不变，而负荷增加时，每循环供油量增加。由于充气量基本不变，故过量空气系数减小，使单位气缸容积内混合气燃烧放出的热量增加，引起气缸内温度上升，缩短了滞燃期，使柴油机工作柔和，如图 5-11 所示为负荷对滞燃期 φ_i（°CA）的影响。在中小负荷工况下，负荷对燃烧过程的影响并不大。但是，随着每循环供油量的加大，使喷油持续时间和燃烧过程延长，从而导致后燃增加，引起柴油机经济性下降。

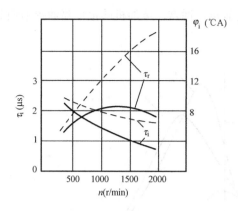

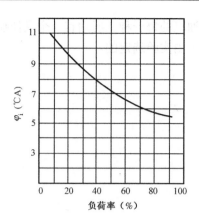

图 5-10　转速对滞燃期的影响　　　　　　　图 5-11　负荷对滞燃期的影响

5.5　喷油器

　　喷油器是柴油燃油供给系统中实现燃油喷射的重要部件，其功用是根据柴油机混合气形成的特点，将燃油雾化成细微的油滴，并将其喷射到燃烧室特定的部位，如图 5-12 所示。

　　喷油器应满足不同类型的燃烧室对喷雾特性的要求。一般说来，喷注应有一定的贯穿距离和喷雾锥度角，以及良好的雾化质量，而且在喷油结束时不发生滴漏现象。

　　汽车柴油机广泛采用闭式喷油器，这种喷油器主要由喷油器体、调压装置及喷油嘴等部分组成。闭式喷油器的喷油嘴是针阀和针阀体组成的一对精密偶件，其配合间隙仅为 0.002～0.004mm。为此，在精加工之后，尚需配对研磨，故在使用中不能互换。一般针阀由热稳定性好的高速钢制造，而针阀体则采用耐冲击的优质合金钢。根据喷油嘴结构形式的不同，闭式喷油器又可分为孔式喷油器和轴针式喷油器两种，分别用于不同的燃烧室。孔式喷油器喷嘴的结构形式如图 5-13 所示。

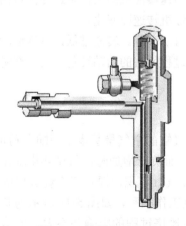

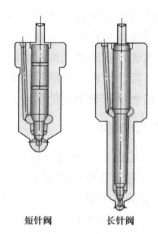

短针阀　　　长针阀

图 5-12　喷油器示意图　　　　　　　图 5-13　孔式喷油器喷嘴的结构形式

5.5.1　孔式喷油器

　　孔式喷油器主要用于直接喷射的燃烧室。喷孔数目的范围一般为 1～8 个。喷孔的直径为

0.25～0.8mm。喷孔数目与喷射方向要根据燃烧室的形状、空气涡流的情况及对喷雾质量的要求来确定。

图 5-14 所示为柴油机孔式喷油器结构。喷油器由针阀 10、针阀体 11、顶杆 6、调压弹簧 5、调压螺钉 3 及喷油泵体 7 等组成。其中针阀 10、针阀体 11 是一副精密偶件。针阀上部的导向圆柱面与针阀体是高精度的滑动配合。其配合间隙约为 0.002～0.004mm。配合间隙过大，可能发生泄漏而使油压下降、间隙过小，针阀不能自由移动。针阀中部的锥面全部露出在针阀体的环形油腔中，其作用是承受由油压造成的轴向推力以针阀上升，此锥称为承压锥面。针阀下端的锥面与针阀体相应的内锥面配合，以实现喷油嘴内腔的密封，称为密封锥面。针阀上部的圆柱面及下端的密封锥面与针阀体相应的配合面都是经过精磨后再相互研磨而保证其配合精度的，选配和研磨好的一副针阀偶件不能互换。

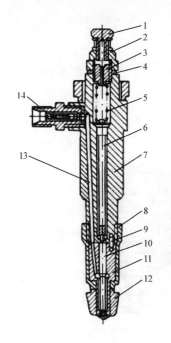

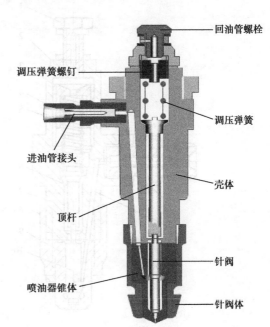

图 5-14　孔式喷油器

1—回油管螺栓；2—调压螺钉护帽；3—调压螺钉；4—垫圈；5—调压弹簧；6—顶杆；7—喷油泵体；
8—紧固螺套；9—定位销；10—针阀；11—针阀体；12—喷油器锥体；13—油道；14—进油管接头

　　喷油器的工作过程：装在油泵体上部的调压弹簧 5 通过顶杆 6 将针阀紧压在针阀体 11 的密封锥面上，将喷孔关闭。当喷油泵工作时，输出的高压柴油从油管接头进入喷油器体和针阀体中的油道而到达针阀的环形空间——高压油腔，压力油作用在针阀的承压锥面上，形成了一个向上的轴向推力，当压力升高到足以克服调压弹簧的压力时，针阀向上升起，针阀的密封锥面离开阀座，打开喷孔开始喷油。喷射开始时的喷油压力取决于调压弹簧的预紧力，而调压弹簧的预紧力可通过调压螺钉调整。当喷油泵停止供油时，高压油管内的压力迅速下降，针阀在调压弹簧的作用下迅速回位，关闭油孔、停止喷油。

　　喷射过程中，针阀升程（即可能升起高度）受到针阀杆的台肩与喷油器体下端面之间的间隙所限制。为了使针阀的上端面不受高压柴油的作用，以免针阀升不起来。因此针阀体与喷油器体的接合端面要严密配合，在加工时两端面也要研磨。

　　喷油器喷油时，喷射油束锥角必须与燃烧室形状相适应，使燃油雾粒直接喷射在燃烧室空间并均匀分布。喷油器喷油时，会有少量的柴油从针阀与针阀体的配合间隙处渗漏，这部分的柴油可以起到润滑配合表面的作用，并沿顶杆周围的空隙上升。为了防止渗漏出少量柴油在针阀累积并形成背面高压，影响喷射压力，在喷油器上端设有回油接头。这部分柴油通过回油管螺栓的孔进入回油管，流回柴油滤清器。

5.5.2　轴针式喷油器

　　轴针式喷油器通常用于分开式燃烧室（涡流式燃烧室和预燃式燃烧室），复合式燃烧室也采用这种喷油器，如图 5-15 所示。

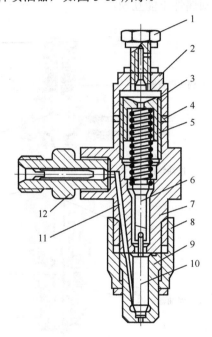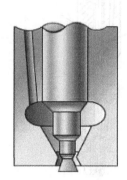

图 5-15　轴针式喷油器

1—回油管螺栓；2—调压螺钉护帽；3—调压螺钉；4—垫圈；5—调压弹簧；6—顶杆；
7—喷油泵体；8—紧固螺套；9—针阀体；10—针阀；11—油道；12—进油管接头

　　轴针式喷油器的工作原理与孔式喷油器相似。其结构特点是针阀在其密封锥面以下伸出一个轴针，并一直延伸到喷孔外，形状有圆柱形、顺锥形和倒锥形三种。以获得所需的喷注锥角。轴针与喷孔形成圆柱形缝隙（约 0.005mm），使得喷油形成的喷注呈空心的圆锥形或圆柱形。

　　一般轴针式喷油器只有一个喷孔，喷孔直径一般为 1～3mm。由于喷孔直径较大，轴针在喷孔内上下运动，具有自洁作用，喷孔不易积炭。另外，轴针式喷油器喷孔的面积是随轴针开启的高度而变化的。初始开启的面积比较小，使初始喷油速率较小，对减轻柴油机的粗暴运行有利。当针阀的开启高度超过 0.1～0.16mm 后，喷孔处的柴油流通面积迅速增加，喷油速率加大促使燃烧在上止点附近完成。

　　喷油嘴的结构形式如图 5-16 所示。孔式喷油器分为单孔式和多孔式，轴针式喷油器分为普通轴针式、分流轴针式和节流轴针式。

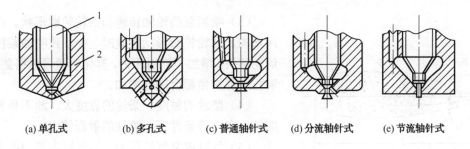

(a) 单孔式　　　(b) 多孔式　　　(c) 普通轴针式　　　(d) 分流轴针式　　　(e) 节流轴针式

图 5-16　喷油嘴结构形式

1—针阀；2—针阀体

5.5.3　燃油的喷雾

在柴油机内，将柴油分散成细小颗粒的过程称为喷雾或雾化。

1．油束的形成和特性

当柴油以很高的压力和速度从喷油嘴的喷孔喷出时，在气缸中压缩空气的阻力和高速旋转的涡流的扰动作用下，被分裂成细小的油粒并形成圆锥形的油束（或喷注）。一般在油束的中间部分的柴油雾化较差，油粒密集，直径较大；在油束的外部则油粒直径小，油粒分布分散。

油束的特性可以用如下指标来表示。

（1）雾化质量，用喷注油粒的细度和均匀度来表示，油粒细度用油粒的平均直径表示，油粒的均匀度用油粒的最大直径与平均直径的比值表示。

（2）喷雾锥角，指油束包络面直线的夹角，它表示了油束向空间扩展的广度和油束的紧密程度，一般为 4°～45°。雾锥角的大小对于孔式喷油器，主要取决于喷孔的尺寸和布置方式；对于轴针式喷油嘴，是通过轴针头部的结构形状来控制。当要求雾锥角小于 4° 时，轴针头部制成圆柱形，当要求雾锥角较大时，轴针头部制成倒锥形。当针阀抬起时，柴油经喷孔与针阀间的环形间隙喷出，冲击在针阀头部的倒锥部分而形成了较大的雾锥角。

（3）射程，指喷出的油束在燃烧室内部贯穿的距离，不同形式的燃烧室对射程的要求不同。空间混合直接喷射式要求较大的射程，力图使柴油雾粒能到达燃烧室的最远处；而采用油膜蒸发的球形燃烧室，只要求油束有一定的射程，大部分的油粒是靠强烈的涡流运动而被抛洒在燃烧室壁面上。

2．影响油束特性的因素

影响油束特性的因素主要有以下几方面。

（1）喷射压力，指柴油在喷孔出口前的压力。喷射压力增大时，柴油喷射的流动速度会随之增加，使雾化质量提高，射程和雾锥角也会随着加大。

（2）喷油嘴的构造。对于孔式喷油嘴，当喷射压力和喷孔面积一定时，减少喷孔直径增大柴油喷出后的流动速度，提高雾化质量，并使雾锥角增加、射程减少。对于轴针式喷嘴，其喷孔的面积存在类似的影响。但其轴针头部的锥角影响更加重要。带倒锥形轴针形成的喷注具有较大的锥角，轴针头部为圆柱形时，形成较小锥角的喷注，若轴针头部为顺锥形时，形成喷注的雾锥角几乎为零。

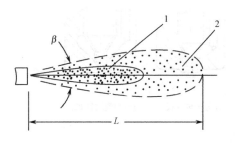

图 5-17　油束的形状

1—油粒区；2—油雾区；β—喷雾锥角；L—射程

（3）喷油泵凸轮轴转速和凸轮轮廓形状。凸轮转速增加及凸轮轮廓形状较陡时，会导致喷油泵柱塞的运动加快。增加了喷射压力，雾化质量可以得到改善，射程和雾锥角都会随之增加。

（4）柴油的黏度。柴油的黏度大，油不易雾化为细粒，在同样条件下，喷注的射程较大。

（5）气缸内空气的压力。当气缸内部的压力增加时，空气的密度增加，作用在油束油粒上的阻力加大，将使射程减少雾锥角增大，并有利改善雾化质量。

油束的形状如图 5-17 所示。

5.6　喷油泵

喷油器要实现对柴油的喷射雾化，输入的柴油必须有较高的压力。喷油泵的主要功用就是提高柴油的压力并能满足要求：①各缸的供油次序符合发动机各缸的工作顺序；②按照一定的供油规律，定时供油和迅速停供，各缸的供油提前角和供油延续时间相等；③能根据柴油机负荷的大小，与调速器配合供给所需的柴油量，且各缸的供应量均匀。

喷油泵的结构类型较多，现柴油机上常用的有柱塞式喷油泵、喷油泵—喷油器和转子分配式喷油泵三类。柱塞式喷油泵是利用柱塞的往复运动来泵油的，这种喷油器结构紧凑、性能良好、工作可靠，在大多数拖拉机、汽车的柴油机上应用。喷油泵—喷油器的结构特点是将喷油泵和喷油器结合成一个整体，直接安装在气缸盖上，消除了高压油管所引起的压力波动现象，可以更加精确地控制喷油规律。应用于 PT 燃油供给系统的喷油泵属于此类。转子分配式喷油泵是依靠转子的转动实现压油及分配，它具有体积小、重量轻、零件少、成本低等优点，但其最大的供油量和供油压力均比柱塞式喷油泵小，适用于中小型功率的多缸柴油机。

5.6.1　柱塞式喷油泵的工作原理

柱塞式喷油泵按结构布置的形式不同，分为单体泵和合体泵。单体泵用于单缸柴油机上，合体泵是将各缸的泵油机构及调速器合成一体，应用在多缸高速柴油机上。

合成泵中每一缸的泵油机构称为分泵，其构造如图 5-18 所示。其中由柱塞 5 和柱塞套 4 组成的偶件称为柱塞偶件，是提高柴油压力的主要零件。柱塞偶件和出油阀偶件（出油阀 3 和出油阀座 2 组成）安装在喷油泵体中。柱塞弹簧通过弹簧下座与柱塞相连，它总是力图使柱塞向下运动。柱塞下部装有滚轮—挺柱体总成，由喷油泵凸轮轴驱动。出油阀上装有出油阀弹簧，出油阀弹簧将出油阀紧压在出油阀座上，使其处于常闭状态。

在柱塞的圆柱表面加工有直线形（或螺旋形）斜槽，通过径向油道和轴向油道与柱塞的上端面连通。在柱塞的中部开有一环形槽，以储存少量柴油润滑工作表面。柱塞套的内部为光滑的圆柱形孔，与柱塞的外圆柱面相配合。柱塞套上部开有两个径向孔（进油孔和回油孔），与喷油泵体内的低压油腔相通。

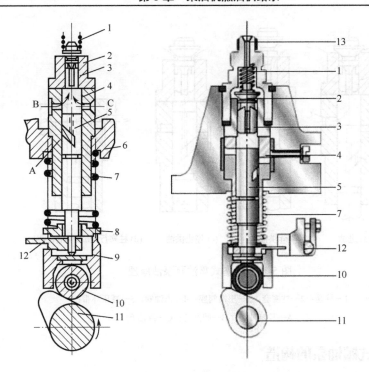

图 5-18　柱塞式喷油泵分泵

1—出油阀弹簧；2—出油阀座；3—出油阀；4—柱塞套；5—柱塞；6—泵体；7—柱塞弹簧；

8—弹簧下座；9—滚轮体总成；10—滚轮；11—凸轮轴；12—油量调节臂；13—高压油管接头；

A—控制油槽；B—回油孔；C—进油孔

　　柱塞式喷油泵的工作原理如图 5-19 所示。当凸轮轴旋转时，柱塞在柱塞弹簧的作用下向下运行并直到最下端（如图 5-19(a)所示）的位置时，柴油在输油泵的压力和柱塞下行的吸力共同作用下从低压油道经进、回油道孔流入柱塞上方柱塞套内，并充满上部空间。凸轮轴继续旋转并通过滚轮−挺柱体压缩弹簧推动柱塞上行时，开始有一部分柴油通过柱塞套上的进、回油孔被挤回低压油腔，直至柱塞上端面封住两个油孔时，柱塞上方便形成了一个密封腔，柱塞的这段升程称为减压升程。柱塞继续上行，封闭腔内的柴油受到压缩，压力迅速上升。当油压增大到足以克服出油阀弹簧压力和高压油管内的剩余压力时，出油阀上行。当出油阀中部的圆柱形环带（称为减压环带）离开出油阀座上端面时，高压柴油从出油阀流出经高压油管而开始向喷油器供油（如图 5-19(b)所示）。供油随着柱塞上行一直持续到柱塞的斜油槽（或螺旋油槽）与柱塞套上的回油孔相通为止。此时柱塞上部的柴油经轴向油道和径向油道流回低压油道（如图 5-19(c)所示），高压油道的压力急剧下降。出油阀在弹簧的作用下关闭，供油迅速停止。从柱塞上端面封闭进油孔到柱塞斜油槽与回油孔相通的段升程称之为供油有效升程。此后随着凸轮旋转至最大升程而使柱塞继续上行到达上止点所走过的升程，称为剩余升程。在剩余升程里，喷油泵不向高压油管供油。

　　由喷油泵的工作原理可知，柱塞的总升程 h 不变，其大小取决于凸轮升程；喷油泵柱塞的供油量及供油的持续时间（循环供油量）取决于供油有效行程 h_o（如图 5-19(d)所示）。喷油泵若需根据发动机工况的变化而改变供油量，只需改变柱塞供油的有效行程。一般借助改变斜油槽与柱塞套油孔的相对位置来实现。

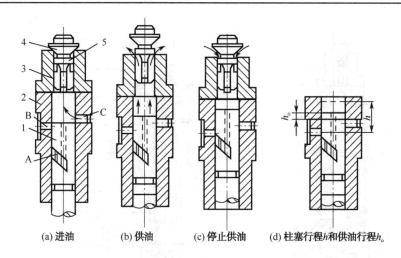

图 5-19 柱塞式喷油泵泵油原理

1—柱塞；2—柱塞套；3—出油阀座；4—出油阀；5—减压环带；

A—控制油槽；B—回油孔；C—回油孔

5.6.2 柱塞式喷油泵的构造

多缸式喷油泵由分泵、油量调节机构、传动机构和喷油泵体组成。

1. 分泵

分泵是喷油泵的泵油机构，多缸发动机中分泵的数量与柴油机气缸数相等。

分泵的基本结构如图 5-18 所示。主要由柱塞偶件、柱塞弹簧、弹簧下座、出油阀偶件、出油阀弹簧、出油阀压紧座等组成。

（1）柱塞偶件，由柱塞和柱塞套组成。其功用是：提高柴油压力以满足喷油器喷射压力的要求，控制供油量和供油时间。

柱塞和柱塞套是一副精密配合的偶件，要求具有高精度和低粗糙度，良好的耐磨性。用优质合金钢制造，通过精密加工和研磨，并经过分级配对互研。互研后柱塞偶件的配合间隙控制在 0.0015～0.0025m 以内。使用中应成对更换、不可互换。

① 柱塞套：柱塞套上一般加工有两个径向孔。其中与斜油槽相对的孔，除用于进油外，还承担回油任务，称为回油孔；另一个孔仅承担进油的任务，称为进油孔。按照两油孔的轴向位置可分为平孔和高低油孔。在柱塞套外圆柱面上部开有定位槽，柱塞套装入喷油泵体后，用定位螺钉插入此槽内定位，以保证正确的安装位置，防止柱塞套在工作中发生转动。

② 柱塞：为了调节供油量，在柱塞头部圆柱面加工有斜油槽，如图 5-20 所示。图 5-20(a) 所示的是供油开始时刻不变，通过改变供油终了时刻来改变供油量的柱塞。图 5-20(b)所示的是供油终了的时刻不变，通过改变开始供油的时刻来改变供油量的柱塞。图 5-20(c)是供油开始和终了的时刻都改变的柱塞。

柱塞斜槽的形状通常有螺旋形斜槽（如图 5-20(a)、图 5-20(b)、图 5-20(c)所示）和直线斜槽（如图 5-20(d)、图 5-20(e)所示）。由于直线斜槽的工艺较好，我国生产的Ⅰ、Ⅱ号系列的喷油泵的柱塞都加工成直线斜槽，斜槽的方向根据喷油泵的要求不同，有左旋斜槽（如图 5-20(d)所示）和右旋斜槽（如图 5-20(e)所示）之分。

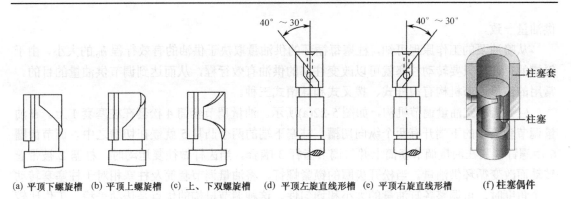

(a) 平顶下螺旋槽　(b) 平顶上螺旋槽　(c) 上、下双螺旋槽　(d) 平顶左旋直线形槽　(e) 平顶右旋直线形槽　　　(f) 柱塞偶件

图 5-20　柱塞斜油槽形式

（2）出油阀偶件。出油阀偶件包括出油阀和出油阀座，如图 5-21 所示。它的功用是出油、断油和断油后迅速降低高压油管的剩余压力，使喷油器迅速停止供油而不出现滴漏现象。

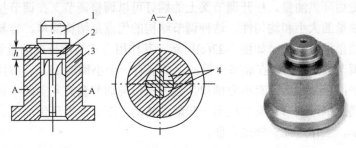

图 5-21　出油阀

1—出油阀；2—减压环带；3—出油阀座；4—切槽

出油阀的上部有一圆锥面，出油阀将此锥面紧压在阀座的圆锥面上，形成一密封环带（宽 0.3～0.5mm）。锥面下部有一窄的圆柱形环带，称为减压环带，它与阀座孔精密配合，也具有密封作用。出油阀减压环带下部为导向部，在圆柱形的阀杆上铣出了四个直切槽，使阀杆断面呈"十"字形，既能导向，又为高压柴油提供通道。出油阀偶件装在柱塞的上端，由出油阀紧座压紧在喷油泵体上。

在柱塞的供油行程时，当柱塞密封腔内的压力克服了出油阀弹簧的弹力和高压油管的剩余压力后，出油阀开始升起，在减压环带离开阀座后，柴油即可通过直切槽而流入高压油管。而当柱塞斜槽与回油孔连通时，高压柴油即倒流回低压油道，此时出油阀在出油阀弹簧和高压柴油的共同作用下迅速下落。首先是减压环带下边缘封住了出油阀座孔，而使柱塞上部的高压油腔与高压油管隔开。出油阀继续下行至落在出油阀座密封锥面为止，此时减压环带进入了座孔内部，让出了一部分高压容积，使高压油管内部容积增大，导致高压油管迅速卸压，喷油器针阀就在弹簧作用下迅速关闭喷孔，而使喷油器干脆停喷，避免产生滴油现象。

出油阀偶件是燃油供给系的第三副精密偶件，要求有较高的精度和光洁度、好的耐磨性，它也是采用优质合金钢制造，加工中经过选配和互研，其工作表面的径向间隙为 0.006～0.016mm，使用和维修过程中不得更换。

2．油量调节机构

油量调节机构的功用是根据柴油机工况的变化来改变喷油泵的供油量，并且保证各缸的供油量一致。

从喷油泵的工作原理可知，柱塞每循环的供油量取决于供油的有效行程 h_o 的大小，由于斜槽的存在，只要转动柱塞就可以改变柱塞的供油有效行程，从而达到调节供油量的目的。常用的油量调节机构有齿杆式、拨叉式和球销式三种。

（1）齿杆式油量调节机构，如图 5-22(a)所示。油量调节套筒 4 松套在柱塞套 1 上。在油量调节套筒 4 的下端开有两个纵向切槽，柱塞下端的两个凸耳 5 就嵌在切槽之中。调节齿圈6 用螺钉锁紧在油量调节套筒上并与调节齿杆 3 啮合。当齿杆做往复运动时，柱塞 2 被带着转动而改变循环供油量。当松开齿圈的锁紧螺钉，将油量调节套筒及柱塞相对于柱塞套转动一个角度时，可调整各缸油量的大小和均匀性。这种调节机构的优点是传动平稳，工作比较可靠，寿命长，但结构尺寸较大。

（2）拨叉式油量调节机构，如图 5-22(b)所示。在柱塞下端压装有一调节臂 10，臂的球头插入调节叉 9 的槽内，而调节叉 9 则用紧固螺钉 7 紧固在调节拉杆 8 上。移动调节拉杆 8 则可转动柱塞，改变循环供油量。松开调节叉上的螺钉可以调整调节叉在调节拉杆上的位置，可以调整各缸供油量的大小和均匀性。这种调节结构的优点是结构简单、容易制造。

（3）球销式油量调节机构，如图 5-22(c)所示。其作用方式与齿杆式油量调节机构相近。该机构没有采用调节齿圈，而是在调节套筒的上部嵌有一个小钢球 11，调节拉杆的横断面呈角钢形，在其水平的直角边上开有小方槽口，该方槽口与调节套筒 4 上的小钢球啮合。当移动调节拉杆时，通过钢球调节套筒与柱塞一起随着转动，而改变循环供油量。这种调节机构的优点是结构简单、工作可靠、制造方便。

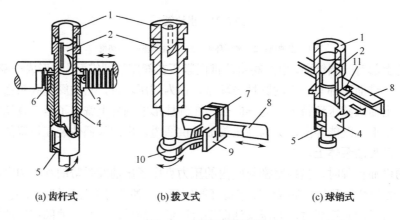

(a) 齿杆式　　　　(b) 拨叉式　　　　(c) 球销式

图 5-22　油量调节机构

1—柱塞套；2—柱塞；3—调节齿杆；4—油量调节套筒；5—凸耳；6—调节齿圈；
7—紧固螺钉；8—调节拉杆；9—调节叉；10—调节臂；11—钢球

3．传动机构

多缸合成式喷油泵的传动机构是由凸轮轴和滚轮—挺柱总成组成。

（1）凸轮轴，其功用是喷油泵按照柴油机的工作顺序和喷油规律向各缸供油。凸轮轴两端支撑在圆锥滚子轴承上，前端装有联轴节及机械离心式供油提前角自动调整装置，后端与调速器相连。凸轮轴上加工出的凸轮的数量与分泵的数目相等，通常在凸轮轴中部设有驱动输油泵的偏心轮。

（2）滚轮—挺柱总成，其功用是将凸轮的运动传给柱塞。滚轮常见的形式有垫块调整式、螺钉调整式两种，如图 5-23 所示。如垫片调整式的滚轮体总成由滚轮体、滚轮轴、滚轮衬套、滚轮、调整垫块和导向销等。带有衬套的滚轮松套在滚轮轴上，轴两端支承在滚轮架的座孔中，滚轮体的一侧或两侧装有导向销，泵体上相应开有轴向长槽，导向销插在该槽中，保证了滚轮体总成只做上下运动而不会转动。滚轮体的工作高度对喷油泵的供油时刻产生影响。为了保证各分泵的供油开始角和供油间隔角一致，要求各滚轮体的工作高度一致，存在差异时必须调整，调整的方法是增减垫块或拧进、拧出调整螺钉。

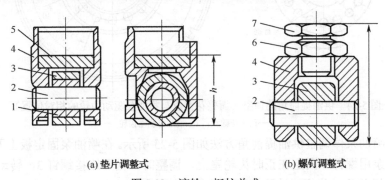

(a) 垫片调整式　　　　　(b) 螺钉调整式

图 5-23　滚轮—挺柱总成

1—滚轮套；2—滚轮轴；3—滚轮；4—滚轮体；5—调整垫片；6—锁紧螺母；7—调整螺钉

4．喷油泵体

喷油泵体是基础零件，喷油泵的其他零件均装在喷油泵体中。国产的 I、II、III 系列的喷油泵做成上体和下体的分体式结构，而 A、B、P 等系列喷油泵做成整体式结构。

5．供油提前角的调整

供油提前角。为了保证在柴油机气缸内形成良好的混合气，改善燃烧条件，喷油器必须有一个合适的喷油提前角。最佳的喷油提前角是在标定转速和额定负荷的条件下确定的，其值会随着燃料的性质和发动机的工况而变化，同时由于凸轮、滚轮等传动部件的磨损，喷油提前角也会变化。因此，喷油器的喷油提前角必须调整。而喷油提前角调整只有通过调整喷油泵的供油提前角才能得以实现。

喷油泵供油提前角的调整方法有两种，一种是前面所述的改变滚轮体高度的方法，另一种是改变喷油泵凸轮轴与柴油机曲轴的相对角度位置的方法。前者是通过增减垫块或调节调整螺钉等方法使滚轮体的高度发生变化来实现。当滚轮体高度增大时，喷油泵柱塞提前封闭了柱塞套上的进回油孔，于是供油提前角增大，反之，则供油提前角减小。

改变喷油泵凸轮轴与柴油机曲轴的相对角度位置，常用的方法是调整喷油泵联轴节或者相对机体旋转喷油泵体。

如图 5-24 所示，利用调整花键盘与喷油泵驱动齿轮的相对位置来调整供油提前角。孔式花键盘 1 的中心花键上带有盲键，使其安装在喷油泵凸轮轴上仅有唯一的位置。花键盘 1 上有两排均布的夹角为 21° 的圆孔，与曲轴驱动齿轮相啮合的喷油泵齿轮 2 上也有两排均布的螺钉孔，但螺钉孔间的夹角为 22°30′。两个夹角相差 1°30′，对应的曲轴转角为 3°。花键盘与喷油泵齿轮通过上、下两个固定螺钉连接在一起。当需调整供油提前角时，可将花键盘上的固定螺钉由前一对孔移入下一对孔中，与此同时花键盘及凸轮轴必须转过 1°30′ 的转角，才可使花键盘的圆孔与喷油泵驱动齿轮相应孔对正而让螺钉装入，于是供油提前角改变了 3°。

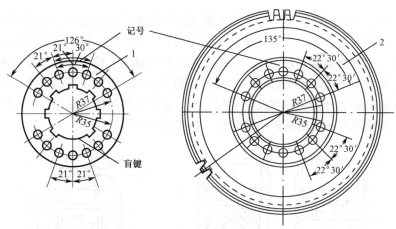

图 5-24　供油提前角的调整（调整花键盘与喷油泵驱动齿轮的相对位置）
1—孔式花键盘；2—喷油泵驱动齿轮

通过旋转喷油泵体调整供油提前角方法如图 5-25 所示。在喷油泵固定板上开有三个弧形螺钉孔，喷油泵用螺钉 3 固定在正时齿轮室上。调整时，松开连接螺钉 3，转动喷油泵体 1，即可改变供油提前角；若将喷油泵体逆着凸轮轴旋转的方向转动一个角度 β，则柱塞的上端面便提早一些封闭进、回油孔，供油提前角增大；反之，则减小。

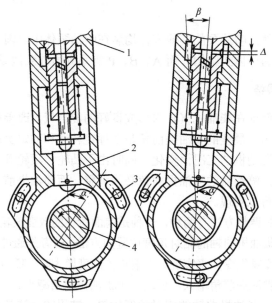

图 5-25　供油提前角的调整（旋转泵体法）
1—喷油泵体；2—滚轮体；3—螺钉；4—凸轮轴

6. 供油提前角自动调节装置

为了保证发动机较好的动力性、经济性和排放性，喷油提前角应维持在最佳。而最佳的喷油提前角是由发动机的结构、转速和喷油量确定的。供油量越大、转速越高，则最佳喷油提前角也越大。而发动机的工况会不断发生变化，其喷油量和转速随之发生变化。因此，喷油提前角必须能随发动机工况的变化而进行自动调节。

喷油提前角实际上是由供油提前角保证的。通过改变供油提前角来改变喷油提前角。改变喷油泵供油提前角主要是通过改变曲轴与喷油泵凸轮轴的相对位置来实现的。目前国内外车用柴油机供油提前角自动调节装置是根据转速的变化而自动调节供油提前角。

如图 5-26 所示是一种车用柴油机上的机械离心式供油提前角自动调节装置。驱动盘 1 与喷油泵的联轴节用螺栓连接。两个飞块 7 松套在驱动盘 1 端面的两个销钉上，外面还套装有两个弹簧座 13，飞块的另一端各压装一个销钉，每个销钉上各松套一个滚轮内座圈 8 和滚轮 9。从动盘 19 与喷油泵凸轮相连接。从动盘两臂的弧形侧面 E（如图 5-27 所示）与滚轮 9 接触，两个弹簧 11 的一端压在两臂的平侧面 F 上，另一端支撑在弹簧座 13 上。这个调速器为一密封体，内腔充有机油以供润滑。

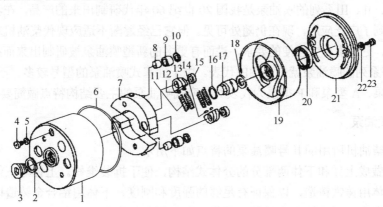

图 5-26　机械离心式供油提前角自动调节器

1—驱动盘；2、10—垫圈；3—放油螺塞；4—丝堵；5、22—垫片；6、16—O 形密封圈；7—飞块；
8—滚轮内座圈；9—滚轮；11—弹簧；12、14、18—弹簧垫圈；13—弹簧座；15—定位圈；
17—螺母；19—从动盘；20—油封；21—盖；22—螺栓；23—螺钉

供油提前角自动调节器的工作原理如图 5-27 所示。当柴油机工作时，驱动盘通过销钉带动飞块和从动盘一起旋转。飞块 7 在离心力的作用下绕驱动盘上的销钉向外摆动，迫使滚轮 9 沿从动盘 19 上的弧形侧面 E 向外移动，并推动从动盘沿着旋转的方向转动一个角度α，即供油提前角的增大量。与此同时弹簧 11 受到压缩，直至弹簧力与离心力平衡为止，主动盘重新与从动盘同步旋转。柴油机的转速上升越高，飞块的离心力越大，供油提前角增大越多；反之，柴油机转速降低时，供油提前角相应减小。

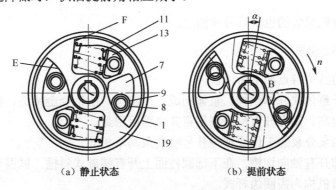

图 5-27　供油提前角自动调节器工作原理

1—驱动盘；7—飞块；8—滚轮内座圈；9—滚轮；11—弹簧；13—弹簧座；19—从动盘

5.6.3　柱塞式喷油泵实例

我国中小功率柴油机的喷油泵已基本形成系列，是根据不同柴油机单缸功率对循环供油量的要求不同，以几种柱塞行程为基础进行分类的。每个系列再配以不同直径的柱塞偶件，组成若干种最大循环供油量不等的喷油泵，以满足柴油机不同功率的需要。采用系列喷油泵后，如果柴油机单缸功率在一定范围内增加或减少，则只需更换不同直径的柱塞偶件，不必改变其他机构，就可以达到改变最大循环供油量的目的。这使得喷油泵的生产和使用维修变得很方便。

国产的 Ⅰ、Ⅱ、Ⅲ 系列的喷油泵是我国 20 世纪 60 年代研制出来的产品，在我国中小功率的柴油机上得到了广泛应用，现在仍随处可见。但它已经逐渐不适应现代柴油机对喷油泵的更高压、更高速、更紧凑和更轻便的要求，进而有更多的新型喷油泵被研制出来而投放市场，其中 A、B、P 等系列的喷油泵就是其中的代表。由于柱塞式喷油泵的型号较多，不便全面介绍，这里仅以 Ⅱ 号泵、A 型泵和 P 型泵为代表对柱塞式喷油泵的主要结构特点做简要介绍。

1．Ⅱ 号喷油泵

4125A 型柴油机所用的 Ⅱ 号喷油泵的特点如下所示。

（1）泵体做成上体和下体两部分的分体式结构，便于拆装维修。上体与下体之间用四个螺栓连接，上体用铸铁铸造，以保证有足够的强度和刚度，下体用铝合金铸造以减轻重量。在泵体侧面开有窗口用于检查和调整，正常工作时用盖板密封。

（2）分泵为柱塞泵，其数量与柴油机气缸数量相同。它由带有调节臂的柱塞偶件、柱塞弹簧、弹簧座、柱塞泵定位螺钉、出油阀偶件、出油阀弹簧、出油阀紧座等零件组成。

（3）在柱塞圆柱面上铣有左旋直线斜槽，在柱塞顶面钻有轴向孔，通过径向孔使轴向孔与斜槽相通。在柱塞套上开有两个不在同一平面上的径向孔，与斜槽相对的孔是回油孔，另一个是进油孔。柱塞套上有一定位螺钉孔，将泵体上的定位螺钉上入该孔，以保证柱塞套的正确安装。

（4）柱塞下部装有调节臂，油量调节采用拨叉拉杆式调节机构。

（5）滚轮体总成为垫块式调节机构，更换垫块厚度可以调整分泵供油时间。

（6）喷油泵凸轮轴上的凸轮的形状和尺寸对称，凸轮轴中部设有一偏心轮，用来驱动活塞式输油泵。

6135Q 型柴油机配装的也是 Ⅱ 号喷油泵。

2．国产 A 型喷油泵

A 型喷油泵的结构特点如下所述。

（1）泵体属于整体式开体结构。泵体制成一个整体，由铝合金铸造。相对于分体式，其刚度有较大幅度提高。侧面开有检查调整窗并由盖板密封。

（2）A 型喷油泵分泵的工作原理与 Ⅱ 号喷油泵基本相同。

（3）柱塞头部开有轴向切槽，在下部圆柱面上开有螺旋式斜槽，以调节油量。

（4）油量调节机构为齿圈齿杆式。

（5）滚轮体总成采用螺钉调节式，拧动调整螺钉可改变供油时间。

A 型喷油泵用在 90～120mm 缸径的高速柴油机上，CA6110—2 型柴油机配装 A 型喷油泵。

3．P 型喷油泵

P 型喷油泵是 20 世纪 60 年代初国外研制成功的一种新型柱塞式喷油泵，与一般柱塞式喷油泵相比，在安装尺寸不变的情况下，P 型喷油泵可获得较大的供油压力和较大的喷油量。因此，它更适应柴油机不断强化和向高速发展的需要。

P 型喷油泵工作原理与 II 号喷油泵基本相同，在结构上有如下一些特点：

（1）全封闭式箱式泵体。P 型喷油泵采用这一结构，泵体刚度大为提高，可防止泵体在较高的压力作用下产生变形而导致柱塞偶件加剧磨损，还可起到防尘作用。

（2）吊挂式柱塞套。柱塞套和出油阀偶件都装在凸缘套筒中，并利用出油阀压紧座拧紧，使之形成一个独立的总成。然后用两个螺栓将凸缘套筒直接固定在泵体的顶部端面上，形成一种吊挂式结构，以改善柱塞套的受力状况。增减凸缘套筒下面的垫片厚度可以调整供油时刻。

（3）钢球式油量调节机构。在每个柱塞的控制套筒上都装有一个小钢球，在调节拉杆上有相应凹槽，钢球与凹槽啮合。移动调节拉杆，钢球便带动柱塞控制套筒使柱塞转动，从而实现供油量的调节。P 型喷油泵的各缸均匀性调整与一般柱塞式喷油泵不同，它是通过转动柱塞套的方法来改变柱塞的有效行程，调节范围为 10° 左右。

（4）压力式润滑。来自发动机润滑系统主油道的压力油通过专门油道进入泵体，对滚轮传动部件和调速器的相对滑动部位进行压力油润滑。

P 型喷油泵的缺点是拆卸不方便，它的柱塞不能和柱塞套一起从泵体上方取出，而必须先抽出凸轮轴，拆下底盖，然后才能从泵体下方取出。

5.6.4　转子分配式喷油泵

转子分配式喷油泵简称分配泵，是另一种结构形式的喷油泵。按结构不同，分为径向压缩式分配泵和轴向压缩式分配泵两种。径向压缩式分配泵由于主要零件的配合精度要求高，及加工不方便等缺点，近年来已较少应用。轴向压缩式分配泵又称 VE 分配泵，是德国波许公司于 20 世纪 80 年代初研制出来的一种分配泵，在小型高速柴油机上广泛应用。与柱塞式喷油泵相比，具有零件数量少、结构紧凑、质量轻和调整保养简便等优点。其缺点是加工精度高，对柴油滤清要求高。

1．VE 型分配泵结构

VE 型分配泵由驱动机构、二级滑片式输油泵、高压分配泵头和电磁式断油阀等部分组成。此外，机械式调速器和液压式喷油提前器也安装在分配泵体内（如图 5-28 所示）。

驱动轴 19 由柴油机曲轴定时齿轮驱动。驱动轴带动二级滑片式输油泵 1 工作，并通过调速器驱动齿轮 2 带动调速器轴旋转。在驱动轴的右端通过联轴器 21（如图 5-29 所示）与平面凸轮盘 4 连接，利用平面凸轮盘上的传动销带动分配柱塞 7（如图 5-28 所示）。柱塞弹簧 6 将分配柱塞压紧在平面凸轮盘上，并使平面凸轮盘压紧滚轮 22（如图 5-29 所示）。滚轮轴嵌入静止不动的滚轮架 20 上。当驱动轴 19 旋转时，平面凸轮盘与分配柱塞同步旋转，而且在滚轮、平面凸轮和柱塞弹簧的共同作用下，凸轮盘还带动分配柱塞在柱塞套 9 内做往复运动。往复运动使柴油增压，旋转运动进行柴油分配。

凸轮盘上平面凸轮的数目与柴油机气缸数相同。分配柱塞的结构如图 5-30 所示。在分配柱塞 1 的中心加工有中心油孔 3，其右端与柱塞腔相通，而左端与泄油孔 2 相通。分配柱塞上加工有燃油分配孔 5、压力平衡槽 4 和数目与气缸数相同的进油槽 6。

　　柱塞套 9（图 5-29）上有一个进油孔和数目与气缸数相同的分配油道，每个分配油道都连接一个出油阀 8 和一个喷油器。

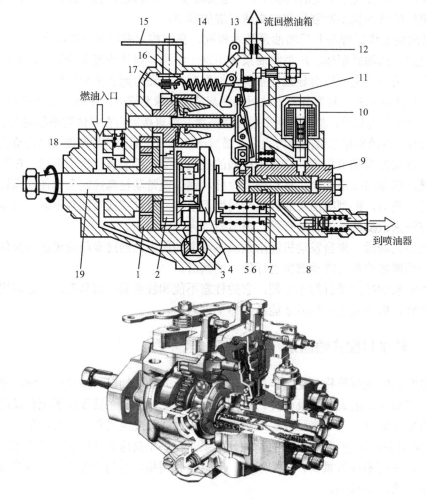

图 5-28　VE 型分配泵（图片待处理）

1—二级滑片式输油泵；2—调速器驱动齿轮；3—液压式喷油提前器；4—平面图凸轮盘；5—油量调节套筒；
6—柱塞弹簧；7—分配柱塞；8—出油阀；9—柱塞套；10—断油阀；11—调速器张力杠杆；12—溢流节流孔；
13—停车手柄；14—调速弹簧；15—调速手柄；16—调速套筒；17—飞锤；18—调压阀；19—驱动轴

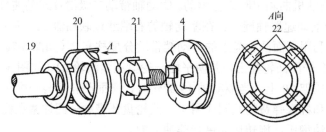

图 5-29　滚轮、联轴器及平面凸轮

4—平面图凸轮盘；19—驱动轴；20—滚轮架；21—联轴器；22—滚轮

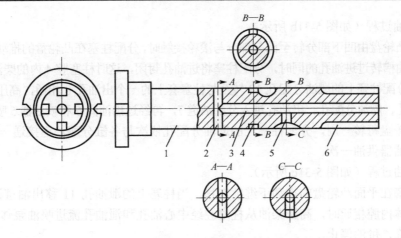

图 5-30　分配柱塞

1—分配柱塞；2—泄油孔；3—中心油孔；4—压力平衡槽；5—燃油分配孔；6—进油槽

2. VE 型分配泵工作原理

VE 型分配泵的工作原理如图 5-31 所示。

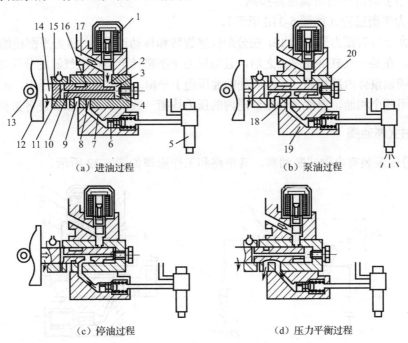

（a）进油过程　　　　　　　　　　　（b）泵油过程

（c）停油过程　　　　　　　　　　　（d）压力平衡过程

图 5-31　VE 型分配泵的工作原理

1—断油阀；2—进油孔；3—进油槽；4—柱塞腔；5—喷油器；6—出油阀；7—分配油道；8—出油孔；
9—压力平衡孔；10—中心油孔；11—泄油孔；12—平面凸轮盘；13—滚轮；14—分配柱塞；
15—油量调节套筒；16—压力平衡槽；17—进油道；18—燃油分配孔；19—喷油泵体；20—柱塞套

（1）进油过程（如图 5-31a 所示）。

当平面凸轮盘 12 的凹下部分转至与滚轮 13 接触时,柱塞弹簧将分配柱塞 14 由右向左推移至柱塞下止点位置,这时分配柱塞上的进油槽 3 与柱塞套 20 上的进油孔 2 连通,柴油自喷油泵体 19 的内腔经进油道 17 进入柱塞腔 4 和中心油孔 10 内。

（2）泵油过程（如图5-31b所示）。

当平面凸轮盘由凹下部分转至凸起部分与滚轮接触时，分配柱塞在凸轮盘的推动下由左向右移动。在进油槽转过进油孔的同时，分配柱塞将进油孔封闭，这时柱塞腔4内的柴油开始增压。与此同时，分配柱塞上的燃油分配孔18转至与柱塞套上的一个出油孔8相通，高压柴油从柱塞腔经中心油孔、燃油分配孔、出油孔进入分配油道7，再经过出油阀6和喷油器5喷入燃烧室。

平面凸轮盘每转一周，分配柱塞上的燃油分配孔依次与各缸分配油道接通一次，即向柴油机各缸喷油器供油一次。

（3）停油过程（如图5-31c所示）。

分配柱塞在平面凸轮盘的推动下继续右移，当柱塞上的泄油孔11移出油量调节套筒15并与喷油泵体内腔相通时，高压柴油从柱塞腔经中心油孔和泄油孔流进喷油泵体内腔，柴油压力立即下降，供油停止。

从柱塞上的燃油分配孔18与柱塞套上的出油孔8相通的时刻起，至泄油孔11移出油量调节套筒15的时刻止，这期间分配柱塞所移动的距离为柱塞有效供油行程。显然，有效供油行程越大，供油量越多。移动油量调节套筒即可改变有效供油行程，向左移动油量调节套筒，停油时刻提早，有效供油行程缩短，供油量减少；反之，向右移动油量调节套筒，供油量增加。油量调节套筒的移动由调速器操纵。

（4）压力平衡过程（如图5-31d所示）。

分配柱塞上设有压力平衡槽16，在分配柱塞旋转和移动过程中，压力平衡槽始终与喷油泵体内腔相通。在某一气缸供油停止之后，且当压力平衡槽转至与相应气缸的分配油道连通时，分配油道与喷油泵体内腔相通，于是两处的油压趋于平衡。在柱塞旋转过程中，压力平衡槽与各缸分配油道逐个相通，致使各分配油道内的压力均衡一致，从而可以保证各缸供油均匀性。

3．电磁式断油阀

VE型分配泵装有电磁式断油阀，其电路和工作原理如图5-32所示。

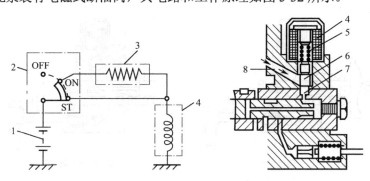

图5-32　电磁式断油阀电路及其工作原理

1—蓄电池；2—起动开关；3—电阻；4—电磁线圈；5—回位弹簧；6—阀门；7—进油孔；8—进油道

起动时，将起动开关2旋至ST位置，这时来自蓄电池1的电流直接流过电磁线圈4，产生的电磁力压缩回位弹簧5，将阀门6吸起，进油孔7开启。柴油机起动之后，将起动开关旋至ON位置，这时电流经电阻3流过电磁线圈，电流减小，但由于有油压的作用，阀门仍然保持开启。

当柴油机停机时，将起动开关旋至OFF位置，这时电路断开，阀门在回位弹簧的作用下关闭，从而切断油路，停止供油。

4．液压式喷油提前器

在泵体的下部安装有液压式喷油提前器，其结构如图 5-33 所示。

在喷油提前器壳体 1 内装有活塞 2，活塞左端与二级滑片式输油泵的入口相通，并有弹簧 5 压在活塞上。活塞右端与喷油泵体内腔相通，其压力等于二级滑片式输油泵的出口压力。当柴油机在某一转速下稳定运转时，作用在活塞左右端的力相等，活塞处在某一平衡位置。若柴油机转速升高，二级滑片式输油泵的出口压力增大，作用于活塞右端的力随之增加，推动活塞向左移动，并通过连接销 3 和传力销 4 带动滚轮架 7 绕其轴线转动一定角度，直至活塞两端的力重新达到平衡为止。滚轮架的转动方向与平面凸轮盘的旋转方向正好相反，使平面凸轮提前一定角度与滚轮接触，供油相应提前，即供油提前角增大。反之，若柴油机转速降低，则二级滑片式输油泵的出口压力随之降低，则二级滑片式输油泵的出口压力也随之降低，作用于活塞右端的力减小，活塞向右移动，并带动滚轮架向着平面凸轮盘旋转的同一方向转过一定的角度，使供油提前角减小。

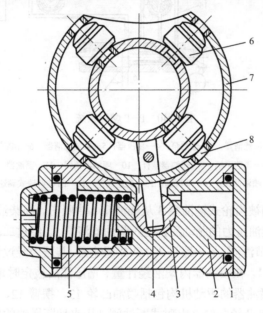

图 5-33　液压式喷油提前器

1—壳体；2—活塞；3—连接销；4—传力销；5—弹簧；6—滚轮；7—滚轮架；8—滚轮轴

5.7　P–T 燃油系统

P–T 燃油系统是美国康明斯（Cummins）发动机公司的专利，某些工程机械和重型载重汽车柴油机均采用了这种燃油系统。与传统的柴油机燃油系统相比，P–T 燃油系统在结构和工作原理方面都有较大的差别。

"P–T" 是英文 "Pressure（压力）–Time（时间）" 二词的缩写，即按压力–时间原理来调节循环喷油量。

5.7.1　P–T 燃油系统的组成

P–T 燃油系统的组成如图 5-40 所示。其中输油泵 3、稳压器 4、柴油滤清器 5、断油阀 7、节流阀 14 及调速器 6 和 16 等组成一体，并称此组合体为 PT 燃油泵。一般汽车上只装 PTG 两速式调速器 16，而在工程机械或负荷变化频繁的汽车上加装 MVS 或 VS 全程式调速器 6。当只装 PTG 调速器时，节流阀 14 与汽车加速踏板连接，踩动加速踏板可以使节流阀旋转，从而改变节流阀的通过断面积。若加装 MVS 或 VS 调速器，则节流阀保持全开位置不动，MVS 或 VS 调速器在 PTG 调速器不起作用的转速范围内起调速作用。

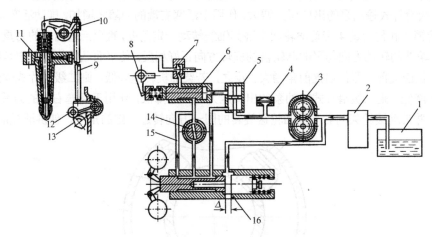

图 5-40   P-T 燃油系统

1—柴油箱；2—柴油滤清器；3—输油泵；4—稳压器；5—柴油滤清器；6—MVS 全程式调速器；
7—断油阀；8—调速手柄；9—喷油器推杆；10—喷油器摇臂；11—喷油器；12—摆臂；
13—喷油凸轮；14—节流阀；15—怠速油道；16—PTG 两速式调速器

发动机工作时，柴油被齿轮式输油泵 3 从柴油箱 1 中吸出，经柴油滤清器 2 滤除其中的杂质，再经稳压器 4 消除燃油压力的脉动后，送入柴油滤清器 5。经过二次滤清的柴油分成两路，一路进入 PTG 调速器和节流阀，另一路进入 MVS 调速器。其压力经过调速器和节流阀调节后，经断油阀 7 供给喷油器 11，在喷油器内柴油经计量、增压然后被定时地喷入气缸，多余的柴油经回油管流回柴油箱。喷油器的驱动机构包括喷油凸轮 13、摆臂 12、喷油器推杆 9 和喷油器摇臂 10，喷油凸轮与配气凸轮共轴。电磁式断油阀 7 用来切断燃油的供给，使柴油机停转。

5.7.2   PT 燃油泵

PT 燃油泵在燃油系统中起供油、调压和调速等作用，即在适当压力下将燃油供入喷油器；在柴油机转速或负荷发生变化时及时调节供油压力，以改变供油量满足工况变化的需要；调节并稳定柴油机转速。

PT 燃油泵由柴油机驱动，但它与柴油机之间无传动定时关系，安装时无须校对定时。

PT 燃油泵的构造如图 5-41 所示。

1. PTG 调速器

PTG 是两速式调速器，如图 5-42 所示，主要由重块 3、调速套筒 5、调速柱塞 6、低速校正柱塞 2、低速校正弹簧 1、高速弹簧 9、高速校正弹簧 4、怠速弹簧 8 和怠速柱塞 7 等组成（如图 5-47 所示）。PTG 调速器不仅用来限制高速和稳定怠速，而且还能随柴油机转速的变化自动调节供油压力和校正柴油机的转矩特性，其工作原理如下所述。

（1）高速控制。如图 5-42 所示，调速套筒 5 的内腔通过调速柱塞 6 的中心孔及径向孔与进油口 13、出油口 14、怠速油道 16 等相通。发动机工作时，在调速器起作用之前，由于燃油压力的作用，怠速柱塞 7 与调速柱塞 6 两者的端面不相接触，保持一定的间隙，部分燃油即从此间隙经旁通油道 12 流回输油泵的入口。当发动机转速升高时，重块 3 的离心力增大，推动调速柱塞右移，使间隙减小，通过旁通油道的回油量随之减少，调速套筒内腔的油压即出油口 14 的燃油压力增高，从而使喷油量不会由于转速升高喷油器进油时间缩短而减少；反之亦然。

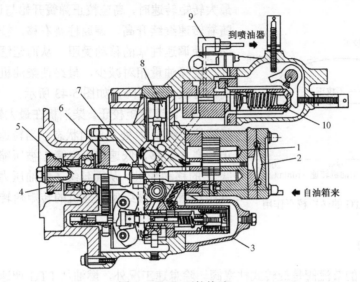

图 5-41　PT 泵的构造

1—输油泵；2—稳压器；3—PTG 调速器；4—主轴传动齿轮；5—主轴；

6—调速器传动齿轮；7—节流阀；8—柴油滤清器；9—断油阀；10—MVS 调速器

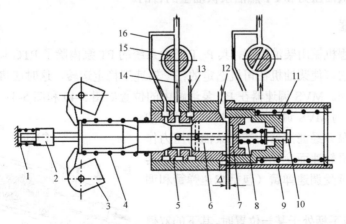

图 5-42　PTG 调速器结构示意图

1—低速校正弹簧；2—低速校正柱塞；3—重块；4—高速校正弹簧；5—调速套筒；

6—调速柱塞；7—怠速柱塞；8—怠速弹簧；9—高速弹簧；10—怠速调节螺钉；

11—高速套筒；12—旁通油道；13—进油口；14—出油口；15—节流阀；16—怠速油道

当发动机转速超过标定转速并继续升高时，重块离心力进一步增大，克服高速弹簧 9 的弹力，使调速柱塞继续右移，出油口 14 被逐渐关小。由于出油口的节流作用，供油压力急剧下降，喷油量随之迅速减少，从而限制了柴油机超速。

（2）怠速控制。如图 5-42 所示，柴油机怠速时将节流阀关闭，燃油经怠速油道 16 供出以维持怠速运转。若转速降低，在怠速弹簧 8 的作用下怠速柱塞 7 左移，消除间隙后推动调速柱塞左移，使怠速油道的通过断面积增大，喷油量相应增加，使发动机转速回升；相反，当怠速转速升高时，重块推动调速柱塞右移，怠速油道通过断面积减小，喷油量随之减少，使转速复原，从而稳定了怠速。

（3）高速转矩校正。柴油机转速较低时，高速校正弹簧 4 处于自由状态。当转速升高到最大转矩转速时，高速校正弹簧开始与调速套筒 5 接触。随着转速继续升高，调速柱塞右移，校正弹簧逐渐被压缩，使调速柱塞的移动受阻，从而延缓了燃油压力的增高，使喷油量相对减少，最终使柴油机的转矩随转速升高而有较大的下降，如图 5-43 所示。

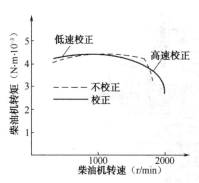

图 5-43　PTG 的转矩校正作用

（4）低速转矩校正。柴油机在最大转矩转速运转时，低速校正弹簧 1 处于自由状态。当转速降低时，低速校正柱塞 2 左移，低速校正弹簧 1 被压缩，使低速校正柱塞 2 的移动受阻，从而延缓了燃油压力的下降，使喷油量相对增加，最终使柴油机的转矩随转速降低的趋势减缓，如图 5-43 所示。

2. 节流阀

PT 油泵中的节流阀是旋转式柱塞阀。除怠速工况外，燃油从 PTG 调速器至喷油器都要流经节流阀。它用来调节除怠速和最高转速以外的各转速的 PT 燃油泵的供油量。怠速和最高转速的供油量由 PTG 调速器自动调节。通过踩踏加速踏板来转动节流阀，以改变节流阀通过断面，达到改变供油压力和 PT 燃油泵供油量的目的。

3. MVS 调速器

在推土机等工程机械用柴油机上，其 P-T 燃油系统的 PT 泵内除了 PTG 调速器外，还装有 MVS 调速器。它可使柴油机在司机选定的任一转速下稳定运转，这时应将节流阀的位置固定，不能任意变动。MVS 调速器在 PT 泵油路中的位置如图 5-40 和图 5-41 所示。

如图 5-44 所示为 MVS 调速器的结构。其柱塞的左侧承受来自输油泵并经滤清器滤清的柴油的压力作用，此油压随柴油机转速而变化。柱塞右侧与调速器弹簧柱塞相接触而承受调速弹簧（包括怠速弹簧和调速器弹簧）的弹力。

当 PT 泵的调速手柄处于某一位置时，其下的双臂杠杆（如图 5-44 所示）便使 MVS 调速弹簧的弹力与柱塞左侧的油压相平衡，柴油机在该转速下稳定工作。当柴油机的负荷减小而使转速上升时，则柱塞左侧的

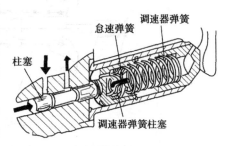

图 5-44　MVS 调速器

油压随之增大，于是柱塞右移，来自节流阀的柴油通道被关小，使 PT 泵的输出油压下降，喷油器的循环喷油量也随之减小，限制了转速的上升；反之，当柴油机的负荷增加而使转速下降时，则调速弹簧的弹力便大于柱塞左侧的油压，于是柱塞左移，开大了来自节流阀的柴

油通道,使输出油压上升,喷油器的循环喷油量增大,限制了转速的下降。改变调速手柄的位置,即改变了调速弹簧的预紧力,柴油机便在另一转速下稳定运转。

在怠速时,调速器弹簧呈自由状态而不起作用,仅由怠速弹簧维持怠速的稳定运转。MVS全程式调速器设有高速限制螺钉和低速限制螺钉,用以限制调速手柄的极限位置。

PT 泵在附加了 MVS 调速器后,正常工作时其节流阀是用螺钉加以固定的。如果需要调整,可拧动节流阀以改变通过节流阀流向 MVS 调速器的油压,从而使循环喷油量发生变化。

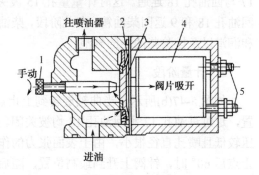

图 5-45　断油阀

1—螺纹顶杆;2—复位弹簧;3—阀片;
4—电磁铁;5—接线柱

4. 断油阀

如图 5-45 所示,为电磁式断油阀的结构示意图。通电时,阀片 3 被电磁铁 4 吸向右侧,断油阀开启,燃油从进油口经断油阀供向喷油器。断电时,阀片在复位弹簧 2 的作用下关闭,停止供油。因此,柴油机起动时须接通断油阀电路,停机时须切断电路。若断油阀电路失灵,则可旋入螺纹顶杆 1 将阀片顶开,停机时再将螺纹顶杆旋出。

5.7.3　PT 喷油器

P–T 燃油系统的喷油器为机械驱动的开式喷油器,具有对燃油进行计量、增压和定时喷射等多种功能,并集喷油泵与喷油器功能于一体,也称泵-喷油器。其中 PT—D 型喷油器的结构如图 5-46 所示。

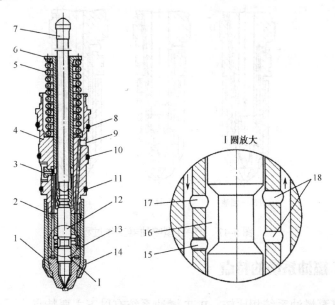

图 5-46　PT–D 型喷油器

1—喷油嘴头;2—喷油器紧帽;3—进油量孔;4—喷油器体;5—复位弹簧;
6—导向套;7—顶杆;8、10、11—O 形密封圈;9、18—回油孔;12—针阀;
13—针阀体;14—密封垫;15—计量量孔;16—环形空间;17—进油孔

PT-D 型喷油器的工作过程可分为三个阶段，如图 5-47 所示。

1. 进油–回油阶段，如图 5-47(a)所示

当曲轴转到进气行程上止点时，针阀 12（如图 5-46 所示）升起，环形空间 16 将进油孔 17 与回油孔 18 连通。这时计量量孔 15 被关闭，从 PT 泵来的柴油经进油量孔 3、进油孔 17、回油孔 18 和 9 返回柴油箱。在此阶段，柴油在喷油器内循环流动有利于针阀和针阀体的冷却和润滑以及排除柴油中的气泡。

2. 计量阶段

如图 5-47(b)所示，当曲轴旋转到上止点后 44°时，针阀升起到计量量孔 15 被打开的位置，这时进油孔 17 和回油孔 18 均被关闭。柴油经计量量孔进入喷油嘴头 1 的内腔。这时油压较低且喷孔直径很小，由于表面张力的作用，柴油不会从喷孔漏入气缸。曲轴继续转到上止点后 60°时，针阀上升到最高位置，随后便停驻不动，直到压缩行程上止点前 62°针阀才开始下降。在压缩行程上止点前 28°时，计量量孔关闭。从计量量孔开启到关闭这段时间为柴油计量阶段，也就是喷油器的进油时间。

3. 喷油阶段

如图 5-47(c)所示，当曲轴转到压缩行程上止点前 22.5°时，随着针阀迅速下行，喷油嘴头内腔的燃油以很高的压力喷入气缸，其压力可达 110~120MPa。到压缩行程上止点后 18°喷油结束。此时针阀锥面以强力压在喷油嘴头内锥面，使柴油完全喷出，这样可以防止喷油量改变和残余的柴油形成积炭而积存在喷油嘴头内锥面底部。

此后，由于凸轮凹下 0.38mm，针阀在稍微开起后便保持在此高度不变，直到膨胀做功和排气行程终了。

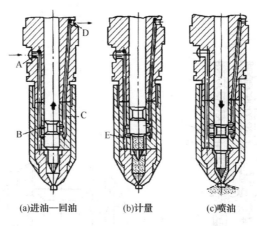

(a)进油—回油　　　(b)计量　　　(c)喷油

图 5-47　PT-D 型喷油器工作过程

5.7.4　P–T 燃油系统的特点

与传统的柱塞泵燃油系统相比较，P-T 燃油系统有以下主要特点。

（1）在柱塞泵燃油系统中，使柴油产生高压、定时喷射和油量调节均在喷油泵总成中进行；而在 P-T 燃油系统中，仅油量调节在 PT 泵中进行，柴油产生高压和定时喷射则由喷油器及其驱动机构来完成。

（2）PT 泵是在较低的压力下工作的，并取消了高压油管，因此不存在因柱塞泵高压系统的压力波动现象所产生的各种故障。这样，P–T 燃油系统可以实现很高的喷油压力，使喷雾质量和高速性得以改善。此外，也基本上避免了高压漏油的弊病。

（3）在柱塞泵燃油系统中，从喷油泵压送到喷油器的柴油几乎全部喷射，只有微量柴油从喷油器中泄漏；而 P–T 燃料供给系从喷油器喷射的柴油只占 PT 泵供油的 20%左右，大部分柴油对喷油器进行冷却和润滑后流回浮子油箱。

（4）由于 PT 泵的调速器及供油量均靠油压调节，因此在磨损到一定程度内可通过减小旁通油量来自动补偿漏油量，使 PT 泵的供油量不致下降，从而可减少检修的次数。

（5）P–T 燃油系统每个喷油器的供油均由一个 PT 泵来完成，而且喷油器可单独更换，因此不必像柱塞泵那样在试验台上进行供油均匀性的调整。

（6）P–T 燃油系统结构紧凑，管路布置简单，零件数特别是精密偶件数均比柱塞泵燃油系统少，这一优点在气缸数较多的柴油机上更为明显。

（7）与柱塞泵相比，装有 PTG 和 MVS 两个调速器的 PT 泵结构更复杂。此外，在喷油器调整时，若调整不当，针阀容易把喷油嘴头顶坏。这些也是 P–T 燃油系统存在的不足。

5.8　电控柴油机喷射系统

5.8.1　电控柴油机喷射系统基本工作原理

柴油机电控系统以柴油机转速和负荷作为反映柴油机实际工况的基本信号，参照由试验得出的柴油机各工况相对应的喷油量和喷油定时 MAP 来确定基本的喷油量和喷油定时，然后根据各种因素（如水温、油温、大气压力等）对其进行各种补偿，从而得到最佳的喷油量和喷油正时，然后通过执行器进行控制输出。

柴油机电控喷射系统有以下优点：

（1）提供更大的控制自由度。

电控燃油喷射系统可按照运行工况的不同，对喷油参数（如喷油量、喷油定时、喷油压力、喷油速率等）进行最优的综合控制。并可考虑各种因素对柴油机性能的影响。

（2）控制功能齐全。

（3）控制精度高，动态响应快。

（4）可以提高发动机动力性、经济性及排放性能。

（5）提供故障诊断功能，使可靠性得以提高。

同时柴油机电控喷射系统也存在以下缺点：

（1）系统执行器要求高。

（2）控制策略需要仔细研究。

（3）系统优化标定工作难度高、工作量大。

5.8.2　柴油机电控燃油喷射系统的类型

1. 柴油机电控系统位置控制式系统

保留传统喷射系统的基本结构，只是将原有的机械控制机构用电控元件取代，在原机械控制循环喷油量和喷油定时的基础上，改进更新机构功能，使用直线比例式和旋转式电磁执行机构控制油量调节齿杆（或拉杆）位移和提前器运动装置的位移，实现循环喷油量和喷油定时的控制，使控制精度和响应速度较机械式控制方式得以提高。

位置控制系统技术特征与系统特点：

（1）数字控制器通过执行机构的连续式位置伺服控制，对喷射过程实现间接调节，故相对其它电控燃油喷射系统，执行响应较慢、控制频率较低和控制精度不太稳定。

（2）不能改变传统喷射系统固有的喷射特性，电控可变预行程直列泵虽能对喷油速率起到一定的调节作用，但却使直列泵机构复杂性加大。

（3）柴油机的结构几乎无须改动即可改造成位置控制式喷射系统，因此生产继承性好，便于对现有机器进行升级改造。

（4）由于燃油泵输送和计量机构基本不变，喷油系统参数受柴油机转速影响大，很难实现喷油规律控制，凸轮机构、柱塞套的应力和变形限制了喷油压力的进一步提高。

2．柴油机电控系统时间控制式系统

时间控制系统有许多比纯机械式或第一代系统优越的地方，但其燃油喷射压力仍然与发动机转速有关，喷射后残余压力不恒定。另外电磁阀的响应直接影响喷射特性，特别是在转速较高或瞬态转速变化很大的情况下尤为严重，而且电磁阀必须承受高压，因此对电磁阀提出了很高的要求。

3．柴油机电控系统共轨系统

共轨控制式电控燃油喷射系统不再采用传统的柱塞泵脉动供油原理。共轨式电控喷射系统具有公共控制油道（共轨管），高压油泵只是向公共油道供油以保持所需的共轨压力，通过连续调节共轨压力来控制喷射压力，采用压力时间式燃油计量原理，用电磁阀控制喷射过程。

该系统根据柴油机运行工况的不同，不仅可以适时地控制喷油量与喷油定时，使其达到与工况相适应的最优数值，而且还使得喷油压力和喷油速率的控制成为可能。且系统的控制自由度及精度得到了大幅度提高。

柴油共轨系统技术特征有以下几个方面：

（1）不再采用传统的柱塞泵脉动供油原理，采用"高压油泵+共轨油管"。

（2）采用压力时间式燃油计量原理，用电磁阀控制喷射过程。

（3）可以柔性控制喷油压力、喷油量、和喷油定时，喷油速率的控制也成为可能。

5.8.3　高压柴油共轨系统的组成

1．电子控制部分

电子控制部分由 ECM、传感器、执行器等组成。发动机控制电脑简称 ECM。传感器种类较多，与汽油机电控系统类似，后续介绍。执行器主要包括喷油器、喷油控制阀（电磁阀）、泵油控制阀、蓄压器压力控制阀、电加热器等。

电子控制系统的功能是 ECM 根据各种传感器的输入信号，经过比较计算处理后得出最佳喷油时间和喷油量，向喷油器控制阀（电磁阀）发出开启或关闭指令，从而精确控制发动机的工作过程。

2．燃油供给部分

由油箱、柴油滤清器、电动输油泵（有的没有电动泵，而是与高压泵组合在一起的齿轮泵）、高压燃油泵、高低压燃油管、蓄压器、喷油器、回油管和 ECM 组成。燃油部分又分为高压部分和低压部分。

燃油供给系统的工作原理是：低压泵从油箱中抽出燃油，经柴油滤清器到高压燃油泵，加压后送到蓄压器，由限压阀调整压力，使蓄压器中的压力保持不变，ECM 控制电磁阀的开启。

3．柴油电控系统中的传感器

（1）空气流量计 MAFS：使用热膜式检测部件测量进入发动机的进气量，并且发送信号至 ECM。少量进气表明减速或怠速状态，大量进气则表明加速或高负荷状态。ECM 利用此信息控制 EGR 电磁阀，修正燃油量。这与汽油机的空气流量计作为主要的负荷信号有很大的不同。

（2）发动机水温传感器（ECTS）：位于发动机气缸盖冷却水通道上，检测发动机冷却水温度。ECTS 使用电阻值随温度变化的热敏电阻，ECTS 的电阻值随温度的升高而减小，随温度的降低而增大，ECM 通过 ECM 内电阻器向 ECTS 提供 5V 电源，ECM 内的电阻器和 ECTS 的热敏电阻串联。ECTS 的热敏电阻值随发动机冷却水温度变化时，输出电压也随之发生变化。在发动机低温工作期间，ECM 根据发动机冷却水温度传感器信号增加燃油喷射时间及控制点火时期，防止发动机失速，并增强驱动能力

（3）曲轴和凸轮轴位置传感器。

凸轮轴位置传感器（CMPS）是霍尔传感器，它利用霍尔元件检测凸轮轴位置。它和曲轴位置传感器（CKPS）互相补充，检测 CKPS 不能检测的每个气缸活塞位置。2 个 CMPS 安装在 1 排和 2 排发动机盖上并使用安装在凸轮轴上的信号轮。此传感器有一个霍耳效应 IC，当有电流流动时 IC 上产生磁场，从而使 IC 输出电压改变。4 个气缸不能在没有 CMPS 信号的情况下进行顺序喷射。

燃烧室上的活塞位置用于限定喷射正时起动。所有发动机活塞通过连杆连接到曲轴上，曲轴上的传感器可以提供有关所有活塞位置的信息，曲轴每分钟转速限定转速，使用曲轴位置传感器感应的信号判定 ECM 上的优先输入变数。曲轴位置传感器和凸轮轴位置传感器和分别提供曲轴位置信号以及判缸信号，以确定喷油量和喷油正时。

凸轮轴位置传感器一般在油泵上，曲轴位置传感器一般在飞轮壳上，当然也有其他部位。

（4）油门踏板位置传感器。

在电动喷射系统上，不再有机械控制加燃料型负荷杆。ECM 根据许多参数计算燃油喷射量，这些参数包括使用电位计测量的踏板位置。踏板位置传感器有两个电位计，其滑块是机械固体型。两个电位计使用的电源不同，所以在提供可靠的驾驶员请求信息中出现了冗余信息。将与加速踏板位置传感器并联的电位计产生的电压作为加速踏板设置的函数，依据程序的特性曲线，使用这个电压计算踏板位置。

（5）共轨压力传感器（RPS）。

RPS 安装在共轨的末端，利用它的膜片测量共轨内瞬时燃油压力。安装在膜片上的感测元件（半导体装置）将燃油压力转换成电子信号。

（6）空燃比传感器。

空燃比传感器安装在排气歧管上，是线性氧传感器。它检测排气中的氧密度以便通过燃

油校正精确控制 EGR，也限制由于高发动机负荷状态下空气燃油混合物浓导致的烟雾。ECM
控制线性空燃比传感器的空燃比值符合 1.0。

- 空燃比稀（1.0<空燃比<1.1）：ECM 向空燃比传感器提供泵送电流（+泵送电流）并启动，从而使空燃比传感器有空燃比=1.0 处的特性（0.0 泵送电流）。在泵送电流供应至空燃比传感器的情况下，ECM 检测排气的空燃比密度。
- 空燃比浓（0.9<空燃比<1.0）：ECM 减弱空燃比传感器泵送电流（-泵送电流）并停止空燃比传感器的泵送电流，从而使空燃比传感器有空燃比=1.0 处的特性（0.0 泵送电流）。在减弱空燃比传感器泵送电流的情况下，ECM 检测排气的空燃比密度。

此性能在正常工作温度状态（450℃～600℃）最活跃且最快速，因此为了达到正常工作温度并维持在此温度，在加热器（加热线圈）上集成了空燃比传感器。加热器线圈由 ECM 控制作为脉冲宽度调制器（PWM），加热器线圈冷时加热器线圈电阻低，通过加热器线圈的电流增大；加热器线圈热时加热器线圈电阻高，通过加热器线圈的电流减小。根据这个原理，测量空燃比传感器的温度并且空燃比传感器加热器操作根据这个数据变化。

（7）油水分离器水检测传感器。

水检测传感器安装在燃油滤清器的底部，检测燃油中是否存有水。当水位达到上部电极时，仪表盘上"WATER"灯闪烁；当水位下降至下部电极以下则灯熄灭。

（8）燃油温度传感器。

燃油温度传感器（FTS）安装在燃油供应管路内，用于感应供给至高压泵的燃油温度。限制燃油温度可防止高压泵和喷油嘴损坏（因高温时发生气阻而迅速恶化或油膜的破坏）。

（9）车速传感器。

用来判断发动机的负荷，以供电控单元根据负荷确定喷油量和喷油提前角。

（10）进气压力传感器（ECM）。ECM 根据涡轮增压器压力检查喷油量是否匹配。

（11）大气压力传感器。

用于向 ECU 传递一个瞬时环境空气压力信号，此值取决于海拔。有了该信号，发动机控制单元可以计算一个控制增压压力盒废气再循环大气压力修正值。

进气压力传感器通过 10 和 11 两个信号值可以观察涡轮增压器的工作效果。

传感器的原理大多相同，但相关执行器则有不同，如电装系统的油泵系统和博世的就有不同，所以以下执行器就按照以上两类来描述。

5.8.4　柴油机电控喷射系统控制策略

为达到所设定的排放目标，共轨柴油机要进行喷油量的控制、喷油压力控制、喷油速率控制、喷油时间控制。以便能够使柴油机获得足够高的喷射初速度，使燃油颗粒得到细化，提高雾化能力并加快燃烧速度，喷油速率得到优化，实现每循环多次喷射，减少 NO_x 和 PM（可吸入颗粒物）排放降低。

1. 喷油量控制

（1）基本喷油量控制，由发动机转速和加速踏板位置决定。

（2）怠速喷油控制，此工况下发动机输出扭矩主要是克服本身的摩擦维持平衡，使发动机在怠速稳定运转。对发动机的实际转速和目标转速（由冷却液温度、空调工作状态和负荷因素决定）进行比较，比较他们之间的值进行喷油量补偿。

（3）起动喷油量，由基本喷油量和冷却液温度决定的补偿喷油量来共同决定。

（4）不均匀喷油量补偿控制。发动机工作时，各缸喷油量不均匀会引起燃烧压力不均匀；各缸混合气燃烧的差异会引起转速的不均匀；曲轴旋转速度变化引起的震动。为了减少转速波动，必须调节各缸喷油量，使每一个气缸所需的燃油量精确，必须进行不均匀油量补偿，ECM 检测各缸每次做功行程时候的转速波动，再与其他所有气缸的平均转速相比较，分别向各缸补偿相应的喷油量。如果有该数据流，可以进行再进一步的分析，如果某缸的数值比较大，则可能出现问题。

（5）巡航控制喷油量。根据行驶阻力的变化，自动调节喷油量。

（6）空调运转喷油量控制。根据实际情况，控制空调的接通和切断。

2．喷油时间控制

为实现最佳燃烧，ECM 要根据发动机运行工况和外部环境经常调节喷油时间。

3．喷油压力控制

在共轨系统中，ECM 根据轨压传感器，计算处实际喷油压力，并将其值与目标值相比，然后发出指令控制高压泵，升高或降低压力，从而实现闭环控制，完成最佳燃油压力控制。

4．喷油速率控制

喷油规律是影响排放的主要因素，理想的规律是：喷油初期缓慢，速率不能太高，目的是减少滞燃期内可燃混合气量，降低初期燃烧速率，以降低最高燃烧温度和压力升高率，以抑制 NO 的产生和降低燃烧的噪声，预喷射式时间初期缓慢燃烧的方法。喷射中期才有高喷射压力，高喷射目的是加快燃烧速度防止产生微粒和提高燃烧效率。主喷射发生在中期。燃烧后期要求迅速结束喷射，防止在较低喷油压力和喷油速率下燃油雾化变差，导致不完全燃烧，造成排放增加。后喷射可有效降低排放物，使未燃烧的可燃物进一步烧干净。共轨柴油机中，常采用多次喷射，以使燃油规律优化。

5.8.5　柴油机电控喷射系统故障诊断

故障诊断是柴油机电控单元的一个重要组成部分，是柴油机电控系统投入产品化的可靠性与安全性的重要保障。目前各种柴油机电控喷油系统均具有故障诊断系统。

故障诊断通常由控制软件完成，一般在仪表板上设故障指示灯，并可以输出故障代码。电控喷油系统一般在故障诊断的同时提供支撑功能。故障诊断监测柴油机运行状况，采集其运行参数以确定柴油机电控系统是否发生故障。如果发生故障，则利用故障处理策略使发动机能继续运行下去。

1．柴油机电控故障自诊断系统的作用

（1）实时检测输入信号，包括传感器信号、操作人员控制开关信号等，根据工作状态判断信号是否有效。

（2）实时检测输出信号及执行器的工作状态。

（3）记录故障信号的故障代码，以及故障发生前后信号随时间变化的特征采样值。

（4）使控制软件在故障发生时执行安全保护模式下的控制子程序。

（5）接收故障诊断仪与维修人员的通信控制，能够向故障诊断仪发送故障信号及系统信息，并能在故障指示灯上显示故障代码。

（6）当 ECU 中微处理器出现故障时，接通备用集成电路，用固定信号控制发动机进入强制运转。

如果没有故障自诊断，电控系统一旦发生故障而又无法诊断出故障并加以相应的处理，则此时柴油机的运行必偏离正常运行状况，造成排放恶化，经济性、动力性下降，甚至根本不能运行。

2. 电控柴油机故障失效策略

失效策略是指电控系统故障状态下的运行策略，分为五级，分别是：一级——默认值，二级——降功率，三级——减扭矩，四级——Limp home（跛行回家），五级——停机。

（1）默认值失效策略：

对于不涉及驾驶安全性的轻微故障，ECU 仅使用默认值（故障后的默认值）代替真实值。使用默认值工作时， ECU 存储故障码，并闪亮故障指示灯；发动机继续正常运行。

（2）降扭矩失效策略：

部分较重要电喷组件故障后，为了保证驾驶安全性、继续驾驶性及排放性能等，ECU 使用默认值，发动机以降低功率的方式继续运行。

（3）降功率运行模式：

ECU 存储故障码，并让故障指示灯闪亮；外特性油量会减小一定百分比；在限制范围内电子油门仍然起作用。如当水温、机油温度及进气温度过高时，进入降扭矩失效策略。

（4）Limp home（跛行回家）模式

对于部分严重系统故障，控制器运行于较危险情况下，但为了保证发动机能够继续工作以便到最近服务站维修，ECU 将采用降扭矩、限转速运行，代替立即停机的失效策略。

Limp home（跛行回家）模式时， ECU 存储故障码，并让故障指示灯闪亮；允许发动机限制转速。

（5）停机

发动机出现重大故障无法工作时，将让发动机停机。

总地来说，柴油机上的电控系统与汽油机有相似之处，并且应用的目的都一样，主要以控制排放为出发点。目前电控系统的制造商主要为国外的公司，如博士、电装、德尔福，国内的有威特、亚新科等公司，其中以博士公司与电装公司的较为常用。

5.9　柴油机供给系辅助装置

在柴油机燃料供给系低压油路部分上安装的燃油箱、柴油滤清器及输油泵，统称为柴油机燃油供给系的辅助装置。它们对柴油机燃料供给系的正常工作发挥着重要作用。

5.9.1　燃油箱

燃油箱的作用是为柴油机储存燃油。为了保证柴油机足够长的持续工作时间，燃油箱应具有一定的储油容积。汽车油箱容量应能保证行驶 200～600km。

　　燃油箱一般是用薄钢板冲压焊接而成，其结构基本相同，其数量和安装位置根据整体布置而定。目前，较多采用单油箱或双油箱。除了储油之外，燃油箱还应能使燃油中的水分和杂质得到初步过滤沉淀。为此，在加油口处，常设有过滤网，使加入的燃油能得到初步过滤。在油箱底部设有放油螺塞，用以定期排除油箱里沉积的水和污物。

　　油箱盖应既能防止燃油渗出，又能防止因油面下降导致油箱内形成一定真空度而影响正常供油，故在油箱盖上开有通气小孔。对于较大的油箱，为了提高油箱的刚度和避免燃油振荡，在其内部设有隔板。为了指示油箱中的燃油存量，常设有油箱油尺或在油箱外部装透明塑料管直接观察。汽车燃油箱中装有油面高度传感器，其显示表头装在驾驶室仪表上。

5.9.2　燃油滤清装置

　　柴油在运输和储存的过程中，不可避免地会混入水分和尘土，并随着储存时间的延长，实际胶质会增加。每吨柴油的机械杂质含量可能多达 100～250g，其粒度范围为 5～50μm。柴油中的硬质粒子会加剧供油系统精密偶件的磨损，水分会引起零件的锈蚀，胶质可能导致精密偶件的卡死或使小孔堵塞。

　　因此，为了保证喷油泵和喷油器的工作可靠并延长其使用寿命，在柴油机燃油供给系中，还必须设置燃油滤清装置，以清除燃油中的机械杂质和水分。拖拉机汽车上的燃油滤清装置主要有沉淀杯和燃油滤清器两种。有的柴油机上只用单级过滤器，有的柴油机上采用粗、细两级滤清器。

　　沉淀杯多用在拖拉机柴油机上，它的功用是使水分和颗粒较大的杂质沉淀下来。其一般构造如图 5-53 所示。它是利用改变油流流向和降低流速来使水和杂质沉淀下来。

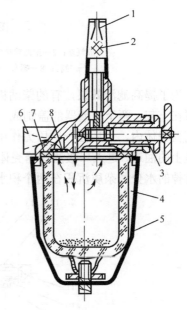

图 5-53　沉淀杯式滤清器
1—进油口；2—铜丝网；3—燃油开关；4—玻璃杯；
5—卡圈；6—出油口；7—密封垫；8—滤网

　　滤清器对机械杂质和水的过滤主要依赖其滤芯微孔的阻挡作用。根据制作材料的不同，有金属缝隙滤芯、棉纱滤芯、多孔陶瓷滤芯和微孔纸芯滤芯。由于滤纸经过酚醛树脂的处理，纸质滤芯具有优良的抗水性能。并且纸质滤芯具有流量大、阻力小、滤清效率高、使用寿命长、重量轻、成本低等优点，因此被广泛应用在汽车和拖拉机上。

　　常用的单级滤清器是微孔纸芯滤清器，其典型结构如图 5-54 所示。微孔滤纸制成的滤芯安装在滤清器盖与底部的弹簧座之间。在滤清器盖上设有放气螺塞，必要时拧开螺塞，掀动手动输油泵，可以将滤清器或管路中的空气排出。

　　输油泵输出的柴油，经进油管接头进入壳体，在一定的压力下渗过滤芯而进入滤芯内腔，最后经出油管接头而输出给喷油泵。在经过滤清器的过程中，柴油中的机械杂质和尘土被过滤掉，水分沉淀在壳体内。滤清器每工作 100h（约相当于汽车行驶 3000km），应拆下拉杆螺母和滤芯，清除积存在壳体内的杂质和水分，必要时应更换滤芯。

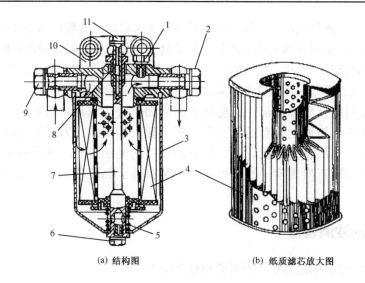

(a) 结构图   (b) 纸质滤芯放大图

图 5-54   495 柴油机细滤器

1—放气塞；2—出油管接头；3—外壳；4—纸质滤芯；5—弹簧；6—放油螺塞；
7—拉杆；8—螺塞；9—进油管接头；10—滤清器盖；11—回油管接头

为了提高滤清效果，有的柴油机上采用两级柴油滤清器。将两个结构基本相同的滤清器串联在一起，两个滤清器的盖制成一体，如图 5-55 所示。从输油泵来的油，首先进入第一级滤清器壳体内，然后在一定压力作用下通过滤芯，清除杂质和水分后，再经过导流管和滤清器盖上的油道，进入二级滤清器壳体内。经过二级滤芯过滤后，柴油经出油螺钉进入喷油泵，过滤掉的水分和杂质沉积在两个积水杯中。

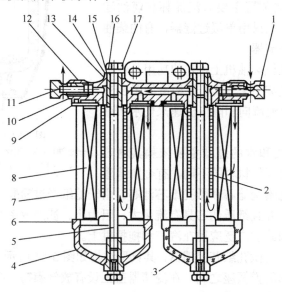

图 5-55   两级串联式纸质滤清器

1—进油管接头螺钉；2—导流管；3—积水玻璃杯；4—积水杯；5—拉杆；6、9—密封垫圈；
7—外壳；8—滤芯部件；10—铝垫圈；11—出油管接头螺钉；12—滤清器盖；13、17—O 形密封圈；
14—垫圈；15—拉杆螺帽；16—螺塞；17—放气螺钉

5.9.3　输油泵

输油泵的功用是保证有足够数量的柴油自柴油箱输送到喷油泵，并维持一定的供油压力以克服管路及柴油滤清器阻力，使柴油在低压管路中循环。输油泵的输油量一般为柴油机全负荷需要量的 3～4 倍。

输油泵有膜片式、滑片式、活塞式及齿轮式等几种形式。膜片式和滑片式输油泵分别作为分配式喷油泵的一级和二级输油泵，而活塞式输油泵则与柱塞式喷油泵配套使用。

1．活塞式输油泵

活塞式输油泵安装在柱塞式喷油泵的侧面，并由喷油泵凸轮轴上的偏心轮驱动，如图5-56所示。

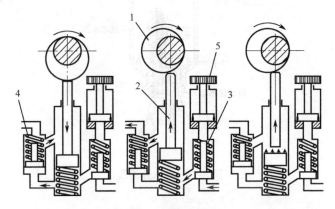

图 5-56　活塞式输油泵

1—偏心轮；2—柱塞；3—进油阀；4—出油阀；5—手油泵

当活塞式输油泵的柱塞向下运动时，进油阀关闭，出油阀打开，柱塞的上部空腔内形成负压，油被吸到柱塞的上部空腔内；当柱塞向上运动时，进油阀打开，出油阀关闭，此时将油吸入柱塞的下部空腔内，同时柱塞压缩上部油腔使输油泵出油。当单独使用手油泵时，手油泵活塞下行，进油阀关闭，出油阀打开，输油泵出油；手油泵活塞上行，进油阀打开，出油阀关闭，输油泵进油。

2．滑片式输油泵

在采用分配式喷油泵的柴油机燃油系统中有两个输油泵，即一级膜片式输油泵和二级滑片式输油泵，前者与汽油机燃油系统中的膜片式输油泵完全相同。分配泵燃油系统采用两级输油泵，是因为分配泵每次进油的时间很短，进油节流阻力较大。为了保证分配泵进油充分，需要提高输油压力，为此在分配泵内增设一个滑片式输油泵。

5.9.4　油水分离器

为了除去柴油中的水分，一些柴油机上，在柴油箱和输油泵之间装设油水分离器。油水分离器由手压膜片泵、液面传感器、浮子、分离器壳体和分离器盖等组成。来自柴油箱的柴油经进油口进入油水分离器，并经出油口流出。柴油中的水分在分离器内从柴油中分离出来并沉积在壳体的底部。浮子随着积水的增多而上浮。当浮子到达规定的放水水位时，液面传感器将电路接通，仪表板上的报警灯发出放水信号，这时驾驶员应及时旋松放水塞放水。手压膜片泵供放水和排气时使用，如图 5-57 所示。

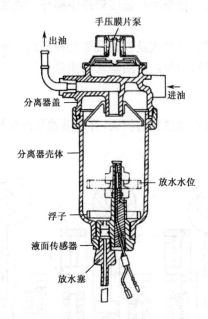

图 5-57　油水分离器

思 考 题

5.1　名词解释：柱塞有效行程、供油提前角。

5.2　为什么孔式喷油器一般用于直喷式燃烧室，而轴针式喷油器则多用于分隔式燃烧室？

5.3　试述柱塞式喷油泵的泵油原理。

5.4　试述转子分配泵的泵油原理。这种泵与柱塞式喷油泵相比有什么优缺点？

5.5　出油阀在喷油过程中起什么作用？出油阀上的密封锥面和减压环带磨损后分别对供油量和供油时刻产生什么影响？

5.6　柱塞的预行程和有效行程对喷油过程及柴油机性能有何影响？

5.7　与传统的柱塞式喷油泵比较 PT 型喷油泵的结构有何特点？

5.8　目前电控柴油喷射有几种控制方式，各有什么特点？

5.9　活塞式输油泵的工作原理是什么？

项目教学任务单

项目 11　柴油机供油系统的认知——实训指导

参考学时	2	分组		备注	
教学目标	通过本次实训，学生应该能够： 1. 认出不同柴油机供油系统的类型； 2. 在发动机台架上指出共轨燃油喷射系统部件的名称； 3. 说出共轨燃油喷射系统的组成及基本原理； 4. 说出共轨燃油喷射系统的优缺点				
实训设备	1. 电控柴油发动机台架 4 台； 2. 共轨燃油喷射系统 4 套				
实训过程设计	根据学生人数分组，教师现场指导。 1. 介绍不同柴油机供油系统的结构及功能特点； 2. 讲解共轨燃油喷射发动机组成及原理； 3. 讲解共轨燃油喷射系统部件构造、原理及优缺点； 4. 学生完成实训任务单； 5. 小组代表对上述项目进行操作或讲述，同学及教师进行现场点评				
实训纪要					

项目 11 柴油机供油系统的认知——任务单

班级		组别		姓名		学号	

1. 标出下图共轨柴油喷射系统主要组成部件的名称：

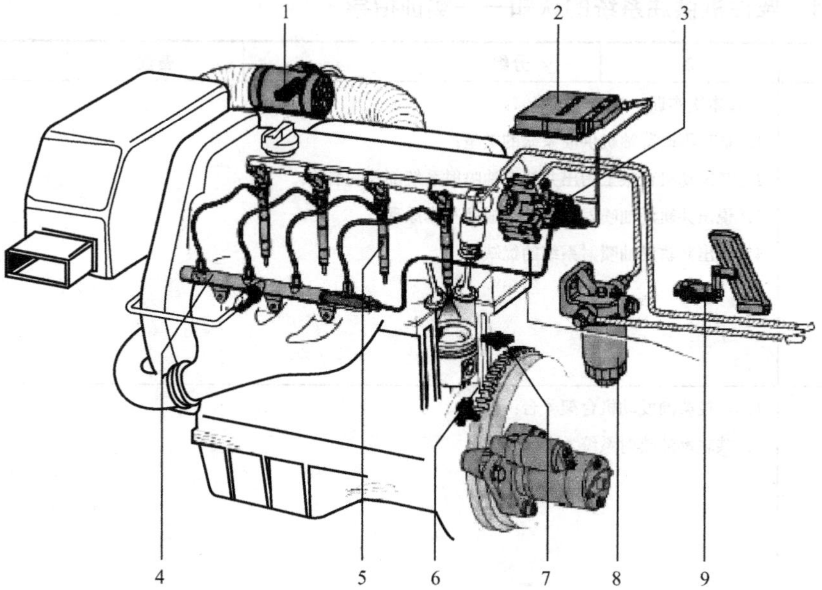

图 2   共轨柴油喷射系统主要组成部件

1.	2.	3.
4.	5.	6.
7.	8.	9.

2. 写出共轨柴油喷射系统的优缺点：_____

_____

_____；

3. 比较共轨柴油发动机和电控汽油发动机，写出两种发动机供油系统中相类似的零部件：_____

_____

_____；

总结评分	
	教师： 评分：

第**6**章

发 动 机 润 滑 系

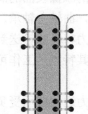

【本章重点】	【本章难点】
● 润滑油;	● 润滑油路;
● 润滑系的组成和润滑油路;	● 润滑油选用;
● 润滑系的主要机件	● 机油泵、机油滤清器结构

6.1 润滑系的功用及润滑方式

发动机工作时，各运动零件均以一定的力作用在另一个零件上，并且发生高速相对运动，零件表面必然要产生摩擦和磨损。因此，为了减轻磨损、减小摩擦阻力、延长使用寿命，发动机上必须有润滑系，如图 6-1 所示。

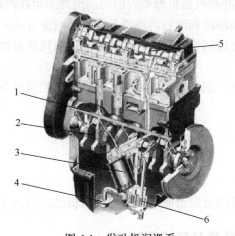

图 6-1　发动机润滑系

1—主油道；2—曲轴；3—机油粗滤器；4—机油集滤器；5—凸轮轴；6—机油泵

6.1.1　功用

（1）润滑作用。润滑运动零件表面，减小摩擦阻力和磨损，减小发动机的功率消耗。

（2）清洗作用。机油在润滑系内不断循环，清洗摩擦表面，带走金属磨屑和其他异物。

（3）冷却作用。机油在润滑系内循环还可带走摩擦产生的热量，起冷却作用。

（4）密封作用。在运动零件之间形成油膜，提高它们的密封性，有利于防止漏气或漏油。

（5）防锈蚀作用。在零件表面形成油膜，对零件表面起保护作用，防止腐蚀生锈。

（6）液压作用。润滑油还可用做液压油，如液压挺柱，起液压作用。

（7）减振缓冲作用。在运动零件表面形成油膜，吸收冲击并减小振动，起减振缓冲作用。

6.1.2　润滑方式

由于发动机各运动零件的工作条件不同，对润滑强度的要求也就不同，因而要相应地采取不同的润滑方式。

（1）压力润滑。对于承受较大负荷的摩擦表面的润滑，是利用机油泵将具有一定压力的润滑油源源不断地送往摩擦部位。例如，曲轴主轴承、连杆轴承及凸轮轴轴承等处承受的载荷及相对运动速度较大，需要以一定压力将机油输送到摩擦面的间隙中，方能形成油膜以保证润滑。这种润滑方式称为压力润滑。其特点是工作可靠，润滑效果好，并有强烈的冲洗和冷却作用。

（2）飞溅润滑。对于难以达到用压力送油或承受负荷不大的表面的润滑，是利用发动机工作时运动零件飞溅起来的油滴或油雾来进行润滑，这种润滑方式称为飞溅润滑。飞溅润滑可使裸露在外面承受载荷较轻的汽缸壁、相对滑动速度较小的活塞销，以及配气机构的凸轮表面、挺柱等得到润滑。其特点是结构简单、消耗功率小、成本低，但润滑可靠性差，并容易造成润滑油氧化和污染。

（3）定期润滑。发动机辅助系统中有些零件则只需定期加注润滑脂（黄油）进行润滑，如水泵及发电机轴承就是采用这种方式定期润滑。近年来在发动机上采用含有耐磨润滑材料（如尼龙、二硫化钼等）的轴承来代替加注润滑脂的轴承。

（4）掺混润滑。小型二冲程汽油机摩擦表面的润滑常采用在汽油中掺入2%～5%的机油，通过化油器雾化后，进入曲轴箱和汽缸内润滑各零件的润滑方式。其特点是结构简单，但润滑可靠性差，而且会产生燃烧润滑油现象，使润滑油的消耗量增加，并增加未燃碳氢化合物排放。

目前除个别情况采用单一润滑方式外，大多数发动机的润滑方式都是压力润滑、飞溅润滑的复合。

6.2　润滑油

润滑油包括机油、齿轮油及润滑脂等。发动机以机油润滑为主。

6.2.1　机油的使用特性及机油添加剂

目前，发动机广泛使用的机油，是以从石油中提炼出来的润滑油为基础油，再加入各种添加剂混合而成。

发动机机油在润滑系统内循环流动，循环次数每小时可达一百次左右。机油的工作条件十分恶劣，在循环过程中，机油与高温的金属壁面及空气频繁接触，不断氧化变质。窜入曲轴箱内的燃油蒸汽、废气及金属磨屑和积炭等使机油受到严重污染。另外，机油的工作温度变化范围很大，在发动机起动时为环境温度，在发动机正常运转时，曲轴箱中的机油的平均温度可达95℃或更高。同时，机油还与180～300℃的高温零件接触。因此，作为发动机的机油，必须具备优良的性能。

1．黏度

机油黏度对发动机的工作有很大的影响。黏度过小，在高温、高压下容易从摩擦表面流失，不能形成足够厚度的油膜；黏度过大，冷起动困难，机油不能被机油泵送到摩擦表面。

机油的黏度随温度而变化，温度升高，黏度减小；温度降低，黏度增加。为了使机油在较大的温度范围内都有适当的黏度，必须在基础油中加入增稠剂。

2．分散性

由汽缸中泄漏出的气体（窜气）中的未燃烧燃油、有机酸、烟、水分、硫的氧化物、氮的氧化物都会进入曲轴箱，混入润滑油中。发动机运行中，润滑油在高温下也会产生各种氧化物，这些产物与零件磨损产生的金属磨屑等混合在一起，将会在润滑油中形成油泥沉淀物。当这种沉淀物量少时，会悬浮于润滑油中，量大时会从润滑油中析出。引起发动机润滑油道和滤清器堵塞、润滑油流动性下降、给油困难、活塞环槽结焦、活塞环黏着、功率下降等现象。因此要在润滑油中加入清净分散剂，使有害的沉淀物在润滑油中形成无害的悬浮液。

3．氧化安定性

氧化安定性是指机油抵抗氧化作用不使其性质发生永久变化的能力。当机油在使用和储存过程中与空气中的氧气接触而发生氧化作用时，机油的颜色变暗，黏度增大，并产生胶状沉积物。氧化变质的机油将腐蚀发动机的零件，甚至破坏发动机的工作。

发动机机油经常在高温下与氧接触，这就要求机油具有优异的氧化安定性。为此，一般要在机油中添加氧化抑制剂。

4．防腐性

机油在使用过程中不可避免地被氧化而生成各种有机酸。酸性物质对金属零件有腐蚀作用，可能使铜铅和铬镍类轴承表面出现斑点、麻坑或使合金层剥落。为提高机油的抗腐蚀性，除加深机油的精制程度外，还在机油中加入防腐添加剂。

5．起泡性

由于机油在润滑系统中快速循环和飞溅，必然会产生泡沫。如果泡沫太多，或泡沫不能迅速消除，将会造成摩擦表面供油不足。控制泡沫生成的方法，是在机油中添加泡沫抑制剂。

6．极压性

在摩擦表面之间的油膜厚度小于 $0.3\sim0.4\mu m$ 的润滑状态称为边界润滑。习惯上把高温、高压下的边界润滑称为极压润滑。机油在极压条件下的抗磨性叫极压性。现代发动机的轴承及配气机构等零件的润滑即为极压润滑。为避免在极压润滑的条件下机油被挤出摩擦表面，必须在机油中加入极压添加剂。极压添加剂与金属表面起化学反应，形成强韧的油膜。

6.2.2 机油的分类

国际上广泛采用美国 SAE 黏度分类法和 API 使用分类法，而且它们已被国际标准化组织（ISO）确认。

　　美国工程师学会（SAE）按照机油的黏度等级，把机油分为冬季用机油和非冬季用机油。冬季用机油有六种牌号：SAEOW、SAE5W、SAE10W、SAE15W、SAE20W 和 SAE25W。非冬季用机油有四种牌号：SAE20、SAE30、SAE40 和 SAE50。号数越大机油黏度越大，适用于在较高的环境温度下使用。上述牌号的机油只有单一的黏度等级，称为单级机油。当使用这种机油时，需根据季节和气温的变化随时更换机油。

　　目前使用的机油大多数具有多黏度等级，称为多级机油，即同时具有含 W 的冬季用机油黏度等级和非冬季用机油黏度等级，两黏度级号之差至少等于 15，其牌号有 SAE10W/30、SAE15W/40、SAE20W/40 等。例如，SAEl0W/30 在最低温度下使用时，其黏度与 SAEl0W 相同。而在高温下，其黏度又与 SAE30 相同。因此，一种机油可以冬夏两用。

　　API 使用分类法是美国石油学会（API）根据机油的性能及适合的使用场合，把机油分为 S 系列和 C 系列两类。S 系列为汽油机油，目前有 SA、SB、SC、SD、SE、SF、SG 和 SH 八个级别。C 系列为柴油机油，目前有 CA、CB、CC、CD 和 CE 五个级别。级号越往后，使用性能越好，适用的机型越新或强化程度越高。其中 SA、SB、SC 和 CA 等级别的机油除制造厂特别推荐外，几乎不再使用。

　　我国的机油分类法参照 ISO 分类法。GB/T 7631.3—1995 规定，按机油的性能和使用场合可分为以下几类。

　　（1）汽油机油——有 SC、SD、SE、SF、SG 和 SH 六个级别。

　　（2）柴油机油——有 CC、CD、CD-H、CE 和 CF 五个级别。

　　（3）二冲程汽油机油——有 ERA、ERB、ERC 和 ERD 四个级别。

　　每一种使用级别又有若干种单级机油和多级机油牌号。根据 GB/T 14906—1994 的规定，单级机油牌号分别有 0W、5W、10W、15W、20W、25W、30W、40W、50W 和 60W；多级机油牌号主要有 5W/20、5W/30、5W/40、10W/30、10W/40、15W/40 和 20W/40 等。

6.2.3　机油的选用

1. 机油使用等级的选用

　　柴油机油使用等级的选用主要根据柴油机强化程度。柴油机强化程度是指柴油机的机械负荷和热负荷的总和，以强化系数 K 来表示。强化系数由下式计算：

$$K = p_{me}v_{m}\tau$$

式中：　p_{me}——平均有效压力，单位为 MPa；

　　　　v_{m}——活塞平均速度 m/s；

　　　　τ——冲程数（四冲程 r=0.5，二冲程 r=1）。

　　$K \leqslant 50$ 时，选用 CC 级机油；$K > 50$ 时，选用 CD 级机油。

　　汽油机油使用等级根据汽油机的强化程度和进排气系统中的附加装置来选定。汽油机的强化程度往往与生产年份有关。后生产的汽油机比早年生产的汽油机的强化程度高，应选用使用等级较高的机油。

　　排气净化装置会使机油的工作条件恶化，为了保证汽油机能正常运转。所以，汽油机进排气系统的附加装置对选用机油的使用等级有决定性的作用。一般有废气转化器的汽油机应选用 SF 级；有废气再循环装置的汽油机选用 SE 级；有曲轴箱正压通风装置的汽油机选用 SD 级；没有附加装置的汽油机选用 SC 级。

一般发动机的使用说明中都规定了所用机油的使用等级。高使用等级的机油可代替低使用等级的机油，但绝对不可用低等级的机油代替高等级的机油，否则会导致发动机出现故障甚至损坏。

2．机油黏度的选用

机油黏度的选用依据主要是地区的季节气温，按当地当时的环境选用机油时，一般来讲，气温低选择黏度小的机油，气温高选择黏度大的机油。冬季选择黏度小的机油，夏季选择黏度大的机油。

6.3　润滑系的组成和润滑油路

6.3.1　组成及各机件的作用

润滑系一般由机油泵、油底壳、润滑油管、润滑油道、机油滤清器、机油散热器、各种阀、传感器和机油压力表、温度表等组成。现代汽车发动机润滑系的组成及油路布置方案大致相似，只是由于润滑系的工作条件和具体结构的不同而稍有差别。

如图 6-2 所示为综合润滑油路简图，其主要组成部分及作用如下所述。

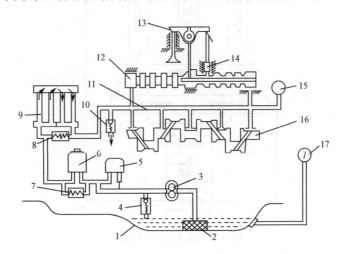

图 6-2　综合润滑油路简图

1—油底壳；2—集滤器；3—机油泵；4—限压阀；5—细滤器；6—粗滤器；7—安全阀；
8—恒温阀；9—机油散热器；10—溢流阀；11—主油道；12—凸轮轴；13—摇臂；
14—挺柱；15—机油压力表；16—曲轴；17—机油温度表

（1）油底壳（机油盘）。储存和收集机油。

（2）机油泵。提高机油压力，向摩擦表面强制供油。

（3）机油滤清器。用来滤除机油中的杂质，按过滤能力不同分为集滤器、粗滤器和细滤器。集滤器和粗滤器的过滤能力较差，对机油的流动阻力较小，串联在主油路中。细滤器过滤能力强，流动阻力大，与主油路并联布置，机油经细滤器过滤后流回油底壳。

（4）机油散热器及恒温阀。用来自动控制机油的温度。当机油温度较低时，机油黏度较大，机油流过散热器的阻力增大、压力升高，此时，恒温阀开启，大部分机油不经散热器而直接进入主油管；当机油温度上升到一定数值时，黏度下降，流动阻力减小、压力降低，恒温阀关闭，使机油全部流经散热器而得到冷却，从而维持机油温度在一个合适的范围内。

（5）限压阀。限压阀位于机油泵出口油道上，当油道中压力超过规定值时，限压阀自动打开，让一部分机油流回油底壳，从而限制油路中的最高油压，防止机油泵过载和密封件损坏。

（6）安全阀。安全阀通常装在粗滤器上与滤芯并联。当粗滤器滤芯过脏而堵塞时，油压升高，安全阀打开，机油不经粗滤器过滤而直接流向主油道，以保证润滑。

（7）溢流阀。溢流阀的作用是保证主油道压力不致过高。当油压超过正常值时，溢流阀打开，部分机油流回油底壳。

（8）油压表、油温表。分别用来指示主油道的机油压力和机油温度。

6.3.2　发动机润滑部位及油路

发动机的润滑部位主要有曲柄连杆机构、配气机构以及正时齿轮室，如图6-3所示。

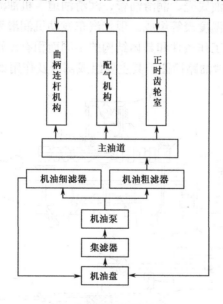

图 6-3　润滑部位及油路

1. 斯太尔WD615系列柴油机润滑油路

如图6-4所示为斯太尔WD615系列柴油机润滑油路示意图。

油底壳中的机油经集滤器、机油泵、机油滤清器、机油散热器进入主油道。主油道中的机油通过各分油道分别流向增压器（若柴油机为自然吸气式则无增压器）、压气机、喷油泵、经推杆到摇臂轴、凸轮轴轴颈、曲轴主轴颈和连杆轴颈等处进行压力润滑。为了保证活塞的冷却，对应各缸处有机油喷嘴，来自于主油道的机油直接喷到活塞内腔。此外，润滑系主油道中装有机油压力过低传感器，能自动报警；油底壳底部有磁性放油螺塞；窜入曲轴箱及汽缸体内腔的油气可通过油气分离器，使凝结下来的机油回到油底壳。分离出来的气体则通过增压器压气机进入柴油机进气管。

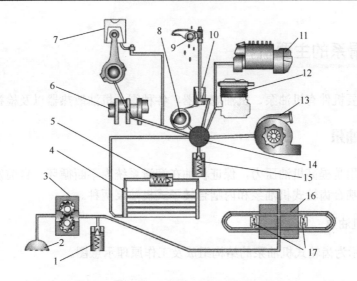

图 6-4　斯太尔 WD615 系列柴油机润滑油路

1—机油限压阀；2—集滤器；3—机油泵；4—机油散热器；5—机油散热器限压阀；

6—曲轴；7—连杆小头；8—凸轮轴；9—摇臂轴；10—挺柱；11—喷油泵；12—压气机；

13—增压器；14—主油道；15—限压阀；16—机油滤清器；17—滤清器旁通阀

2．桑塔纳轿车润滑油路

如图 6-5 所示为桑塔纳轿车润滑油路示意图。

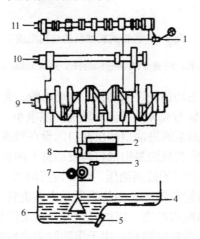

图 6-5　桑塔纳轿车润滑油路

1—低压报警开关；2—机油滤清器；3—限压阀；4—油底壳；5—放油螺塞；

6—集滤器；7—机油泵；8—高压报警开关；9—曲轴；10—中间轴；11—凸轮轴

发动机工作时，机油经集滤器 6 初步过滤后进入机油泵，机油泵输出的机油全部流经机油滤清器，然后进入纵向主油道。主油道中的机油分别由各分油道进入曲轴主轴承和连杆轴承，再通过连杆杆身的油道润滑活塞销，并对活塞进行喷油冷却。中间轴的润滑由发动机前边第一条横向斜油道和从机油滤清器出来的油道供给。汽缸盖上的纵向油道与主油道相通，并通过横向油道润滑凸轮轴轴颈及向液力挺柱供油。在缸盖和缸体的一侧布置了回油孔，使缸盖上的机油流回曲轴箱。

6.4　润滑系的主要机件

润滑系的主要机件有机油泵、机油滤清器、各种阀、机油散热器以及检视设备。

6.4.1　机油泵

机油泵的功用是提高机油压力，保证机油在润滑系统内不断循环，目前发动机润滑系中广泛采用的是外啮合齿轮式机油泵和内啮合转子式机油泵两种。

1. 齿轮式机油泵

如图 6-6 所示为齿轮式机油泵的结构组成及工作原理示意图。

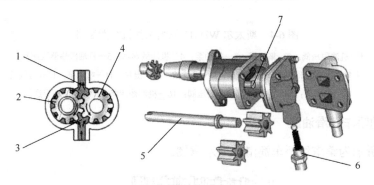

图 6-6　齿轮式机油泵的结构组成

1—出油口；2—从动齿轮；3—进油口；4—主动齿轮；5—主动轴；6—限压阀；7—从动轴

齿轮式机油泵由主动轴、主动齿轮、从动轴、从动齿轮、壳体等组成，两个齿数相同的齿轮相互啮合，装在壳体内，齿轮与壳体的径向和端面间隙很小。主动轴与主动齿轮用键连接，从动齿轮空套在从动轴上。机油泵的进油口和出油口均设在泵盖上，带有固定式集滤器的吸油管固定在进油口处，出油管固定在机油泵出油口与发动机上的相应油道之间。机油泵在泵盖上装有钢球弹簧式限压阀，限制油路的最高油压。最高油压的高低可以通过调整垫片来调整。

发动机工作时，机油泵齿轮按图 6-6 中箭头所示方向旋转，进油腔的容积因齿轮向脱离啮合的方向转动而增大，进油腔内产生一定的真空度，润滑油便从进油口被吸入进油腔。随齿轮旋转，轮齿间的润滑油被带到出油腔。由于出油腔内齿轮进入啮合状态使其容积减小，油压升高，润滑油便经出油口被压送到润滑油道中。发动机工作时，机油泵不断工作，保证润滑油在润滑系统中不断循环。

为保证齿轮转动的连续性，当前一对轮齿还未脱离啮合时，后一对轮齿已进入啮合，这样在两对啮合轮齿之间的润滑油会因轮齿逐渐啮合而被挤压，产生很高的压力，不仅会增加齿轮转动的阻力，而且此压力通过齿轮作用在主动轴和从动轴上，加剧齿轮的磨损。为此，通常在泵盖上加工有卸压槽，使啮合轮齿间的润滑油流回出油腔。

在泵壳与泵盖之间通常装有很薄的衬垫，此衬垫既可起密封作用，也可通过改变其厚度调整齿轮端面与泵盖之间的间隙。齿轮式机油泵结构简单，机械加工方便，工作可靠，使用寿命长，应用较广泛。

2．转子式机油泵

如图 6-7 所示为转子式机油泵结构和工作原理示意图。

转子式机油泵由壳体、内转子、外转子和泵盖等组成。内转子用键或销子固定在转子轴上，由曲轴齿轮直接或间接驱动，内转子和外转子中心的偏心距为 e，内转子带动外转子一起沿同一方向转动。内转子有四个凸齿，外转子有五个凹齿，这样内、外转子同向不同步的旋转。

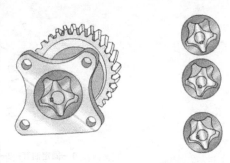

图 6-7　转子式机油泵结构图

转子齿形齿廓设计得使转子转到任何角度时，内、外转子每个齿的齿形廓线上总能互相成点接触。这样内、外转子间形成四个工作腔，随着转子的转动，这四个工作腔的容积是不断变化的。在进油道的一侧空腔，由于转子脱开啮合，容积逐渐增大，产生真空，机油被吸入，转子继续旋转，机油被带到出油道的一侧，这时，转子正好进入啮合，使这一空腔容积减小，油压升高，机油从齿间挤出并经出油道压送出去。这样，随着转子的不断旋转，机油就不断地被吸入和压出。转子式机油泵结构紧凑，外形尺寸小，重量轻，吸油真空度较大，泵油量大，供油均匀度好，成本低，在中、小型发动机上应用广泛。

6.4.2　机油滤清器

发动机工作时，金属磨屑和大气中的尘埃以及燃料燃烧不完全所产生的炭粒会渗入机油中，机油本身也因受热氧化而产生胶状沉淀物，机油中含有这些杂质，如果把这样的脏机油直接送到运动零件表面，机油中的机械杂质就会成为磨料，加速零件的磨损，并且引起油道堵塞及活塞环、气门等零件胶结。因此必须在润滑系中设有机油滤清器，使循环流动的机油在送往运动零件表面之前得到净化处理。保证摩擦表面的良好润滑，延长其使用寿命。

一般润滑系中装有几个不同滤清能力的滤清器，集滤器、粗滤器和细滤器，分别串联和并联在主油道中。与主油道串联的称为全流式滤清器，一般为粗滤器；与主油道并联的称为分流式滤清器，一般为细滤器，过油量约为 10%～30%。

1．集滤器

集滤器是具有金属网的滤清器，安装于机油泵进油管上，其作用是防止较大的机械杂质进入机油泵，如图 6-8 所示。浮筒 3 可随油面升降，浮筒下装有金属丝制成的滤网 4，滤网具有弹性，中间有开口，平时依靠滤网本身的弹性，使环口紧压在罩板 5 上。罩板 5 的边缘有狭缝，以便进油。机油泵工作时，机油从罩板与滤网间的狭缝被吸入，经滤网滤去粗大的杂质后，通过油管进入机油泵，如图 6-8(a)所示。当滤网被堵塞时，滤网上方的真空度增大，克服滤网的弹力，滤网便上升而环口离开罩板 5，此时机油不经过滤网而直接从环口进入吸油管内，如图 6-8(b)所示。浮式集滤器飘浮于机油表面吸油，能吸入油面上较清洁的机油，但油面上的泡沫易被吸入，使机油压力降低，润滑欠可靠。固定式集滤器淹没在油面之下，吸入的机油清洁度较差，但可防止泡沫吸入，润滑可靠，结构简单。

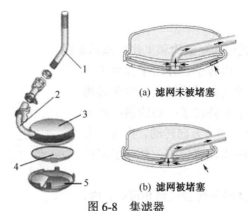

图 6-8　集滤器

1—固定油管；2—吸油管；3—浮筒；4—滤网；5—罩板

2．机油粗滤器

粗滤器用于滤去机油中粒度较大的杂质，机油流动阻力小，它通常串联在机油泵与主油道之间，属于全流式滤清器。粗滤器是过滤式滤清器，其工作原理是利用机油通过细小的孔眼或缝隙时，将大于孔眼或缝隙的杂质留在滤芯的外部。根据滤芯的不同，有各种不同的结构形式。传统的粗滤器多采用金属片缝隙式和绕线式，现多采用纸质式和锯末式。

（1）金属片缝隙式粗滤器。如图 6-9 所示为金属片缝隙式粗滤器结构示意图。粗滤器的滤芯由许多片两面磨光的薄钢片制成的滤清片、隔片和刮片组成，滤清片 5 和隔片 6 相间地套装在矩形断面的滤芯轴 9 上，并用上下盖板及螺母将其压紧。相邻两滤片间由隔片隔开一条缝隙（0.06～0.10mm），工作中，机油就从滤芯周围通过此缝隙进入滤芯中部的空腔内，再经上盖出油道流向主油道，机油流动方向如图中箭头所示。机油中所含杂质就被阻隔在滤芯外面。刮片套装在矩形断面的刮片固定杆 11 上，杆 11 用螺栓固定在上盖 4 上，刮片的一端插入两滤片间。滤清器使用一定时间后，滤片间隙处积存许多污物，此时可拧动手柄 8 通过滤芯轴 9 带动滤芯转动，固定不动的刮片 7 便将嵌在滤片间的污物剔出，保证滤芯的正常过滤作用。阀盖 2、弹簧 1 及钢球 3 组成安全旁通阀，当滤芯堵塞时，安全阀钢球被顶开，机油不经滤芯而直接进入主油道，以防供油中断。

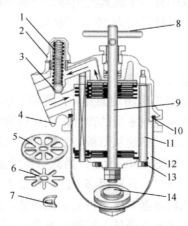

图 6-9　金属片缝隙式粗滤器

1—弹簧；2—旁通阀盖；3—钢球；4—上盖；5—滤清片；6—隔片；7—刮片；8—手柄；
9—滤芯轴；10—衬垫；11—刮片固定杆；12—外壳；13—固定螺栓；14—放污螺塞

（2）纸质滤芯式机油粗滤器。金属片式粗滤器是一种永久性滤清器。由于它质量大、结构复杂、制造成本高等缺点，已基本被淘汰。如图 6-10 所示为纸质滤芯机油粗滤器结构示意图，纸质粗滤器的滤芯是用微孔滤纸制成的，为了增大过滤面积，微孔滤纸一般都折叠成扇形和波纹形（如图 6-11 所示）。当滤芯积污堵塞，其内外压差达到 0.15～0.18N/mm^2 时，旁通阀的钢球 9 即被顶开，大部分机油不经滤芯滤清，直接进入主油道，以保证主油道所需的机油量。微孔滤纸经过酚醛树脂处理，具有较高的强度、抗腐蚀能力和抗水湿性能，具有质量小、体积小、结构简单、滤清效果好、过滤阻力小、成本低和保养方便等优点，因此得到了广泛地应用。

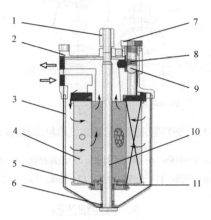

图 6-10　纸质滤芯机油粗滤器

1—螺母；2—上盖；3—外壳；4—纸质滤芯；5—托板；6—滤芯压紧弹簧；7—旁通阀阀座；
8—旁通阀压紧弹簧；9—钢球；10—拉杆；11—滤芯密封圈

（3）锯末滤芯式机油粗滤清器。塑料锯末滤芯式粗滤器滤芯为酚醛树脂黏结的锯末滤芯，它阻力小，滤清效果好，使用寿命长。如图 6-12 所示，塑料锯末滤芯可拆式机油粗滤器主要由外壳 7、滤芯 9、端盖 12 和旁通阀 14 等组成，滤芯是酚醛树脂材料为黏结剂的锯末滤芯，滤芯的内筒采用薄铁皮制成，上面加工有许多小孔；滤芯安装在外壳内的滤芯底座 6 与端盖下端面之间，并用压紧弹簧 5 压紧；滤芯密封圈 4 可防止外壳内的润滑油不经滤清直接进入滤芯内筒；端盖与外壳之间用外壳密封圈 11 密封，并用卡箍 10 固定；端盖用螺栓安装在汽缸体上，端盖上的油孔与汽缸体

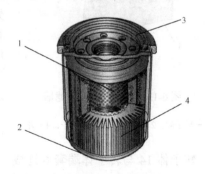

图 6-11　纸质滤芯机油粗滤器结构

1—滤芯；2—下盖板；3—上盖板；4—微孔滤纸

上的相应油道连通。滤清器与主油道串联，称全流式机油滤清器。发动机工作时，机油泵输出的压力油经端盖上的进油孔进入滤芯与外壳之间，经滤芯滤清后进入滤芯内筒，再经端盖上的出油孔进入主油道。旁通阀安装在端盖上，并带有触点与仪表盘上的指示灯相连，当滤芯堵塞使其阻力增大到 147kPa 时，润滑油顶开旁通阀不经滤清直接进入端盖出油孔，同时旁通阀触点接通指示灯电路，指示灯闪亮以提醒驾驶员维护滤清器或更换滤芯。

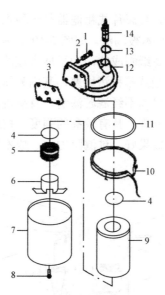

图 6-12　塑料锯末滤芯可拆式机油粗滤器的组成

1—螺栓；2—弹簧垫圈；3—衬垫；4—滤芯密封圈；5—压紧弹簧；6—滤芯底座；7—外壳；

8—放油螺塞；9—滤芯；10—卡箍；11—外壳密封圈；12—端盖；13—旁通阀密封圈；　14—旁通阀

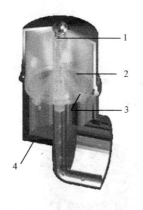

图 6-13　离心式机油细滤器

1—转子轴；2—转子总成；3—转子；4—外壳

3．机油细滤器

机油细滤器用以清除直径在 0.001mm 以上的细小杂质，这种滤清器对机油的流动阻力较大，因此在具有粗、细两种滤清器的润滑油路中细滤器多做成分流式，它与主油道并联，只有少量的机油通过它滤清后又回到油底壳。细滤器有过滤式和离心式两种，过滤式机油细滤器存在着滤清能力与通过能力的矛盾，因此，目前许多车用发动机，如东风 EQ6100－1 型、解放 CA6102 型汽油发动机以及 61350 型柴油机等，均采用了离心式机油细滤器，如图 6-13 所示。

东风 EQ6100—1 型发动机离心式机油细滤器构造如图 6-14 所示。滤清器外壳 1 上固定着带中心孔的转子轴 3。转子体 14 与转子体端套 6 连成一体，其上压入三个衬套 13，套在转子轴上可以自由转动。压紧螺母 12 将转子盖与转子体紧固在一起。转子下面装有推力轴承 4。转子上面装有支承垫圈 9，并用弹簧 10 压紧，以限制转子轴向移动。整个转子用滤清器盖 7 盖住，压紧螺套 11 将盖 7 固定在外壳 1 上。转子下端装有两个按中心对称安装的喷嘴 5。

发动机工作时，从油泵来的机油进入滤清器进油孔 B。若油压低于 0.1Mpa，进油限压阀 19 不开启，机油则不进入滤清器而全部供入主油道，以保证发动机可靠润滑；若油压高于 0.1Mpa，进油限压阀 19 被顶开，机油沿壳体中的转子轴内的中心油道，经出油孔 C 进入转子内腔，然后经进油孔 D、油道 E 从两喷嘴喷出，于是转子在喷射反作用力的推动下高速旋转；当压力达到 0.3MPa 时，转子转速高达 5000～6000r/min。由于转子内腔的机油随着转子高速旋转，机油中的机械杂质在离心力的作用下被甩向转子壁。因此洁净的机油由孔 D 进入，

再经喷嘴喷出。喷出的机油经滤清器出油口 F 流回油底壳；若油压高于 0.4MPa，旁通阀 18
打开，机油流回油底壳。

　　离心式滤清器的优点：滤清能力高，通过能力好，且不受沉淀物的影响，不须更换滤芯，
只需定期清洗即可。但也存在对胶质滤清效果较差的缺点。

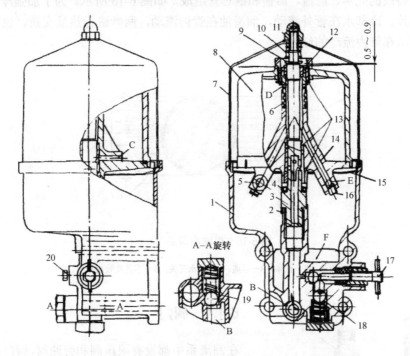

图 6-14　EQ6100—1 型发动机的离心式机油细滤器

1—壳体；2—锁片；3—转子轴；4—推力轴承；5—喷嘴；6—转子体端套；7—滤清器盖；8—转子盖；
9—支承座；10—弹簧；11—压紧螺套；12—压紧螺母；13—衬套；14—转子体；15—挡板；16—螺塞；
17—调整螺钉；18—旁通阀；19 进油限压阀；20—管接头；A、B—滤清器进油孔；
C—出油孔；D—进油孔；E—通喷嘴油道；F—滤清器出油口

6.4.3　机油散热器和冷却器

　　发动机运转时，由于机油黏度随温度的升高而变小，降低了润滑能力。因此，有些发动
机装用了机油散热器或机油冷却器。其作用是降低机油温度，保持润滑油一定的黏度。

1．机油散热器

　　机油散热器由散热管、限压阀、开关、进出水管等
组成，如图 6-15 所示。其结构与冷却水散热器相似。

　　机油散热器一般安装在冷却水散热器的前面，与主
油道并联。机油泵工作时，一方面将机油供给主油道；
另一方面经限压阀、机油散热器开关、进油管进入机油
散热器内，冷却后从出油管流回油底壳，如此循环流动。

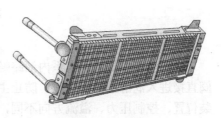

图 6-15　机油散热器

2．机油冷却器

将机油冷却器置于冷却水路中，利用冷却水的温度来控制润滑油的温度。当润滑油温度高时，靠冷却水降温，发动机起动时，则从冷却水吸收热量使润滑油迅速提高温度。机油冷却器由铝合金铸成的壳体、前盖、后盖和铜芯管组成，如图6-16所示。为了加强冷却，管外又套装了散热片。冷却水在管外流动，润滑油在管内流动，两者进行热量交换。也有使油在管外流动，而水在管内流动的结构。

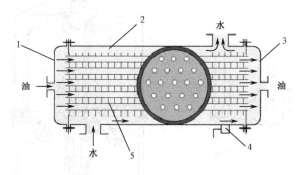

图6-16　机油冷却器

1—前盖；2—壳体；3—后盖；4—放水开关；5—芯管及散热片

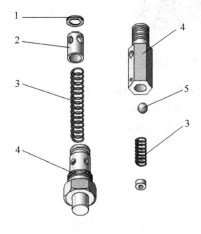

图6-17　阀门

1—垫圈；2—柱塞；3　弹簧；4—阀座；5—钢球

6.4.4　阀门

在润滑系中都设有限压阀和旁通阀，阀门如图6-17所示，以确保润滑系正常工作。

1．限压阀

润滑油的供油压力随发动机转速的增加而增高，并且当润滑系中油路淤塞、轴承间隙过小或使用的机油黏度过大时，也将使供油压力增高。因此，在润滑系机油泵和主油道中设有限压阀，限制机油最高压力，以确保安全。

当机油泵和主油道上机油压力超过预定的压力时，克服限压阀弹簧作用力，顶开阀门，一部分机油从侧面通道流入油底壳内，使油道内的油压下降至设定的正常值后，阀门关闭。

2．旁通阀

旁通阀用以保证润滑系内油路畅通，当机油滤清器堵塞时，机油通过并联在其上的旁通阀直接进入润滑系的主油道，防止主油道断油。旁通阀与限压阀的结构基本相同，只是其安装位置、控制压力、溢流方向不同，通常旁通阀弹簧刚度要比限压阀弹簧刚度小得多。

6.4.5　油尺和机油压力表

　　油尺是用来检查油底壳内油量和油面高低的。它是一片金属杆，下端制成扁平，并有刻线。机油油面必须处于油尺上下刻线之间。

　　机油压力表用以指示发动机工作时润滑系中机油压力的大小，一般都采用电热式机油压力表，它由油压表和传感器组成，中间用导线连接。传感器装在粗滤器或主油道上，它把感受到的机油压力传给油压表。油压表装在驾驶室内仪表板上，显示机油压力的大小值。

6.5　曲轴箱通风

　　发动机工作时，一部分可燃混合气和废气经活塞环泄漏到曲轴箱内。泄漏到曲轴箱内的汽油蒸汽凝结后，将使润滑油变稀。同时，废气的高温和废气中的酸性物质及水蒸气将侵蚀零件，并使润滑油性能变坏。另外，由于混合气和废气进入曲轴箱，使曲轴箱内的压力增大，温度升高，易使机油从油封、衬垫等处向外渗漏。为此，一般汽车发动机都有曲轴箱通风装置，以便及时将进入曲轴箱内的混合气和废气抽出，使新鲜气体进入曲轴箱，形成不断地对流。曲轴箱通风方式一般有两种：一种是自然通风，如图 6-18 所示；另一种是强制通风，如图 6-19 所示。

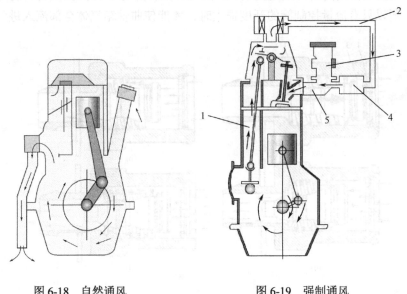

图 6-18　自然通风　　　　　　　图 6-19　强制通风

1—挺杆室；2—抽气管；3—化油器；4—流量控制阀；5—进气管

6.5.1　自然通风

　　从曲轴箱抽出的气体直接导入大气中的通风方式称为自然通风。柴油机多采用这种曲轴箱自然通风方式。在曲轴箱连通的气门室盖或润滑油加注口接出一根下垂的出气管，管口处切成斜口，切口的方向与汽车行驶的方向相反。利用汽车行驶和冷却风扇的气流，在出气口处形成一定真空度，将气体从曲轴箱抽出。

6.5.2　强制通风

将曲轴箱抽出的气体导入发动机的进气管，吸入汽缸再燃烧，这种通风方式称为强制通风。汽油机一般都采用这种曲轴箱强制通风方式，这样，可以将窜入曲轴箱内的混合气回收使用，有利于提高发动机的经济性。

流量控制阀可根据汽油机的工况的变化自动调节进入汽缸的曲轴箱气体的数量。其工作原理如下所述。

（1）当汽油机不工作时，流量控制阀中的弹簧2将锥形阀3压在阀座4上，切断了曲轴箱与进气管的通道，如图6-20(a)所示。

（2）汽油机怠速或减速时，进气管中的真空度很大，真空度克服弹簧的弹力将锥形阀吸向右端，使锥形阀3与阀座4之间只有很小的缝隙，如图6-20(b)所示。这时，虽然流量控制阀的开度小，但是汽油机怠速或减速工作时，窜入曲轴箱的气体量也少，所以能使曲轴箱内的气体流出曲轴箱。

（3）节气门部分开度时，随节气门开度增加进气管内的真空度逐渐减小，在弹簧弹力的作用下，锥形阀3向左移动，锥形阀与阀座之间的间隙增加，如图6-20(c)所示。从而保证曲轴箱内增大的窜气量能被吸进进气管中。

（4）汽油机在大负荷工作时，节气门开度最大，进气管真空度较小，弹簧将锥形阀进一步向左推移，使流量控制阀的开度达到最大，如图6-20(d)所示。因为大负荷时将产生更多的曲轴箱气体，所以只有流量控制阀的开度很大时，才能使曲轴箱气体全部流入进气管。

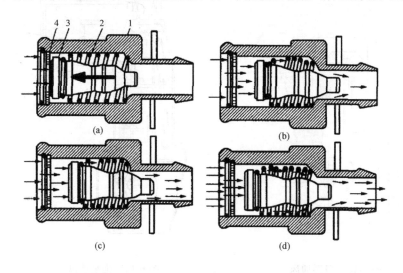

图6-20　汽油机各种工况下的流量控制阀开度

1—流量控制阀阀体；2—弹簧；3—锥形阀；4—阀座

（5）若进气管发生回火，进气管压力升高锥形阀落在阀座上，以防止回火进入曲轴箱而引起汽油机发生爆炸。当活塞或汽缸严重磨损时，将有过多的气体窜入曲轴箱，这时即使流量控制阀开度最大也不足使这些气体流入进气管。在这种情况下，曲轴箱内的压力升高，部分曲轴箱气体经空气软管进入空气滤清器中，再随同新鲜空气一起流入汽缸。

思 考 题

6.1 润滑系的功用是什么？由哪些机件组成？

6.2 试述齿轮式机油泵的构造和工作原理。

6.3 发动机通常采用哪几种机油滤清器？它们应该串联，还是并联？为什么？

6.4 润滑油路中如果不装限压阀将引起什么后果？

6.5 曲轴箱通风的作用是什么？通风方式有几种？汽油机常采用哪种通风方式？为什么？

6.6 离心式机油细滤器的工作原理是什么？有什么优缺点？

6.7 如何选择机油？机油黏度对发动机运转有什么影响？

6.8 什么是单级机油？什么是多级机油？

项目教学任务单

项目：润滑系统的检修——实训指导

参考学时	2	分组		备注	
教学目标	通过本次实训，学生应该能够： 1. 正确检查机油液位及品质，并判断机油是否需要更换； 2. 根据发动机使用条件，合理选用机油黏度及质量等级； 3. 正确更换机油，正确安装机油滤清器； 4. 正确测量机油压力； 5. 说出诊断机油警告灯常亮故障的基本步骤				
实训设备	1. 发动机台架，维修手册； 2. 机油压力表、机油滤清器拆装专用工具； 3. 万用表				
实训过程设计	根据学生人数分组，教师现场指导。 1. 在发动机台架上示范并讲解机油的检查； 2. 示范机油滤清器的更换； 3. 示范机油压力的测量； 4. 示范并讲解机油压力警告灯常亮故障的诊断步骤； 5. 学生检查机油、更换机油滤清器、测量机油压力、按步骤查找机油压力警告灯常亮的故障原因； 6. 小组代表对上述项目进行操作或讲述，同学及教师进行现场点评				
实训纪要					

项目：润滑系统的检修——任务单

班级		组别		姓名		学号	

1. 机油的检查内容包括_____等，该发动机机油_____更换；

A．黏度　　　　　B．颜色　　　　C．气味　　D．沉淀物　　　E．泡沫　　F．油量

2. 下列不同规格的机油中质量等级最高的是_____、最低的是_____，单级油是_____，多级油是_____，汽油机机油是_____。柴油机机油是_____；

A．SA　　B．0W　　　　　C．30　　　D．15W/40　　　E．CD　　　F．SL　　　G．CE

3. 机油的更换周期一般为_____；

A．20000km　　　B．5000km　　　C．2000km　　　D．40000km

4. 查阅发动机维修手册，安装新机油滤清器时先在衬垫上涂抹少许干净_____，先用手拧入正确位置直至衬垫接触到底座，然后用专用工具再拧紧_____圈；

5. 检测机油压力要在发动机达到正常工作温度时进行，查阅维修手册，该发动机机油压力怠速时应为_____kpa 或以上，3000 转/分时为_____kpa；实际测得机油压力怠速时为_____kpa，3000 转/分为_____kpa；

6. 机油压力偏低可能的原因有_____等。

A．主轴承间隙过大　　　　　　　B．机油泵故障　　　　　　　C．机油黏度过大

D．凸轮轴磨损　　　　　　　　　E．油道有泄漏　　　　　　　F．油道有堵塞　　　　　G．机油过稀

7. 机油消耗过多的原因可能有_____等；

A．汽缸磨损严重　　　　　　　　B．活塞环断裂　　　　　　　C．气门导管磨损

D．气门油封损坏　　　　　　　　E．曲轴箱通风故障　　　　　F．油底壳漏油

G．发动机长时间大负荷运行

8. 发动机起动后，仪表中的机油警告灯应_____；

A．常亮　　　　　　　　　　　　B．闪烁　　　　　　　　　　C．熄灭

9. 该发动机起动后机油灯仍然闪亮的原因是_____；

A．机油压力不足　　　　　　　　B．机油警告灯开关故障　　　C．机油灯警告灯电路故障

10. 请写出机油警告灯常亮故障诊断的基本步骤：

总结评分	

教师签名：　　　　　　　　　　　　　年　　月　　日

第7章

冷 却 系

【本章重点】

● 冷却系的功用；
● 水冷系统的组成和水路；
● 水冷系统的主要机件

【本章难点】

● 水冷系统的组成及水路；
● 风扇离合器、节温器的结构

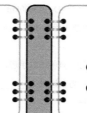

7.1 冷却系的功用及冷却方式

7.1.1 功用

冷却系的主要功用是把受热零件吸收的部分热量及时散发出去，保证发动机在最适宜的温度状态下工作。

发动机工作期间，汽缸内的燃气温度可高达 2500℃。燃烧所产生的热量只有一部分转化为机械功，使发动机运转并对外输出做功；另一部分热量被排出的废气带走；还有一部分热量（约占燃烧热量的 1/3）经各种传热方式传给发动机组件。特别是直接与燃烧气体接触的汽缸盖、活塞、汽缸套和气门等零件，使之强烈受热，若不及时加以冷却或冷却不足，则使缸内温度过高，吸进的工质因高温而膨胀，使充气量下降从而导致发动机的功率下降；另外，温度过高，各零件的材料、尺寸都会因温度的不同而膨胀的程度不同，相互之间的正常配合间隙将被改变；再有，温度过高，机油黏度大大下降，并可能发生变质，使各摩擦表面间的润滑情况恶化，运动件之间磨损加剧，机件的强度和刚度下降，造成变形和早期损坏。因此，发动机不能在过高的温度下工作。

但发动机也不能在过低的温度下工作。如冷却过度，汽缸内的温度过低，则热量散失较多，转变为有用功的热量就减少；另外汽缸内温度过低，燃料的雾化蒸发性能变差，混合气的形成和燃烧不好；还有温度过低，机油黏度过大，机械运转阻力增加。这些都造成发动机的耗油量增加，功率下降。除此以外，发动机温度过低还会使已经蒸发的燃油在汽缸壁上重新凝结，而且排气中的水蒸气和硫化物会产生亚硫酸、硫酸等酸性物质，这不仅稀释了机油，使磨损加剧，而且使零件受到腐蚀。因此发动机应在最适宜的温度下工作。

综上所述，冷却系统的功用是及时并适量地将在高温条件下工作的零件所吸收的热量散发到大气中去，保持发动机在最适宜的温度下工作。冷却系统工作的好坏，对发动机的经济性、动力性、可靠性和耐久性都有直接影响。

7.1.2 冷却方式

　　冷却系按照冷却介质不同可以分为风冷和水冷，如图 7-1 所示。把发动机中高温零件的热量直接散入大气而进行冷却的装置称为风冷系，而把这些热量先传给冷却水，然后再散入大气进行冷却的装置称为水冷系。由于水冷系冷却均匀，效果好，而且发动机运转噪声小，目前汽车发动机上广泛采用的是水冷系。

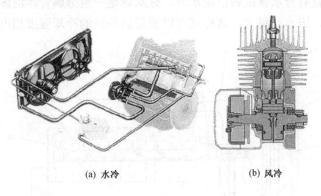

(a) 水冷　　　　　　　　　　(b) 风冷

图 7-1　冷却系

7.2　水冷系统

　　水冷系统是以水作为冷却介质，把发动机受热零件吸收的热量散发到大气中去。它由散热器、水泵、风扇、冷却水套和温度调节装置等组成，如图 7-2 所示。

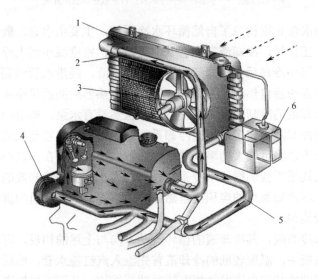

图 7-2　水冷系统的组成

1—散热器；2—散热器进水管；3—风扇；4—水泵；5—散热器出水管；6—膨胀水箱

　　按照冷却液的循环方式，水冷系统分为强制循环水冷系统和自然循环水冷系统。如图 7-3 所示为发动机强制循环水冷系统示意图，发动机的汽缸盖和汽缸体中都铸造有水套。冷却液经水泵 6 加压后，经分水管 10 进入缸体水套内，冷却液在流动的同时吸收汽缸壁的热量并使温度升高，然后流入汽缸盖水套，在此吸热升温后经节温器 7 及散热器进水管进入散热器 2 中。与此同时，由于风扇 4 的旋转抽吸，空气从散热器芯吹过，使流经散热器芯的冷却液的热量不断地散到大气中去，温度降低，最后又经水泵加压后再一次流入缸体水套中，如此不断循环，发动机就不断得到冷却。发动机转速升高，水泵和风扇的转速也随之升高，则冷却液的循环加快，扇风量加大，散热能力就加强。为了使多缸机前后各缸冷却均匀，一般发动机在缸体水套中设置有分水管或铸出配水室。分水管是一根金属管，沿纵向开有若干个出水孔，离水泵越远处，出水孔越大，这样就可以使前后各缸的冷却强度相近，整机冷却均匀。

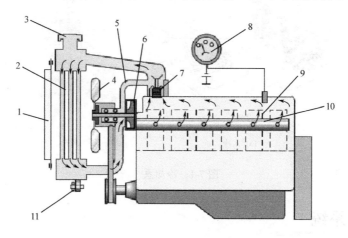

图 7-3　冷却水路

1—百叶窗；2—散热器；3—散热器盖；4—风扇；5—旁通管；6—水泵；7—节温器；
8—水温表；9—水套；10—分水管；11—散热器放水开关

去掉图 7-3 中的水泵 6 则构成了自然循环水冷系统，主要由水套、散热器、风扇、节温器和连接水管组成。工作时，冷却液在水套 9 中受热后，密度减小而上浮，经节温器 7 流入散热器 2 中，在散热器中冷却后，冷却液密度增大而下降，经进水管回到水套。在发动机工作时，冷却液在冷却系中靠自然温差来循环。安装在散热器后面的风扇 4 可形成吹过散热器的空气流，以增强冷却液的冷却强度。这种冷却系虽然没有水泵，构造简单，但冷却液的循环速度较慢，需要的冷却液量较多，因而冷却系的容量较大，使发动机的重量加大，而且工作不可靠，冷却强度不能满足较大功率发动机的需要，因此仅用在一些小型发动机上。

大多数的发动机均采用强制循环水冷系统。即利用水泵提高冷却液的压力，强制冷却液在发动机中循环。这种冷却系统的容积比自然循环的小得多，发动机的重量也相应减轻，而且汽缸上下的冷却较均匀。

有些发动机的水冷系统，其冷却液的循环流动方向与上述的相反，可称其为逆流式水冷系统。在这种水冷系统中，温度较低的冷却液首先流入汽缸盖水套，然后才流过机体水套。由于它改善了燃烧室的冷却而允许发动机有较高的压缩比，从而可以提高发动机的热效率和功率。

水冷系统还设置有水温传感器和水温表 8，水温传感器安装在汽缸盖出水管处，将出水管处的水温传给水温表。操作人员可借助水温表随时了解水冷系统的工作情况，正常工作的水温一般在 80～90℃之间。

7.3　水冷系统的主要机件

7.3.1　散热器

散热器的功用是增大散热面积，加速水的冷却。冷却水经过散热器后，其温度可降低 10～15℃，为了将散热器传出的热量尽快带走，在散热器后面装有风扇与散热器配合工作。

散热器又称为水箱，由上储水室、散热器芯和下储水室等组成，如图 7-4 所示。

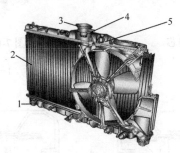

图 7-4　散热器

1—下储水箱；2—散热器芯；3—散热器盖；4—蒸汽引出管；5—上储水箱

散热器上储水室顶部有加水口，冷却水由此注入整个冷却系并用散热器盖盖住。在上储水室和下储水室分别装有进水管和出水管，进水管和出水管分别用橡胶软管和汽缸盖的出水管和水泵的进水管相连，这样，既便于安装，而且当发动机和散热器之间产生少量位移时不会漏水。在散热器下面一般装有减振垫，防止散热器受振动损坏。在散热器下储水室的出水管上还有放水开关，必要时可将散热器内的冷却水放掉。

散热器芯由许多冷却水管和散热片组成，对于散热器芯应该有尽可能大的散热面积，采用散热片是为了增加散热器芯的散热面积。散热器芯的构造形式有多种，常用的有管片式（如图 7-5 所示）和管带式（如图 7-6 所示）两种。

管片式散热器结构如图 7-5 所示，散热器芯冷却管的断面大多为扁圆形，它连通上、下储水室，是冷却水的通道。和圆形断面的冷却管相比，不但散热面积大，而且万一管内的冷却水结冰膨胀，扁管可以借其横断面变形而避免破裂。采用散热片不但可以增加散热面积，还可增大散热器的刚度和强度。这种散热器芯强度和刚度都好，耐高压，但制造工艺较复杂，成本高。

管带式散热器结构如图 7-6 所示，散热器芯采用冷却管和散热带沿纵向间隔排列的方式，散热带上的小孔是为了破坏空气流在散热带上形成的附面层，使散热能力提高。这种散热器芯散热能力强，制造工艺简单，成本低，但结构刚度不如管片式大，一般多为轿车发动机采用，近年来在一些中型车辆上也开始采用。对散热器的要求是，必须有足够的散热面积，而且所用材料导热性能要好，因此，散热器一般用铜或铝制成。

目前汽车发动机多采用闭式水冷系，这种冷却系的散热器盖具有自动阀门，发动机热态正常工作时，阀门关闭，将冷却系与大气隔开，防止水蒸气溢出，使冷却系内的压力稍高于大气压力，从而可增高冷却水的沸点。在冷却系内压力过高或过低时，自动阀门则开启以使冷却系与大气相通。目前闭式水冷系广泛采用具有空气—蒸汽阀的散热器盖，如图 7-7 所示。一般情况下，两阀借弹簧关闭。当散热器中压力升高到一定值（约为 0.026～0.037MPa）时，蒸汽阀开启；水温下降，当冷却系中产生的真空度达一定值（约为 0.01～0.02MPa）时，空气阀开启。

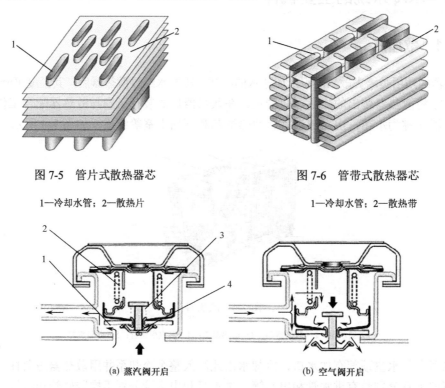

图 7-5　管片式散热器芯　　　　　　　　图 7-6　管带式散热器芯

1—冷却水管；2—散热片　　　　　　　　1—冷却水管；2—散热带

(a) 蒸汽阀开启　　　　　　(b) 空气阀开启

图 7-7　散热器盖

1—蒸汽阀；2—蒸汽阀弹簧；3—空气阀弹簧；4—空气阀

　　对于加注防锈、防冻液的汽车发动机，为了减少冷却液的损失，保证冷却系的正常工作，采用"散热器+副水箱"结构，如图 7-8 所示。副水箱的上方用一根软管通大气，另一根软管与散热器的溢流管相连。当散热器内蒸汽压力升高到某一值时，其盖上的压力阀打开，冷却液通过压力阀通过溢流管进入副水箱；当温度下降时，冷却液又从副水箱通过真空阀流回到散热器内部。这样可以防止冷却水损失。副水箱内部印有两条液面高度标记线，副水箱内的液面高度应位于这两条刻线之间。

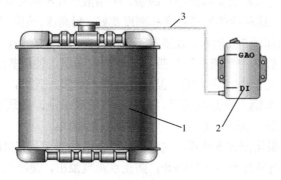

图 7-8　"散热器+副水箱"结构

1—散热器；2—副水箱；3—橡胶软管

7.3.2 风扇

风扇的功用是提高通过散热器芯的空气流速，增加散热效果，加速水的冷却。风扇的结构如图 7-9 所示，风扇通常安排在散热器后面，并与水泵同轴。风扇的外径略小于散热器的宽度与高度。当风扇工作时，对空气产生吸力，使空气沿轴向流动。空气流由前向后通过散热器冷却管表面，如图 7-10 所示，使流经散热器冷却管内的冷却水加速冷却，使发动机得到冷却。

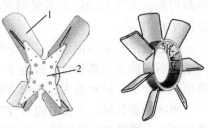

图 7-9 风扇
1—叶片；2—托架

车用发动机的风扇有两种形式，轴流式和离心式。轴流式风扇所产生的风，其流向与风扇轴平行；离心式风扇所产生的风，其流向为径向。轴流式风扇效率高，风量大，结构简单，布置方便。因而在车用发动机上得到了广泛的应用。

风扇的扇风量主要与风扇的直径、转速、叶片安装角及叶片数目等有关。汽车用的水冷发动机上大多数采用螺旋桨式风扇，其叶片多用薄钢板冲压制成，横断面多为弧形，也可以用塑料或铝合金铸成翼型断面。塑料或铝合金风扇虽然制造工艺较复杂，但效率较高，功率消耗较少，故在轿车和轻型汽车上

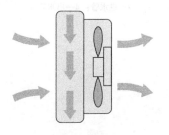

图 7-10 空气流通过散热器

得到广泛应用，如奥迪轿车的发动机冷却风扇即采用高强度工程塑料注塑而成。叶片应与风扇旋转平面安装成一定的倾斜角度，一般为 30°～45°，如东风 EQ1090E 型汽车发动机的风扇安装倾斜角为 30°。叶片数目通常为四片或六片，如捷达轿车发动机的风扇为六片。叶片之间的夹角一般不相等，以减少叶片旋转时的振动和噪声。

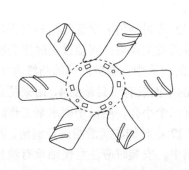

图 7-11 带有辅助叶片的导流风扇

为了提高风扇的效率，使通过散热器芯的气流分布得更均匀，且集中穿过风扇，减少空气回流现象，可以在风扇外围装设一个护风罩。另外，还有一种带有辅助叶片的导流风扇，如图 7-11 所示。它在叶片表面上铸有凸起的辅助叶片，增加了空气的径向流量，防止了叶片表面的气流发生附面层分离和涡流现象，从而提高了效率，并降低了噪声。

风扇和发电机一般同时由曲轴带轮通过三角皮带驱动，发电机的支架一般做成可移动式，以调节皮带的张紧度。皮带过松，将引起皮带相对带轮打滑，使风扇的扇风量减少，发动机过热及发电机的发电效率下降；皮带过紧，将增加发电机轴承的磨损。因此要求皮带必须保持合适的松紧度，一般用大拇指以 30～50N 的力，按下皮带产生 10～15mm

的绕度为宜。桑塔纳 2000 型轿车发动机有两套风扇，且不与水泵同轴，其一由电动机驱动，其二是由电动风扇带动的从动风扇（由第一只风扇带动），并由受冷却液温度作用的温度开关控制。桑塔纳 2000 型轿车 AJR 发动机的两只风扇都有独立的直流电动机驱动。

7.3.3　水泵

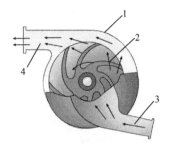

图 7-12　水泵

1—水泵壳体；2—叶轮；
3—进水管；4—出水管

水泵的功用是对冷却水加压，加速冷却水的循环流动，保证冷却可靠。车用发动机上多采用离心式水泵，其结构如图 7-12 和图 7-13 所示。

离心式水泵主要由泵体、叶轮和水泵轴组成，轮叶一般是径向或向后弯曲的，其数目一般为 6～9 片，离心式水泵具有结构简单、尺寸小、排水量大、维修方便等优点。

当叶轮旋转时，水泵中的水被叶轮带动一起旋转，在离心力作用下，水被甩向叶轮边缘，然后经外壳上与叶轮成切线方向的出水管压送到发动机水套内。与此同时，叶轮中心处的压力降低，散热器中的水便经进水管被吸进叶轮中心部分。如此连续作用，使冷却水在水路中不断地循环。如果水泵因故停止工作时，冷却水仍然能从叶轮叶片之间流过，进行热流循环，不至于很快过热。

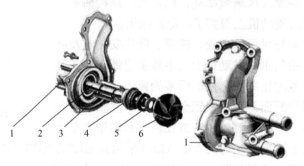

图 7-13　水泵结构

1—外壳；2—水泵轴；3—轴承；4—水封圈；5—挡水圈；6—叶轮

如图 7-14 所示为 6100Q-1 型汽油机离心式水泵结构图。

泵壳 1 用螺钉固定在汽油机前端，泵盖板 9 与泵壳之间的密封垫用来保证叶轮与泵壳和盖板之间的轴向间隙。该间隙过小，叶轮轴向移动时会与盖板发生摩擦；间隙过大时则会减少水泵出水量。水泵轴 12 通过两个向心球轴承支承在泵壳的内孔中。泵轴前端的凸缘盘 14 上安装风扇和皮带轮，轴的后端固定着叶轮 2。固定螺钉 5 的下面装有密封垫圈 4，用来防止叶轮和泵轴间的配合面锈蚀。叶轮采用弧形叶片，叶轮上有三个小孔，用以平衡水泵工作时叶轮前后的压力，增加水泵泵水量。水泵轴轴承通过加油嘴 17 定时加注润滑脂进行润滑。两轴承各有一油封，用以防止润滑脂泄漏及冷却水渗入润滑脂中。安装时应注意使轴承有油封的一端相背安装。

为防止冷却水沿水泵轴泄漏，在叶轮的前端装有自紧式水封。水封由夹布胶木密封垫圈 3、水封皮碗 6 及弹簧 7 等组成。密封垫圈外圆的两个凸起部位卡在泵壳水封座相应的缺口内，使垫圈只能轴向移动而不能相对于泵壳转动。弹簧将筒形水封皮碗的两端凸缘分别压紧在铜质的水封座圈 10 和密封垫圈 3 上，阻止了冷却水的泄漏。弹簧在安装时具有一定的预紧力，保证密封垫圈磨损后，仍能将其压紧在叶轮端面上。

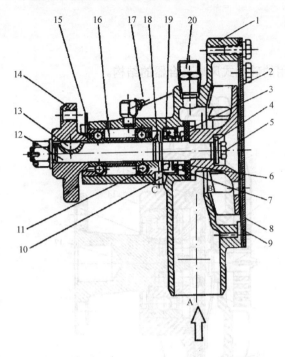

图 7-14　6100Q-1 型汽油机离心式水泵结构图

1—泵壳；2—叶轮；3—夹布胶木密封垫圈；4—密封垫圈；5—螺钉；6—水封皮碗；7—弹簧；
8—垫圈；9—泵盖板；10—水封座圈；11—球轴承；12—水泵轴；13—半圆键；14—凸缘盘；
15—轴承卡环；16—隔离套管；17—加油嘴；18—甩水圈；19—水封环；20—管接头

为防止水封渗漏时冷却水进入轴承中，并便于驾驶员发现水封损坏，在水泵轴上装有甩水圈 18，它与水泵轴 12 一起转动，当渗漏的冷却水沿泵轴流到甩水圈处时，便在离心力作用下被甩到泵体上，然后经泵体上的检视孔 C 流到泵体外。

7.4　冷却系统的调节和冷却液

冷却强度调节装置是根据发动机不同工况和不同使用条件，改变冷却系的散热能力，即改变冷却强度，从而保证发动机经常在最有利的温度状态下工作。改变冷却强度通常有两种调节方式：一种是改变通过散热器的空气流量；另一种是改变冷却液的循环流量和循环范围。

7.4.1　改变通过散热器的空气流量

通常利用百叶窗和各种自动风扇离合器来实现改变通过散热器的空气流量。百叶窗是为了调节空气流量并防止冬季冻坏水箱，多用人工调节，也有采用自动调节装置的。

风扇离合器是置于风扇传动机构中的离合机构,可根据发动机的温度自动控制风扇的转速，调节扇风量以达到改变通过散热器的空气流量，它不仅能减少发动机的功率损失，节省燃油，而且还能提高发动机的使用寿命，降低发动机的噪声。常见的风扇离合器形式有硅油风扇离合器、机械式风扇离合器、电磁风扇离合器及液力耦合器等，其中硅油风扇离合器应用较广泛。

1. 硅油风扇离合器

如图 7-15 所示是常用的硅油式风扇离合器的结构。

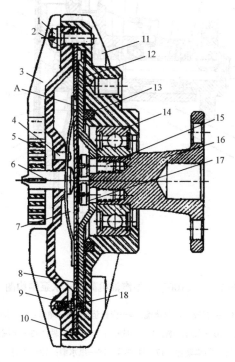

图 7-15　硅油式风扇离合器

1—螺钉；2—垫片；3—前盖；4—销钉；5—感温器；6—阀片轴；7—阀片；8—从动板；9—弹簧；
10—垫片；11—壳体；12—主动板；13—密封毛毡；14—轴承；15—螺钉；16—主动轴；17—弹簧垫圈；18—球阀

主动轴 16 由发动机驱动，轴的左端固定有主动板 12，它随主动轴一起旋转。从动板 8 用螺钉固定在离合器壳体 11 上，离台器壳体轴承支承在驱动轴上，从动板与壳体之间的空间为工作腔，前盖与从动板之间的空间为储油腔，该腔内装有高黏度的硅油。从动板上有一小孔 A，在常温下该孔被控制阀片 7 挡住，储油腔内的机油不能进入工作腔内。由于工作腔内没有硅油，主动板 12 上的扭矩不能传到从动板 8 上，离合器处于分离状态。当主动轴旋转时，装有风扇叶片的离合器壳体 11 在主动轴的轴承 14 上打滑，在密封毛毡 13 和轴承摩擦力作用下，以很低的速度旋转。

当发动机负荷增大、冷却水温度升高时，通过散热器的气流温度也随之升高。热气流吹到离合器前面的螺旋形双金属片感温器 5 上，使感温器的双金属片受热变形，带动阀片轴 6 和阀片 7 偏转一角度，开始打开从动板上的进油孔 A，储油腔内的硅油便经此孔进入工作腔。主动板通过工作腔内硅油的黏性带动壳体和风扇以较高的速度旋转，离合器此时处于接合状态。进入工作腔的硅油在离心力的作用下甩向外缘，顶开球阀 18 流回储油腔。气流温度越高，感温器的变形就越大，控制阀片的转角也越大，进油孔的开度也越大，从储油腔流到工作腔的硅油也越多，风扇的转速就越高。当气流温度达 338K（65℃）时，进油孔完全打开。

在离合器工作过程中，硅油在储油腔与工作腔之间不断循环。为防止由于硅油的温度过高而使其黏度发生变化，在壳体和前盖上铸有散热片，以加强对硅油的冷却。

当发动机温度降低，吹到感温器上的气流温度降到 308K（35℃）时，控制阀片将进油孔完全关闭，硅油不再进入工作腔，工作腔内的硅油继续流回储油腔，直至工作腔内的硅油几乎被甩空。离合器又处于分离状态。

装上这种离合器后，不但可使发动机经常在适宜的温度下工作，还可减少风扇耗功，降低风扇噪声。

2．机械式风扇离合器

以形状记忆合金作为温控和驱动元件的机械式风扇离合器，如图 7-16 所示。

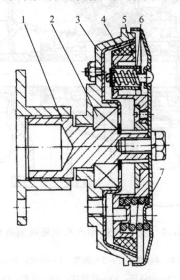

图 7-16　机械式风扇离合器

1—主动轴；2—滚动轴承；3—从动件；4—摩擦片；5—主动件；6—复位弹簧；7—形状记忆合金螺旋弹簧

主动件 5 与主动轴 1 之间通过花键相连接。从动件 3 安装在滚动轴承 2 的外圈上，滚动轴承的内圈安装在主动轴上。风扇安装在从动件上。螺旋弹簧 7 是用形状记忆合金材料制造，安装在主动件上。形状记忆合金材料具有形状记忆效应和超弹性特性，它在临界温度点具有大幅度改变形状的特点，是温控元件的理想材料。该结构中的螺旋弹簧 7 兼有温控和压紧两个作用。

机械式风扇离合器的工作过程为：汽车发动机在小负荷工作时，散热器后面的空气温度在 50±3℃以下，形状记忆合金螺旋弹簧保持原来形状，风扇离合器处于分离状态；当汽车发动机的负荷逐渐增加，使流经风扇离合器的气流温度上升到 50±3℃以上时，形状记忆合金螺旋弹簧开始伸长，使风扇离合器逐渐接合，风扇转速与主动轴转速相等；当散热器后面的空气温度下降到 54℃时，离合器开始分离，风扇转速逐渐降低；散热器后面的空气温度下降到 40℃时离合器完全分离，风扇只在轴承摩擦力矩驱动下低速运转。

记忆合金控制的机械式风扇离合器的优点有温控灵敏度较高、结构简单、工作可靠、易于维修等。

3. 电磁风扇离合器

电磁风扇离合器的结构如图7-17所示。风扇离合器用螺母8固定在水泵轴9上。

电磁风扇离合器由主动和从动两部分组成。主动部分由带三角皮带槽的电磁壳体 3、线圈2、滑环1和摩擦片4组成。从动部分由用球轴承装在电磁壳体上的风扇7，以及可随导销6做轴向移动的衔铁环12等组成，线圈2用环氧树脂固定在电磁壳体内。引线壳体15装在防护罩上，其中心孔内的电刷16靠弹簧14压在滑环上，接线柱13通过导线与水温感应开关相连接。

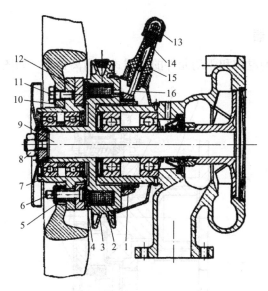

图 7-17　依发 W50 型汽车电磁风扇离合器

1—滑环；2—线圈；3—电磁壳体；4—摩擦片；5—弹簧；6—导销；7—风扇毂；8—螺母；9—水泵轴；

10—风扇；11—螺钉；12—衔铁环；13—接线柱；14—弹簧；15—引线壳体；16—电刷

电磁风扇离合器的工作过程为：当冷却水温度低于92℃时，水温感应开关的电路不通，线圈2不通电，离合器处于分离状态；当水温超过92℃时，水温感应开关的电路自动接通，线圈2通电，电磁壳体吸引衔铁环将摩擦片压紧，离合器处于接合状态。

7.4.2　改变通过散热器的冷却水流量

通常利用节温器来控制通过散热器冷却水的流量。节温器装在冷却水循环的通路中（一般装在汽缸盖的出水口），根据发动机负荷大小和水温的高低自动改变水的循环流动路线，以达到调节冷却系的冷却强度。节温器有蜡式和膨胀筒式两种。

1. 蜡式节温器

蜡式节温器的结构如图7-18所示。

在橡胶管和感应体之间的空间里装有石蜡，为提高导热性，石蜡中常掺有铜粉或铝粉。常温时，石蜡呈固态，阀门压在阀座上。这时阀门关闭通往散热器的水路，来自发动机缸盖出水口的冷却水，经水泵又流回汽缸体水套中，进行小循环。当发动机水温升高时，石蜡逐渐变成液态，体积随之增大，迫使橡胶管收缩，从而对反推杆上端头产生向上的推力。由于反推杆上端固定，故反推杆对橡胶管、感应体产生向下反推力，阀门开启，当发动机水温达到 80℃ 以上时，阀门全开，来自汽缸盖出水口的冷却水流向散热器，而进行大循环。当发动机的冷却水温在 70～80℃ 范围内时，主阀门和副阀门处于半开闭状态，此时一部分水进行大循环，而另一部分水进行小循环。

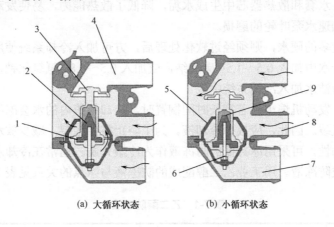

(a) 大循环状态　　　　　(b) 小循环状态

图 7-18　蜡式节温器

1—主阀门；2—橡胶体；3—副阀门；4—来自发动机（小循环）；5—阀座；6—中心杆；
7—来自散热器（大循环）；8—来自暖风装置；9—石蜡

2. 膨胀筒式节温器

膨胀筒式节温器的结构如图 7-19 所示，膨胀筒式节温器是由具有弹性、折叠式的密闭圆筒（用黄铜制成），内装有易于挥发的乙醚。主阀门和侧阀门随膨胀筒上端一起上下移动。膨胀筒内液体的蒸汽压力随着周围温度的变化而变化，故圆筒高度也随温度而变化。

当发动机在正常热状态下工作时，即水温高于 80℃，冷却水应全部流经散热器，形成大循环。此时节温器的主阀门完全开启，而侧阀门将旁通孔完全关闭；当冷却水温低于 70℃ 时，膨胀筒内的蒸汽压力很小，使圆筒收缩到最小高度。主阀门压在阀座上，即主阀门关闭，同时侧阀门打开，此时切断了由发动机水套通向散热器的水路，水套内的水只能由旁通孔流出经旁通管进入水泵，又被水泵压入发动机水套，此时冷却水并不流经散热器，只在水套与水泵之间进行小循

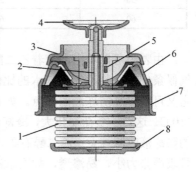

图 7-19　膨胀筒式节温器

1—折叠圆筒；2—杆；3—阀座；4—主阀门；
5—导向支架；6—侧阀门；
7—外壳；8—支架

环，从而防止发动机过冷，并使发动机迅速而均匀地热起来；当发动机的冷却水温在 70℃～80℃ 范围内，主阀门和侧阀门处于半开闭状态，此时一部分水进行大循环，而另一部分水进行小循环。

膨胀筒式节温器阀门的开启是靠筒中易挥发液体形成的蒸汽压力的作用，故对冷却系的工作压力较敏感，而蜡式节温器则对冷却系的工作压力不敏感，而且与膨胀筒式节温器相比还有着工作可靠、结构简单、坚固耐用、制造方便、容易大量生产、成本低等优点，因此膨胀筒式节温器目前有逐渐被蜡式节温器取代的趋势。

7.4.3　冷却液和防冻液

发动机使用的冷却液应该是清洁的软水。如果使用硬水，其中的矿物质在高温时沉析出来，附着在管道、水套和散热器芯中生成水垢，降低了散热能力，易使发动机过热，还会使散热器芯堵死和加速水泵叶轮的磨损。

对含矿物质较多的硬水，则须经过软化处理后，方可加入冷却系统使用。硬水软化的常用方法是：在一升水中加入 0.5～1.5g 碳酸纳，或加入 0.5～0.8g 氢氧化钠，待生成的杂质沉淀后，取上面的清洁水加入冷却系统中。

在寒冷地区，发动机熄火后若需长时间搁置时，冷却系统内的水会冻结，致使散热器、汽缸体和汽缸盖胀裂。因此，应放掉冷却液。为了防止零件胀裂，减少放水和加水的工作，增加发动机的机动性，可采用冰点低的防冻液作为冷塑介质。通常在冷却水中加入适量的乙二醇或酒精，配成防冻液。用工业乙二醇配成的防冻液与冰点的关系见表 7-1。

表 7-1　乙二醇防冻液

冰　　点	乙二醇（容积%）	水（容积%）	密　　度
−10	26.4	73.6	1.0340
−20	36.4	63.6	1.0506
−30	45.6	54.4	1.0627
−40	52.6	47.4	1.0713
−50	58.0	42.0	1.0780
−60	63.1	36.9	1.0833

由表中可以看出，随着乙二醇含量的增加，防冻液的冰点降低，因此可根据不同地区的气候条件来选择乙二醇与水的比例。此外，还因为乙二醇本身的沸点较高（194.7℃），所以它又可以提高防冻液的沸点。如在密闭的冷却系统内，以防冻液作为冷却液，其沸点可高于 110℃。这对于负荷变化大，冷却液容易沸腾的工程机械发动机是有利的。在使用乙二醇配制的防冻液时应注意：乙二醇有毒，切勿用口吸；乙二醇对橡胶有腐蚀作用；乙二醇吸水性强，且表面张力小，易渗透，故要求冷却系统密封性好；使用中切勿混入石油产品，否则会在防冻液中产生大量的泡沫。

7.5　风冷系统

风冷系统是利用高速空气流直接吹过汽缸盖和汽缸体的外表面，把从汽缸内部传出的热量散发到大气中去，以保证发动机在最有利的温度范围内工作。发动机汽缸和汽缸盖采用传热较好的铝合金铸成，为了增大散热面积各缸一般都分开制造，在汽缸和汽缸盖表面分布许多均匀排列的散热片，以增大散热面积，利用车辆行驶时的高速空气流，把热量吹散到大气中去。

由于汽车发动机功率较大，需要冷却的热量较多，多采用功率、流量较大的轴流式风扇以加强发动机的冷却。为了有效地利用空气流和保证各缸冷却均匀，在发动机上装有导流罩、分流板和汽缸导流罩，如图 7-20 所示。

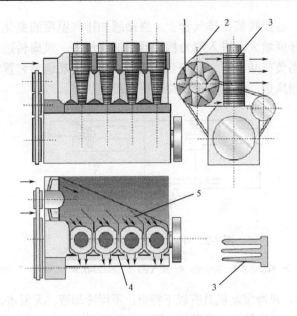

图 7-20　风冷系统

1—风扇；2—导流罩；3—散热片；4—汽缸导流罩；5—分流板

冷却风扇有轴流式和径流式两种。多缸风冷发动机采用轴流式。如图 7-21 所示为前置静叶轮轴流压风式风扇的结构图。风冷风扇主要由静叶轮和动叶轮两部分组成。静叶轮为铝合金精密压铸件，静叶轮毂内装液力耦合器。动叶轮与风扇外壳之间的间隙很小，以提高风扇效率。动叶片与静叶片的端面均为翼形。

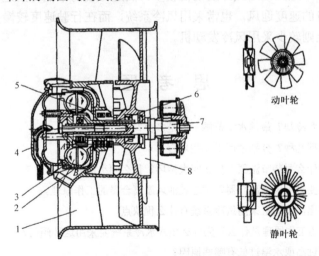

图 7-21　轴流式风扇

1—风扇静叶轮；2—液力耦合器盖；3—液力耦合器泵轮；4—进油管；
5—液力耦合器涡轮；6—从动轴；7—驱动轴；8—风扇动叶轮

为了保持发动机在不同工况下都能在最适宜的温度下正常工作，需对其冷却强度随时进行调节。能随负荷变化自动调节发动机冷却强度的装置如图 7-22 所示。

机油泵 2 将油底壳 1 内的机油泵入主油道 3，通过外接油管引入温控阀 5，再经温控阀出口引入液力耦合器 7。温控阀装在排气管上，直接感知排气温度的变化。当负荷增加时，排气温度升高，温控阀开度增大，进入液力耦合器的油量增多，风扇转速增高，风量增加，冷却强度增强；反之，当负荷减小时，冷却强度随之减弱。自动调节装置能够根据发动机负荷的变化，自动调节冷却风量，使发动机始终保持在最佳状态。

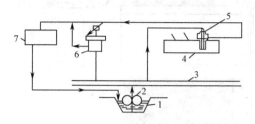

图 7-22　冷却强度自动调节装置

1—油底壳；2—机油泵；3—主油道；4—排气管；5—温控阀；6—电磁阀；7—液力耦合器

　　与水冷发动机相比，风冷发动机具有以下特点：不用冷却液，无漏水、冰冻、结垢等故障，使用维修方便；零件少、结构简单、重量轻；因其工作温度较高，缸套的平均温度一般为 150～180℃，发动机与空气之间传热温差较大，风冷系统的散热能力对大气温度变化不敏感，因此，风冷发动机在严寒、酷热和缺水地区使用具有很大的优越性；起动后暖机时间短；由于没有水套吸音，再加上高速风扇的噪声以及散热片和导风装置振动的噪声，运转时风冷发动机噪声较大；由于金属与空气的传热系数大大低于金属与水的传热系数，风冷发动机热负荷较高，不如水冷发动机工作可靠；由于热负荷较大，充气量系数较低，风冷发动机输出的有效功率受到影响。

　　在军用及高原干旱地区使用风冷发动机较多，高速行驶的车辆特别是小功率的摩托车由于可以利用车辆本身的速度迎风，也常采用风冷系统，而在行驶速度较慢并且经常在大负荷下运行的工程机械上则较少采用风冷发动机。

思 考 题

7.1　发动机为什么要冷却？最佳水温范围一般是多少？

7.2　冷却系统分为哪几种？分别适用于哪些场合？

7.3　水冷却系中为什么要装节温器？什么叫大循环？什么叫小循环？

7.4　汽车上为什么要采用风扇离合器？试述硅油风扇离合器的工作原理。

7.5　与水冷系统相比，发动机采用风冷系统有什么优缺点？

7.6　空气-蒸汽阀的工作原理是什么？为什么闭式水冷系统要采用这种阀门？

7.7　冷却系中水温过高或水温过低有哪些原因？

7.8　离心式水泵的工作原理是什么？为什么发动机普遍采用这种水泵？

项目教学任务单

项目：冷却系统的检修——实训指导

参考学时	2	分组		备注	

教学目标	通过本次实训，学生应该能够： 1. 正确检查冷却液液位及品质，并判断冷却夜是否需要更换； 2. 根据发动机使用条件，合理选用冷却液； 3. 正确更换冷却夜，正确排出冷却系统内空气； 4. 正确使用冷却系统测漏仪检测冷却系统是否有泄漏； 5. 说出诊断发动机水温过高故障的基本步骤
实训设备	1. 发动机台架，维修手册； 2. 冷却系统测漏仪
实训 过程 设计	根据学生人数分组，教师现场指导。 1. 在发动机台架上示范并讲解冷却液的检查； 2. 示范并讲解机冷却液的更换； 3. 示范冷却系统密封性的测量； 4. 示范并讲解发动机水温过高故障的诊断步骤； 5. 学生分组检查冷却液、检测冷却系统密封性、排除发动机水温过高故障； 6. 小组代表对上述项目进行操作或讲述，同学及教师进行现场点评
实训 纪要	

项目：冷却系统的检修——任务单

班级		组别		姓名		学号	

1. 发动机冷却液的主要成分是_____，常见的颜色有_____；

A. 水　　　B. 红色　　　C. 酒精　　D. 黄色　　E. 乙二醇　　　　F. 绿色　　G. 无色

2. 全密封冷却系统（有或无）_____储液罐（膨胀水箱）；

3. 小组发动机的冷却风扇由_____驱动；

A. 电动机　　　　　　　B. 皮带　　　　　　C. 液压泵

4. 冷却风扇硅油离合器在水温高时（接合或断开）_____；

5. 小组发动机的水泵由_____驱动；

A. 风扇皮带　　　　　　B. 正时皮带　　　　C. 发电机皮带

6. 小组发动机的节温器安装在_____处；

A. 上水管入口　　　　B. 上水管出口　　　　C. 下水管入口　　　　　D. 下水管出口

7. 小组发动机的水温开关（或水温传感器）安装在_____；

A. 汽缸盖上　　　　　B. 汽缸体上　　　　　C. 水管上　　　　　　D. 水箱上

8. 水温过高的原因有_____等。

A. 风扇传动皮带打滑或断裂　　　　　　　B. 冷却液不足、冷却液渗漏

C. 散热器堵塞、变形或损坏　　　　　　　D. 冷却水道堵塞或水垢过厚

E. 水泵工作不良　　　　F. 节温器失效　　　G. 点火过早或过晚

H. 环境温度过高，发动机负荷过大

9. 小组发动机水温表指示过高的原因是_____；

10. 进行冷却系统渗漏测试：

① 将水箱测漏仪安装在水箱加水口；

② 向水箱内泵入空气，气压达到 100kPa 并保持 5min；

③ 观察冷却系有无冷却液渗漏，如有渗漏部位是_____。

11. 请写出发动机水温过高故障诊断的基本步骤

总结评分	
	教师签名：　　　　　　　　　　年　月　日

第**8**章

起 动 系 统

【本章重点】

● 起动条件和起动方式；

● 起动机的结构及工作原理；

● 离合机构；

● 起动辅助装置

【本章难点】

● 起动机的结构和工作原理；

● 离合机构

8.1　概述

为了使静止的发动机进入工作状态，必须先用外力转动发动机曲轴，使活塞开始上下运动，汽缸内吸入可燃混合气，并将其压缩、点燃，体积迅速膨胀产生强大的动力，推动活塞运动并带动曲轴旋转，发动机才能自动地进入工作循环。发动机的曲轴在外力作用下开始转动到发动机自动怠速运转的全过程，称为发动机的起动。完成起动所需要的装置叫起动系统，如图 8-1 所示。

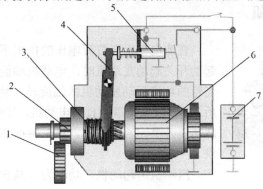

图 8-1　起动系统

1—飞轮；2—齿轮；3—弹簧；4—驱动杠杆；5—铁芯；6—直流电动机；7—起动电路

8.1.1　起动条件

（1）起动转矩：能够使曲轴旋转的最低转矩称为起动转矩，起动转矩必须克服压缩阻力矩和内摩擦阻力矩。起动阻力矩与发动机压缩比、温度、机油黏度等有关。

（2）起动转速：能使发动机顺利起动所必需的曲轴转速，称为起动转速。车用汽油发动机在温度为 0～20℃时，最低起动转速一般为 30～40r/min。为了使发动机能在更低的温度下迅速起动，要求起动转速不低于 50～70r/min。若起动转速过低，压缩行程内的热量损失过多，气流的流速过低，将使汽油雾化不良，导致汽缸内的混合气不易着火。

对于车用柴油机的起动，为了防止汽缸漏气和热量散失过多，保证压缩终了时汽缸内有足够的压力和温度，还要保证喷油泵能建立起足够的喷油压力，使汽缸内形成足够强的空气涡流，要求的起动转速较高，可达 150～300r/min，否则柴油雾化不良，混合气质量不好，发动机起动困难。此外，柴油发动机的压缩比较汽油机更大，因此起动转矩也大，所以起动柴油发动机所需要的起动机功率也比汽油机大。

8.1.2　起动方式

转动曲轴使发动机起动的方式很多，汽车发动机常用的有以下两种。

（1）人力起动。起动最为简单，只需将起动手摇柄端头的横销嵌入发动机曲轴前端的起动爪内，以人力转动曲轴。

（2）电动机起动。电动机起动是用电动机作为机械动力，当将电动机轴上的齿轮与发动机飞轮周缘的齿圈啮合时，动力就传到飞轮和曲轴，使之旋转。电动机本身又用蓄电池作为电源。

8.2　电力起动装置

8.2.1　组成

用电力起动机起动发动机几乎是现代汽车唯一的起动方式。电力起动机简称起动机，它由直流电动机、操纵机构、离合机构等组成。

8.2.2　直流电动机

图 8-2　直流电动机

直流电动机在直流电压的作用下，产生旋转力矩。接通起动开关起动发动机时，电动机轴旋转，并通过驱动齿轮和飞轮的环齿驱动发动机曲轴旋转，使发动机起动，如图 8-2 所示。一般采用串激直流电动机，其特点是低速时转矩很大，随转速升高，转矩下降，这一特征非常适合发动机起动的要求。

汽油机用起动机，功率为 1.5kW，电压为 12V；柴油机用起动机，功率为 5kW，电压为 24V。

1．磁极

铁芯用硅钢片叠加而成，并用螺钉固定在机壳内壁上，为增强磁场、增大转矩，车用起动机通常采用四个磁极，少数大功率起动机采用六个磁极，每个磁极铁芯上都缠有励磁绕组，并通过外壳构成磁回路。励磁绕组通常是用较粗的矩形截面的裸铜线绕制，匝间用绝缘纸绝缘，外部用玻璃纤维带包扎后套在磁极铁芯上。当直流电压作用于励磁绕组的两端时，励磁绕组的周围产生磁场并使磁极铁芯磁化，成为具有一定极性的磁极，且四个磁极的 N 极与 S 极相间排列，形成起动机的磁场，如图 8-3 所示。

2．电枢

直流电动机的转子部分，用来将电能转变为机械能，即在起动机通电时，与磁场相互作用而产生电磁转矩。它由换向器 1、铁芯 2、绕组 3 和电枢轴 4 组成，如图 8-4 所示。电枢铁芯由外圆带槽的硅钢片叠成，压装在电枢轴上；铁芯的外槽内绕有绕组，绕组用粗大的矩形截面裸铜线绕制而成，并且多采用波绕法，以便结构紧凑，并可通过较大的电流，获得较大的电磁力矩。为防止电枢绕组搭铁和匝间短路，在电枢绕组与铁芯之间和电枢绕组匝间用绝缘纸隔开。

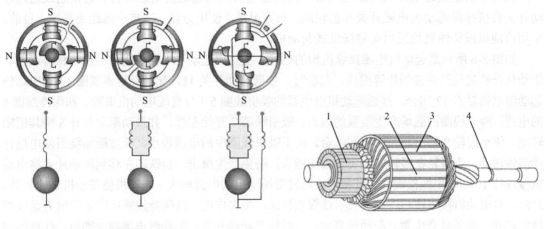

图 8-3　励磁绕组与电枢绕组的连接方式

图 8-4　电枢

1—换向器；2—铁芯；3—绕组；4—电枢轴

换向器用来连接励磁绕组与电枢绕组的电路，并使处于同一磁极下的电枢导体中流过的电流保持固定方向。它由一定数量的燕尾形铜片组成，各铜片之间以及铜片与套筒之间均用云母或硬塑料片绝缘，如图 8-5 所示。电枢绕组各线圈的两端焊接在相应铜片的接线凸缘上，经过绝缘电刷和搭铁电刷分别与起动机磁场绕组一端和起动机壳体连接。电枢轴除了铁芯和换向器外，还制有螺旋槽或花键槽，以便安装传动装置，电枢轴两端通过轴承支撑在起动机前后端盖上。

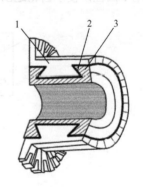

3．电刷及电刷架

电刷用铜和石墨粉压制而成，一般含铜 80%～90%，石墨

图 8-5　换向器

1—铜片；2—云母环；3—套筒

10%～20%，以减小电刷电阻并增加其耐磨性。一般起动机电刷个数等于磁极个数，也有的大功率起动机电刷个数等于磁极个数的两倍，以便减小电刷上的电流密度。有些小功率高速起动机的电刷弹簧采用螺旋弹簧，多数起动机采用碟形弹簧。电刷架采用箱式结构，铆装于前端盖上。电刷装于架内，并用弹簧压紧在换向器的外圆表面，电刷与换向器有较大的接触面积，以尽量减小电刷与换向器之间的接触电阻，并延长电刷使用寿命。

8.2.3 操纵机构

1. 直接操纵

由驾驶员通过起动踏板和杠杆机构直接操纵起动开关并使传动齿轮副进入啮合，结构简单、使用可靠，但操作不便，且当驾驶员座位距起动机较远时难以布置，目前已很少使用。

2. 电磁操纵

由驾驶员通过起动开关操纵继电器，而由继电器操纵起动机电磁开关和齿轮副或通过起动开关直接操纵起动机电磁开关和齿轮副。布置灵活、使用方便，适宜于远距离操纵，目前，车用汽油机或柴油机均采用电磁操纵式起动机。

如图 8-6 所示是起动机电磁操纵机构的电路，主要由起动继电器、吸引线圈、保持线圈、驱动杠杆和起动开关接触片等组成。起动时，接通起动开关 11，起动继电器线圈 13 通电，使起动继电器触点 12 闭合，接通起动机继电器的吸引线圈 5（与直流电动机串联）和保持线圈 6 的电路，两个线圈的磁场产生很强的磁力，吸引铁芯 7 开始左移，并带动驱动杠杆 8 绕其销轴转动，使小齿轮 9 移出与飞轮齿圈啮合。由于吸引线圈中的电流较小，流过磁场绕组使电枢开始慢慢转动，小齿轮在慢转中与飞轮齿圈啮合，避免产生撞击。当铁芯左移到接触片 4 将电动机接线柱 10 与蓄电池接线柱 3 连接时，通过磁场绕组的电流增大，起动机使发动机迅速起动。此时，与电动机接线柱相连接的吸引线圈被短路，失去作用，但保持线圈所产生的磁力足以维持铁芯处于开关吸合位置。起动结束后，及时松开起动开关，起动继电器线圈断电，保持线圈的磁场消失，在回位弹簧的作用下铁芯右移回原位，起动机电路切断，同时驱动杠杆在此弹簧作用下回位，使小齿轮退出啮合。电路中的起动继电器主要对起动开关起保护作用。

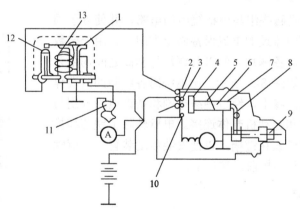

图 8-6 起动机电磁操纵机构电路图

1—起动继电器；2—起动机；3—起动机蓄电池接线柱；4—接触片；5—吸引线圈；
6—保持线圈；7—铁芯；8—驱动杠杆；9—小齿轮；10—电动机接线柱；
11—起动开关；12—起动继电器触点；13—起动继电器线圈

用于 CA1091 型汽车的具有组合继电器的起动电路如图 8-7 所示。组合继电器由起动继电器和充电继电器组成，它利用发动机中性点电压，在发动机起动后尚未切断起动开关时，自动停止起动机的工作。此外，为了在起动发动机时，曲轴能获得足够的起动转矩和必要的起动转速，使发动机能迅速可靠地起动，除选用足够功率的起动机和简单可靠的控制电路外，还必须正确选择驱动齿轮和飞轮齿圈的齿数，以获得适当的传动比，该传动比一般为 10～15。

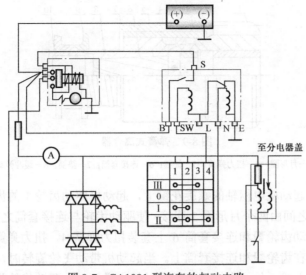

图 8-7　CA1091 型汽车的起动电路

8.2.4　离合机构

起动机应该只在起动时才与发动机曲轴相连，而当发动机开始工作之后，起动机应立即与曲轴分离。否则，随着发动机转速的升高，将使起动机大大超速，产生很大的离心力，而使起动机损坏（起动机电枢绕组松弛，甚至飞散）。因此，起动机中装有离合机构。在起动时，它保证起动机的动力能够通过飞轮传递给曲轴；起动完毕，发动机开始工作时，立即切断动力传递路线，使发动机不可能反过来通过飞轮驱动起动机以高速旋转。离合机构也称为单向离合器。常用的单向离合器有滚柱式、弹簧式、摩擦片式等多种形式。

1．滚柱式离合机构

滚柱式离合机构如图 8-8 所示。

滚柱式离合机构由开有楔形缺口的外座圈、内座圈、滚柱以及连同弹簧一起装在外座圈孔中的柱塞组成。作为内座圈毂的套筒和起动机轴用花键连接。固定在外座圈上的齿轮随电枢轴一起转动，驱动飞轮齿圈而使曲轴旋转。

当电枢连同内座圈依箭头所示方向旋转时，滚柱借摩擦力和弹簧推力而楔紧在内外座圈之间的楔形槽的窄端。于是起动机轴上的转矩便可通过楔紧的滚柱传到外座圈，因此固定在外座圈上的齿轮随电枢轴一同旋转，驱动飞轮齿圈而使曲轴旋转。

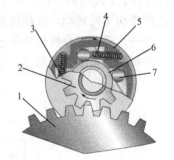

图 8-8　滚柱式离合器

1—飞轮；2—齿轮；3—弹簧；4—柱塞；
5—外座圈；6—内座圈；7—滚柱

当发动机开始工作，曲轴转速升高以后，即有飞轮齿圈带动起动机齿轮高速旋转的趋势。此时虽然齿轮的旋转方向不变，但已由主动轮变成了从动轮。于是，滚柱在摩擦力的作用下克服弹簧张力而向楔形槽较宽的一端滚动，从而，高速旋转的小齿轮与电枢轴脱开，防止了起动机超速的危险。

2．弹簧式离合机构

弹簧式离合机构如图 8-9 所示。

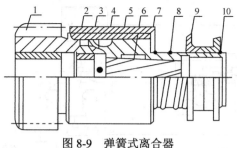

图 8-9　弹簧式离合器

1—驱动小齿轮；2—挡圈；3—月形圈；4—扭力弹簧；5—护圈；6—连接套筒；7—垫圈；8—缓冲弹簧；9—移动衬套；10—卡簧

　　连接套筒 6 套在起动机电枢轴的螺旋花键上，起动机驱动齿轮 1 的齿轮毂滑套在连接套筒的外圆面上。两者之间由两个月形圈 3 连接，使驱动齿轮与连接套筒之间不能做轴向移动，但可相对转动。在驱动齿轮毂和连接套筒 6 上套装扭力弹簧 4，扭力弹簧的两端各有 1/4 圈内径较小并分别箍紧在齿轮毂和连接套筒上。当起动机带动飞轮旋转时，扭力弹簧扭紧，将驱动齿轮和连接套筒连成一体，电枢的扭矩通过扭力弹簧 4，驱动齿轮带动飞轮转动。发动机起动后，驱动齿轮转速高于电枢转速时，扭力弹簧放松，使驱动齿轮在连接套筒上滑转，实现单向分离作用。弹簧式离合器具有结构简单、寿命长等优点，但弹簧圈数多，轴向尺寸较长，所以不能用于小型起动机上。

3. 摩擦片式离合器

　　摩擦片式离合机构如图 8-10 所示，内花键毂 9 装于具有右旋外花键的花键套 10 上，主动片 8 套在内花键毂的导槽中，从动片 6 与主动片相间排列。旋于套上的螺母 2 与摩擦片之间装有弹性垫圈 3、压环 4 和调整垫圈 5。驱动齿轮右端，鼓形部分有导槽，从动片齿轮凸缘装入此导槽中，卡环 7 防止齿轮与从动片松脱。该机构装好后，摩擦片间无压紧力。起动时花键套顺时针转动（从齿轮端看）。靠毂与套之间的右旋花键使内花键在花键套上左移而将摩擦片压紧。此时离合机构处于接合状态，起动电动机的扭矩靠摩擦片间的摩擦传给驱动齿轮，从而带动飞轮转动。发动机起动后，齿轮相对于花键套转速加快，内花键在套上右移，摩擦片松开，于是离合机构处于分离状态。调整垫圈可改变内花键端部与弹性垫圈之间的间隙，以控制弹性垫圈的变形量，从而调整离合机构所能传递的最大摩擦力。

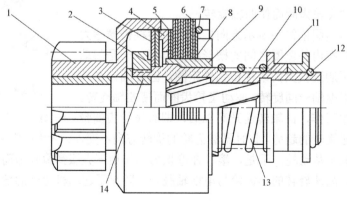

图 8-10　摩擦片式离合器

1—起动机驱动齿轮；2—螺母；3—弹性垫圈；4—压环；5—调整垫圈；6—从动片；7—卡环；
8—主动片；9—内花键毂；10—花键套；11—滑套；12—卡环；13—弹簧；14—限位套

8.2.5　减速起动机

在起动机的电枢轴与驱动小齿轮之间装有齿轮减速器的起动机称为减速起动机，如图 8-11 所示。串激式直流电动机的功率与其转矩和转速成正比，可见，当提高电动机转速的同时降低其转矩，可以保持起动机功率不变，故当采用高速、低转矩的串激式直流电动机作为起动机时，在功率相同的情况下，可以使起动机的体积和质量大大减小。但是，起动机的转矩过低，不能满足起动发动机的要求。为此，在起动机中采用高速、低转矩的直流电动机时，在电动机的电枢轴与驱动齿轮之间安装齿轮减速器，可以在降低电动机转速的同时提高其转矩。减速起动机的齿轮减速器有外啮合式、内啮合式、行星齿轮式三种不同形式。

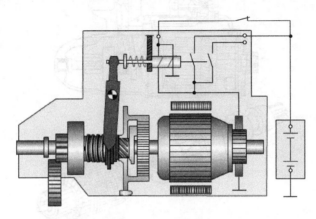

图 8-11　减速起动机

（1）外啮合式减速起动机。其减速机构在电枢轴和起动机驱动齿轮之间利用惰轮做中间传动，且电磁开关铁芯与驱动齿轮同轴心，直接推动驱动齿轮进入啮合，无须拨叉。因此，起动机的外形与普通的起动机有较大的差别。通常分有惰轮外啮合式减速起动机和无惰轮外啮合式减速起动机。外啮合式减速机构的传动中心距较大，因此受起动机构的限制，其减速比不能太大，一般不大于 5，多用在小功率的起动机上。

（2）内啮合式减速起动机。其减速机构传动中心距小，可有较大的减速比，故适用于较大功率的起动机，如图 8-12 所示。但内啮合式减速机构噪声较大，驱动齿轮仍需拨叉拨动进入啮合，因此，起动机的外形与普通起动机相似。

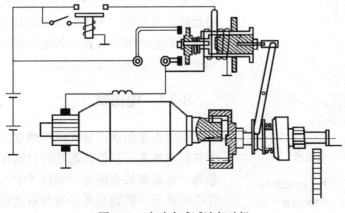

图 8-12　内啮合式减速起动机

（3）行星齿轮式减速起动机。其结构如图 8-13 所示。行星齿轮式减速起动机减速机构结构紧凑、传动比大、效率高。由于输出轴与电枢轴同轴线、同旋向，电枢轴无径向载荷，振动轻，整机尺寸减小。另外，行星齿轮式减速起动机还具有如下优点：负载平均分配在三个行星齿轮上，可以采用塑料内齿圈和粉末冶金的行星齿轮，使质量减轻、噪声降低；尽管增加行星齿轮减速机构，但是起动机的轴向其他结构与普通起动机相同，故配件可以通用。因此，行星齿轮式减速起动机应用越来越广泛，丰田系列轿车和部分奥迪轿车也都采用了行星齿轮式减速起动机。

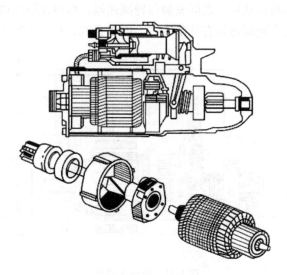

图 8-13　行星齿轮式减速起动机

8.3　改善冬季起动性能的措施

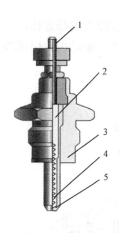

图 8-14　电热塞

1—中心螺杆；2—填料；3—绝缘体；
4—电热丝；5—发热钢套

发动机在严寒冬季起动困难，这是由于机油黏度增高，起动阻力矩增大，蓄电池工作能力降低，以及燃油汽化性能变坏的缘故。为使之便于起动，在冬季应设法将进气、润滑油和冷却水预热。柴油机冬季起动困难尤其大，车用柴油机为了能在低温下迅速可靠地起动，常采用一些用以改善燃料着火条件和降低起动转矩的起动辅助装置，如电热塞、进气预热器、起动液喷射装置以及减压装置等。

8.3.1　电热塞

一般在采用涡流室式或预燃室式燃烧室的发动机中装有电热塞，以便在起动时对燃烧室内的空气进行预热。螺旋形的电阻丝一端焊于中心螺杆上，另一端焊在耐高温不锈钢制造的发热钢套底部，在钢套内装有具有一定绝缘性能、导热好、耐高温的氧化铝填充剂，如图 8-14 所示。各电热塞中心螺杆用导线并联，并连接到蓄电池上。在发动机起动以前，先用专用的开关接通电热塞电路，很快红热的发热钢套使汽缸内空气温度升高，从而提高了压缩终了时的空气温度，使喷入汽缸的柴油容易着火。

8.3.2　进气预热器

在中、小功率柴油机上常采用进气预热器作为冷起动的辅助装置，如图 8-15 所示。空心阀体由膨胀系数较大的金属材料制成。其一端与进油管接头相连，另一端有内螺纹与一端带有外螺纹的阀芯相连。阀芯的锥形端在预热器不工作时将油管接头的进油口堵塞。阀体外绕有外表面绝缘的电热丝。柴油机起动时，接通预热器电路后，电热丝发热，同时加热阀体，阀体受热伸长，带动阀芯移动，使阀芯的锥形端离开进油孔。燃油流进阀体内腔受热气化，从阀体的内腔喷出，并被炽热的电热丝点燃生成火焰喷入进气管，使进气得以预热。当关闭预热开关时，电路切断，电热丝变冷，阀体冷却收缩，其锥形端又堵住进油孔而截止燃油的流入，于是火焰熄灭，预热停止。

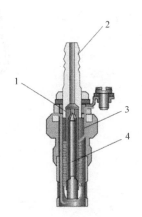

图 8-15　进气预热器
1—空心阀体；2—进油管接头；
3—电热丝；4—阀心

8.3.3　减压装置

为了降低起动力矩，提高发动机转速，在某些车用柴油机上采用减压装置，如图 8-16 所示。发动机起动时，首先通过手柄驱使调整螺钉旋转，并略微顶开气门（气门一般下降 1～1.25mm），以降低初压缩阻力。这样在柴油机起动前起动机转动曲轴比较容易。

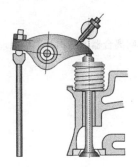

图 8-16　起动减压装置

当曲轴转动起来后，各零件工作表面温度升高，润滑油黏度降低，摩擦阻力减小，从而降低了起动阻力矩。这时将手柄扳回原来位置，柴油机即可顺利起动。

8.3.4　起动液喷射装置

在低温起动时，可根据需要装用起动液喷射装置，如图 8-17 所示。在柴油机进气管内安装一个喷嘴，起动液压力喷射罐内充有压缩气体（氮气）和易燃燃料（乙醚、丙酮、石油醚等）。当低温起动柴油机时，将喷射罐倒立，罐口对准喷嘴上端的管口。轻压起动液喷射罐，即打开喷射罐口处的单向阀，则起动液通过单向阀、喷嘴喷入柴油机进气管，并随同进气管内的空气一起被吸入燃烧室。因为起动液是易燃燃料，故可在较低的温度和压力下迅速着火，从而点燃喷入燃烧室的柴油。

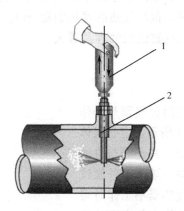

图 8-17　起动液喷射装置

1—起动液压力喷射罐；2—喷嘴

思　考　题

8.1　什么是发动机的起动？起动所必须的条件是什么？车用发动机一般采用哪种起动方式？

8.2　起动机由哪几部分组成？各起什么作用？

8.3　常用起动预热装置有哪些？它们是怎样起预热作用的？

8.4　起动机单向离合器的类型有哪些？

8.5　起动齿轮与飞轮齿圈的传动比一般为多少？

8.6　为什么车用起动机的轴上都装有单向离合器？说明滚柱式单向离合器的结构和工作原理。

项目教学任务单

项目 8　起动系统的检修——实训指导

参考学时	2	分组		备注	

教学目标	通过本次实训，学生应该能够： 1. 按正确方法起动发动机； 2. 能够对蓄电池进行维护和检测，并能通过电压、电流等数据判断蓄电池性能； 3. 使用万用表检测起动线路，诊断并排除起动系统故障
实训设备	1. 整车 4 辆，维修手册 6 本； 2. 蓄电池比重计、高频放电计各 6 套； 3. 万用表 6 块、常用工具 6 套
实训 过程 设计	根据学生人数分组，教师现场指导： 1. 示范起动发动机的方法； 2. 示范并讲解蓄电池的检查、保养方法； 3. 示范并讲解起动电路的检修过程； 4. 学生练习起动发动机； 5. 学生检查、保养蓄电池； 6. 老师设置起动故障，学生检测起动电路； 7、学生分析起动系统故障 8. 小组代表对上述项目进行操作或讲述，并最后回复起动系统使其正常起动。 9.同学及教师进行现场点评
实训 纪要	

项目8　起动系统的检修——任务单

第　　　组

班级		组别		姓名		学号	

1. 起动系统主要由＿＿＿＿＿＿＿＿等组成；

A．蓄电池　　　　B．起动机　　　　C．继电器　　　D．点火开关　　E．连接导线

2. 起动发动机时持续时间不能超过＿＿＿秒，连续两次起动发动机应间隔＿＿＿秒以上，否则可能损坏蓄电池和起动机；

3. 用比重计测量本小组蓄电池电解液的比重是＿＿＿＿＿，用高频放电计检测该电池时选＿＿＿＿AH 挡，测量结果是＿＿＿＿＿＿＿；

4. 用万用表测量起动发动机时蓄电池电压为 ＿＿＿＿V，如电压低于9V，故障部位可能是＿＿＿＿＿＿＿；

5. 如蓄电池极桩上有氧化物可用＿＿＿清除；

A．汽油　　　　　B．酒精　　　　C．热水

6. 用专用工具跨接起动机蓄电池接线柱和电动机接线柱，判断电动机有无转动，如电动机不转动原因可能是＿＿＿故障；

A．炭刷　　　　　B．电动机　　　　C．电磁开关

7. 用万用表测量电磁开关电路插头电压，在点火开关"ON"位置时的电压是＿＿＿V，

在点火开关"ST"位置时的电压是＿＿＿V；

8. 起动机不运转故障的诊断步骤是：＿＿＿ → ＿＿＿ → ＿＿＿。

A．检查电磁开关电源

B．检查电动机工作

C．检查蓄电池

9. 标出下图各部件名称，并简述改系统起动过程？

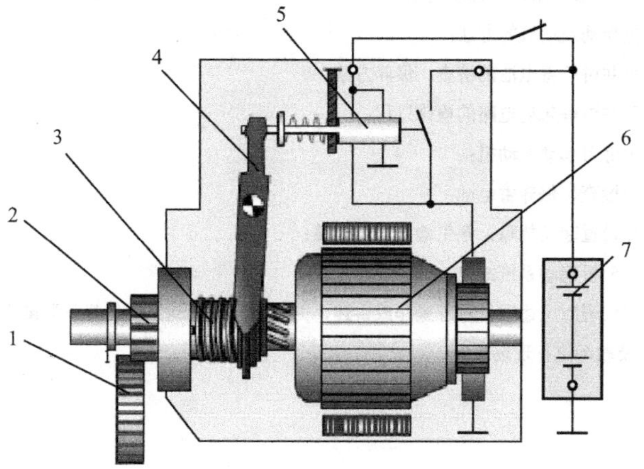

1—　　　；2—　　　；3—　　　；4—　　　；5—　　　；6—　　　；7—

总结评分	

教师签名：　　　　　　　　　　　年　　月　　日

第 **9** 章

汽油机点火系统

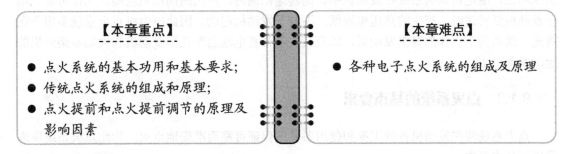

【本章重点】

● 点火系统的基本功用和基本要求;
● 传统点火系统的组成和原理;
● 点火提前和点火提前调节的原理及影响因素

【本章难点】

● 各种电子点火系统的组成及原理

9.1 概述

汽油机在压缩接近上止点时,可燃混合气是由火花塞点燃的,从而燃烧对外做功,为此,汽油机的燃烧室中都装有火花塞。火花塞有一个中心电极和一个侧电极,两电极之间是绝缘的。当在火花塞两电极间加上直流电压并且电压升高到一定值时,火花塞两电极之间的间隙就会被击穿而产生电火花,能够在火花塞两电极间产生电火花所需的最低电压称为击穿电压;能够在火花塞两电极间产生电火花的全部设备称为发动机点火系统。

9.1.1 **点火系统的功用**

点火系统的基本功用是在发动机各种工况和使用条件下,适时地为汽油机汽缸内已压缩的可燃混合气提供足够能量的电火花,使发动机能及时、迅速地燃烧做功。

9.1.2 **点火系统的类型**

发动机点火系统,按其组成和产生高压电方式的不同,可分为传统蓄电池点火系统、电子点火系统、微机控制点火系统和磁电机点火系统。

传统蓄电池点火系统以蓄电池和发电机为电源,借点火线圈和断电器的作用,将电源提供的 6V、12V 或 24V 的低压直流电转变为高压电,再通过分电器分配到各缸火花塞,使火花塞两电极之间产生电火花点燃可燃混合气。传统蓄电池点火系统由于存在产生的高压电比较低、高速时工作不可靠、使用过程中需经常检查和维护等缺点,目前正在逐渐被电子点火系统和微机控制点火系统所取代。

电子点火系统以蓄电池和发电机为电源,借点火线圈和由半导体器件(晶体三极管)组成的点火控制器将电源提供的低压电转变为高压电,再通过分电器分配到各缸火花塞,使火花塞两电极之间产生电火花,点燃可燃混合气。与传统蓄电池点火系统相比具有点火可靠、使用方便等优点,曾经在国内外车辆上广泛采用,但它是一种过渡的点火系统,现正逐步被淘汰。

微机控制点火系统与上述两种点火系统相同，也以蓄电池和发电机为电源，借点火线圈将电源的低压电转变为高压电，再由分电器将高压电分配到各缸火花塞，并由微机控制系统根据各种传感器提供的反映发动机工况的信息，发出点火控制信号，控制点火时刻，点燃可燃混合气。它还可以取消分电器，由微机控制系统直接将高压电分配给各缸。微机控制点火系统是目前最新型的点火系统，已广泛应用于汽油发动机的各类轿车中。

磁电机点火系统由磁电机本身直接产生高压电，不需另设低压电源。与传统蓄电池点火系统相比，磁电机点火系统在发动机中、高转速范围内，产生的高压电较高，工作可靠。但在发动机低转速时，产生的高压电较低，不利于发动机起动。因此磁电机点火系统多用于在高速、满负荷下工作的赛车发动机，以及某些不带蓄电池的摩托车发动机和大功率柴油机的起动发动机上。

9.1.3　点火系统的基本要求

点火系统应在发动机各种工况和使用条件下保证可靠而准确地点火。为此点火系统应满足以下基本要求。

1. 能产生足以击穿火花塞两电极间隙的电压

使火花塞两电极之间的间隙击穿并产生电火花所需要的电压，称为火花塞击穿电压。火花塞击穿电压的大小与电极之间的距离（火花塞间隙）、汽缸内的压力和温度、电极的温度、发动机的工作状况等因素有关。试验表明，发动机正常运行时，火花塞的击穿电压为 7～8kV，发动机冷起动时达 19kV。为了使发动机在各种不同的工况下均能可靠地点火，要求火花塞击穿电压应在 15～20kV。

2. 电火花应具有足够的点火能量

为了使混合气可靠点燃，火花塞产生的火花应具备一定的能量。发动机工作时，由于混合气压缩时的温度接近自燃温度，因此所需的火花能量较小（1～5mJ），传统点火系统的火花能量（15～50mJ）足以点燃混合气。但在起动、怠速以及突然加速时需要较高的点火能量。为保证可靠点火，一般应保证 50～80mJ 的点火能量，起动时应能产生大于 100mJ 的点火能量。

3. 点火时刻应与发动机的工作状况相适应

首先，发动机的点火时刻应满足发动机工作循环的要求；其次，可燃混合气在汽缸内从开始点火到完全燃烧需要一定的时间（千分之几秒），所以要使发动机产生最大的功率，就不应在压缩行程终了（上止点）点火，而应适当地提前一个角度。这样当活塞到达上止点时，混合气已经接近充分燃烧，发动机才能发出最大功率。

9.2　蓄电池点火系统的组成与工作原理

9.2.1　蓄电池点火系统的组成

蓄电池点火系统也称传统点火系统，主要由电源（蓄电池和发电机）、点火开关、点火线圈、电容器、断电器、配电器、火花塞、阻尼电阻和高压导线等组成。传统点火系统的组成如图 9-1 所示。

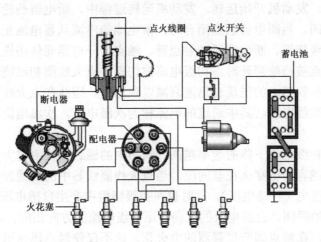

图 9-1　传统点火系统的组成

（1）点火开关。用来控制仪表电路、点火系统初级电路以及起动机继电器电路的开与闭。

（2）点火线圈。相当于自耦变压器，用来将电源供给的 12V、24V 或 6V 的低压直流电转变为 15～20kV 的高压直流电。

（3）分电器。由断电器、配电器、电容器和点火提前调节装置等组成。它用来在发动机工作时接通与切断点火系统的初级电路，使点火线圈的次级绕组中产生高压电，并按发动机要求的点火时刻与点火顺序，将点火线圈产生的高压电分配到相应汽缸的火花塞上。

（4）断电器。主要由断电器凸轮、断电器触点、断电器活动触点臂等组成。断电器凸轮由发动机凸轮轴驱动，并以同样的转速旋转，即发动机曲轴每转两周，断电器凸轮转一周。

（5）配电器。由分电器盖和分火头组成。用来将点火线圈产生的高压电分配到各缸的火花塞。分电器盖上有一个中心电极和若干个旁电极，旁电极的数目与发动机的汽缸数相等。分火头安装在分电器的凸轮轴上，与分电器轴一起旋转。发动机工作时，点火线圈次级绕组中产生的高压电，经分电器盖上的中心电极、分火头、旁电极、高压导线分送到各缸火花塞。电容器安装在分电器壳上，与断电器触点并联，用来减小断电器触点断开瞬间，在触点处所产生的电火花，以免触点烧蚀，可延长触点的使用寿命。

（6）点火提前调节装置。由离心和真空两套点火提前调整装置组成，分别安装在断电器底板的下方和分电器的外壳上，用来在发动机工作时随发动机工况的变化自动调整点火提前角。

（7）火花塞。由中心电极和侧电极组成，安装在发动机的燃烧室中，用来将点火线圈产生的高压电引入燃烧室，点燃燃烧室内的可燃混合气。

（8）电源。提供点火系统工作时所需的能量，由蓄电池和发电机构成，其标称电压一般为 12V。

9.2.2　蓄电池点火系统的工作原理

接通点火开关，发动机开始运转。发动机运转过程中，断电器凸轮不断旋转，使断电器触点不断地开、闭。当断电器触点闭合时，蓄电池的电流从蓄电池正极出发，经点火开关、点火线圈的初级绕组、断电器活动触点臂、触点、分电器壳体搭铁，流回蓄电池的负极。当断电器的触点被凸轮顶开时，初级电路被切断，点火线圈初级绕组中的电流迅速下降到零，线圈周围和铁芯中的磁场也迅速衰减以致消失。因此在点火线圈的次级绕组中产生感应电压，称为次级电压，其中通过的电流称为次级电流，次级电流流过的电路称为次级电路。

触点断开后，初级电流下降的速率越高，铁芯中的磁通变化率越大，次级绕组中产生的感应电压越高，越容易击穿火花塞间隙。当点火线圈铁芯中的磁通发生变化时，不仅在次级绕组中产生高压电（互感电压），同时也在初级绕组中产生自感电压和电流。在触点分开、初级电流下降的瞬间，自感电流的方向与原初级电流的方向相同，其电压高达 300V。它将击穿触点间隙，在触点间产生强烈的电火花，这不仅使触点迅速氧化、烧蚀，影响断电器正常工作，同时使初级电流的变化率下降，次级绕组中感应的电压降低，火花塞间隙中的火花变弱，以致难以点燃混合气。为了消除自感电压和电流的不利影响，在断电器触点之间并联有电容器 C1。在触点分开瞬间，自感电流向电容器充电，可以减小触点之间的火花，加速初级电流和磁通的衰减，并提高了次级电压。传统点火系统的工作原理如图 9-2 所示。

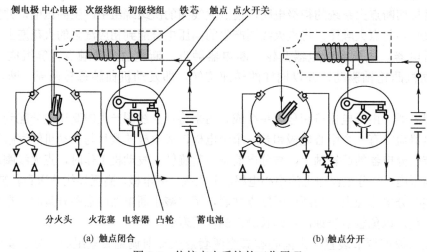

图 9-2　传统点火系统的工作原理

9.3　蓄电池点火系统的主要部件

9.3.1　分电器

分电器由断电器、配电器、电容器和点火提前调节装置组成，如图 9-3 所示。

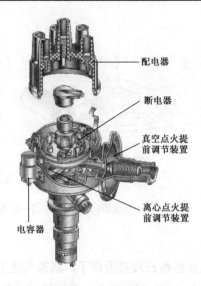

配电器

断电器

真空点火提
前调节装置

离心点火提
前调节装置

电容器

图 9-3　分电器

1．断电器

断电器如图 9-4 所示，它的功用是周期地接通和切断点火线圈初级绕组的电路，使初级电流和点火线圈铁芯中的磁通发生变化，以便在点火线圈的次级绕组中产生高压电。断电器是由一对钨质的触点和断电器凸轮组成的。断电器凸轮的凸棱数与发动机汽缸数相等。凸轮轴通过离心点火提前调节器与分电器轴相连。分电器轴由发动机的曲轴通过配气凸轮轴上的齿轮驱动，其转速与配气凸轮轴的转速相等，为曲轴转速的一半（四冲程发动机）。

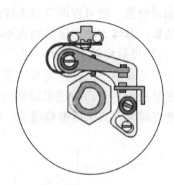

图 9-4　断电器

2．配电器

配电器如图 9-5 所示，用来将点火线圈中产生的高压电，按发动机的工作次序轮流分配到各汽缸的火花塞。它主要由胶木制成的分电器盖和分火头组成。分电器盖上有一个深凹的中央高压线插孔，以及数目与发动机汽缸数相等的若干个深凹的分高压线插孔，各高压线插孔的内部都嵌有铜套。分火头套在凸轮轴顶端的延伸部分，此延伸部分为圆柱形，但其侧面铣切出一个平面，分火头内孔的形状与之符合，借此保证分火头与凸轮同步旋转，并使分火头与分电器盖上的旁电极保持正确的相对位置。

3．电容器

电容器如图 9-6 所示，安装在分电器的壳体上，目前发动机点火系统所用的电容器一般均为纸质电容器。其极片为两条狭长的金属箔带，用两条同样狭长的很薄的绝缘纸与极片交错重叠，卷成圆筒形，在浸渍蜡绝缘介质后，装入圆筒形的金属外壳 4 中加以密封。一个极片与金属外壳在内部接触，另一极片与引出外壳的导线连接。电容器外壳固定在分电器外壳上搭铁，使电容器与断电器触点并联。

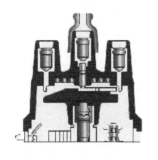

图 9-5　配电器

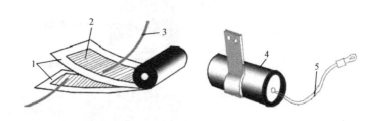

图 9-6　电容器

1—纸带；2—箔带；3—软导线；4—外壳；5—引线

4. 点火提前调节装置

为了实现点火提前，必须在压缩行程接近终了，活塞到达上止点之前便使断电器触点分开。从触点分开到活塞到达上止点这段时间越长，曲轴转过的角度越大，即点火提前角越大。因此，调节断电器触点分开的时刻，即改变触点与断电器凸轮或断电器凸轮与分电器轴之间的相对位置，便可以调节点火提前角，调节点火提前角的方法有两种：一是离心点火提前调节装置，具体方法是保持触点不动，将断电器凸轮相对于分电器轴顺旋转方向转过一个角度 θ，凸轮提前将触点顶开，使点火提前，凸轮相对于轴转过的角度越大，点火提前角越大；另一种是真空点火提前调节装置，具体方法是凸轮不动（不改变凸轮与轴的相对位置），使断电器触点相对于凸轮逆着旋转方向转过一个角度 θ，也可使点火提前，触点相对于凸轮转过的角度越大，点火提前角越大，如图 9-7 所示。

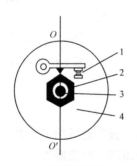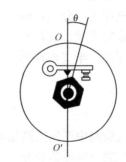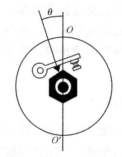

(a) 点火提前角为零　　　(b) 改变凸轮与轴的相对位置　　　(c) 改变触点与凸轮的相对位置

图 9-7　点火提前角调整方法

1—触点；2—断电器凸轮；3—分电器轴；4—断电器底板

（1）离心点火提前调节装置。发动机工作时，利用改变断电器凸轮与分电器轴之间的相对位置的方法，在发动机转速变化时自动地调节点火提前角。发动机工作时，当曲轴的转速达到 200～400r/min（开始转速因车型而不同）后，重块的离心力克服弹簧拉力的作用向外甩开。此时，两重块上的销钉推动拨板连同凸轮，顺着旋转方向相对于分电器轴转过一个角度，将触点提前顶开，点火提前角加大。随发动机转速升高，点火提前角不断加大。离心点火提前调节装置如图 9-8 所示。

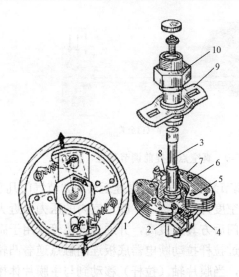

图 9-8　离心点火提前调节装置

1、7—重块；2、8—弹簧；3—轴；4—托板；5—轴销；6—销钉；9—带孔的拨板；10—凸轮

（2）真空点火提前调节装置。在发动机工作时，它随着负荷（节气门开度）的变化，自动调节点火提前角，它是利用改变断电器触点与凸轮之间相位关系的方法进行调节的，在发动机负荷增大时自动地减小点火提前角。发动机小负荷运行时，节气门开度小，节气门后方的真空度大，并从小孔经真空连接管作用于调节装置的真空室，使膜片右方真空度增大，在大气压力的作用下，膜片克服弹簧张力向右拱曲，并带动拉杆向右移动。与此同时，断电器底板连同触点，相对于凸轮逆着旋转方向转过一个角度，使点火提前角加大。发动机转速一定时，节气门后方的真空度只取决于节气门的开度。节气门开度越小（负荷越小），节气门后方的真空度越大，点火提前角也越大。真空点火提前调节装置如图 9-9 所示。

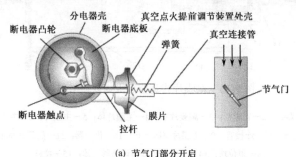

(a) 节气门部分开启

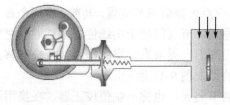

(b) 节气门全开

图 9-9　真空点火提前调节装置

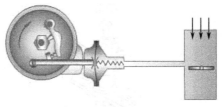

(c) 节气门全关

图 9-9　真空点火提前调节装置（续）

① 双膜片式真空点火提前调节装置。发动机怠速运转时，节气门几乎关闭，接主膜片室的吸气孔位于节气门的前方，真空度几乎为零，主膜片室内的压力接近大气压力，不起真空点火提前调节作用。但此时节气门后方真空度高，并通过连接管作用于副膜片室，副膜片在真空度的作用下向右拱曲，并通过拉杆拉动断电器底板连同触点逆着凸轮旋转方向转过一个角度，使点火提前角加大。但是，当膜片轴（拉杆）移动到与主膜片体接触时，膜片的移动被限位。同时，副膜片室的真空度也将主膜片吸向副膜片室一侧，膜片轴被推回，点火提前角又被适当减小，使怠速时的点火提前角约为 5°，保证发动机怠速时稳定运转。

发动机小负荷运转时，节气门开度小，接主膜片室的吸气孔处于节气门的后方，使主膜片室的真空度增大。于是在主膜片室和副膜片室真空度的共同作用下，拉动断电器底板及触点逆着凸轮旋转方向转过一个角度，使点火提前角增大。提前角的大小主要取决于节气门的开度，并由主、副膜片室中的限位块限位。双膜片式真空点火提前调节装置如图 9-10 所示。

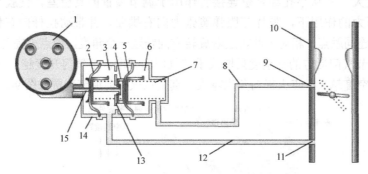

图 9-10　双膜片式真空点火提前调节装置

1—分电器壳；2—副膜片；3—副膜片室；4—主膜片体；5—主膜片；6—主膜片室；
7—弹簧；8、12—连接管；9—主膜片室吸气孔；10—化油器；11—副膜片室吸气孔；
13—限位块；14—真空点火提前调节器壳体；15—拉杆

② 双真空室单膜片式真空点火提前调节装置。其前、后两个真空室分别用管道接至节气门上、下两侧的小孔上。怠速时，节气门处于实线位置，延迟真空室起作用，拉杆左移，使点火延迟；非怠速时，节气门开启，提前真空室起作用，拉杆右移，使点火提前。双真空室单膜片式真空点火提前调节装置如图 9-11 所示。

（3）点火提前角的手动调节装置，也称辛烷值校正器。在换用不同品质的汽油时，为适应不同汽油的抗爆性能，常需调整点火时间，为此在分电器壳体上常装有辛烷值校正器。不同形式的分电器，其辛烷值校正器的结构也不同，但基本原理相同。逆着凸轮旋转方向转动分电器外壳时，点火提前角增大；反之，则点火提前角减小。壳体转动多少，一般可以从刻度板上看出。每转动一个刻度相当于曲轴转角 2°。调整时，先旋松调整托架的固定螺钉，而后转动外壳，顺时针转动为推迟（转至"−"号），逆时针转动为提前（转至"+"号）。辛烷值校正器如图 9-12 所示。

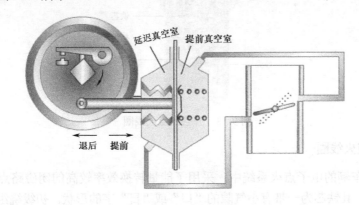

图 9-11　双真空室单膜片式真空点火提前调节装置

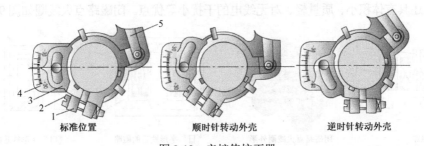

图 9-12　辛烷值校正器

1—调节臂；2—夹紧螺针及螺母；3—托架；4—调节底板；5—拉杆

9.3.2　点火线圈

点火线圈是将蓄电池或发电机输出的低压电转变为高压电的升压变压器，它由初级绕组、次级绕组和铁芯等组成。按其磁路的形式，可分为开磁路点火线圈和闭磁路点火线圈两种。

1. 开磁路点火线圈

开磁路点火线圈采用柱形铁芯，初级绕组在铁芯中产生的磁通通过导磁钢套构成磁回路，而铁芯的上部和下部的磁力线从空气中穿过，磁路的磁阻大，泄漏的磁通量多，转换效率低，一般只有 60%左右。根据低压接线柱数目的不同，分为两接线柱式和三接线柱式两种。三接线柱式点火线圈配有附加电阻，其低压接线柱分别标有"−"、"+"和"+开关"的标记，附加电阻接在"+"和"+开关"之间；两接线柱式点火线圈无附加电阻，只有标有"+"、"−"标记的两个接线柱。无论是三接线柱式还是两接线柱式的开磁路点火线圈，其内部结构是一样的。次级绕组用直径为 0.06～0.10mm 的漆包线在绝缘纸管上绕 11 000～23 000 匝；初级绕组则用 0.5～1.0mm 的漆包线绕 240～370 匝。开磁路点火线圈如图 9-13 所示。

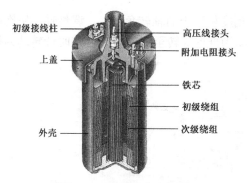

图 9-13　开磁路点火线圈

2．闭磁路点火线圈

近年来，在车辆的电子点火系统中，采用了能量转换效率较高的闭磁路点火线圈。与传统点火线圈相比，其铁芯为一带有小气隙的"口"或"日"字的形状。初级绕组在铁芯中产生的磁通通过铁芯形成闭合磁路，减少了漏磁损失，所以转换效率较高，可达 75%。另外，闭磁路点火线圈还具有体积小、质量轻、对无线电的干扰小等优点。闭磁路点火线圈如图 9-14 所示。

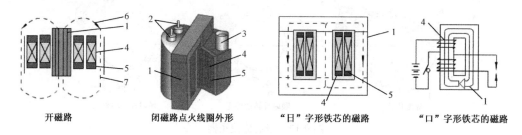

开磁路　　　　　闭磁路点火线圈外形　　　　　"日"字形铁芯的磁路　　　　　"口"字形铁芯的磁路

图 9-14　闭磁路点火线圈

1—铁芯；2—低压点火线圈外形；3—高压插孔；4—初级绕阻；5—次级绕阻；6—磁力线；7—导磁钢套

9.3.3　火花塞

火花塞的功用是将点火线圈或磁电机产生的脉冲高压电引入燃烧室，并在其两个电极之间产生电火花，以点燃可燃混合气。火花塞中心电极与侧电极之间的间隙，称为火花塞间隙。火花塞间隙对火花塞及发动机的工作性能均有很大影响。间隙过小，火花微弱，并容易产生积炭而漏电；间隙过大，火花塞击穿电压增高，发动机不易起动，且在高速时容易发生"缺火"现象。因此，火花塞间隙的大小应适当。在传统点火系统中，火花塞间隙一般为 0.6～0.7mm，但若采用电子点火时，则间隙增大到 1.0～1.2mm。火花塞间隙的调整可扳动侧电极来实现。

发动机工作时火花塞绝缘体裙部的温度若保持在 500～600℃，落在绝缘体裙部的油粒能立即被烧掉，不容易产生积炭。这个温度称为火花塞的自净温度。若裙部温度低于自净温度，落在绝缘体裙部的油粒不能立即烧掉，形成积炭而漏电，将使火花塞间隙不能跳火或火花微弱。若裙部温度过高超过 800～900℃时，当混合气与炽热的绝缘体接触时，可能在火花塞间隙跳火之前自行着火，称为炽热点火。炽热点火将使发动机出现早燃、爆燃、化油器回火等不正常现象。因此，无论哪一种类型的发动机，在发动机工作时，火花塞裙部的温度都应该保持在自净温度的范围内。但是，各种发动机汽缸内的燃烧状况是不同的，所以汽缸内的温度也不尽相同，这就要求配用不同热特性的火花塞。火花塞的热特性主要决定于绝缘体裙部的长度。不同的发动机，当汽缸内温度及温度分布状况相同时，火花塞绝缘体裙部越长，其受热面积越大，且传热距离越长，散热困难，火花塞裙部的温度越高，这种火花塞称为"热型"火花塞，它适用于低速、低压缩比的小功率发动机。相反，火花塞绝缘体裙部越短，其受热面积越小，且传热距离缩短，容易散热，火花塞裙部的温度越低，这种火花塞称为"冷型"火花塞，它适用于高速、高压缩比大功率的发动机。裙部长度介于冷型与热型之间的火花塞，称为普通型火花塞。火花塞的结构和类型如图 9-15 所示。

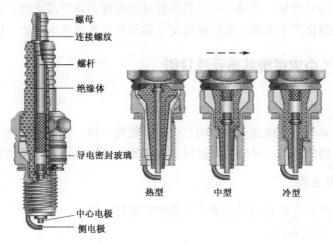

图 9-15　火花塞的结构和类型

9.4　电子点火系统

传统蓄电池点火系统由于使用了机械式触点断电器，存在触点容易烧蚀、点火能量较低等问题，因此，目前已基本被淘汰。而电子点火系完全可以克服以上问题，这正是电子点火系取代传统点火系的原因。

一、普通电子点火系统的基本组成及工作原理（如图 9-16 所示）

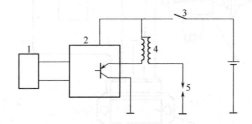

图 9-16　普通电子点火系的组成

1—点火信号发生器；2—电子点火器；3—点火开关；4—点火线圈；5—火花塞

1. 组成

电源为蓄电池或发电机，向点火系统提供点火能量。点火开关接通或断开电源电路。电子点火器内的大功率晶体管与点火线圈的一次绕组串联，并与电源、点火开关和搭铁构成点火线圈一次绕组的低压回路。点火信号发生器安装在分电器总成内，点火信号发生器的转子由分电器轴驱动。

2. 工作原理

发动机工作时，点火信号发生器产生脉冲信号输送给电子点火器，脉冲信号控制点火器内晶体管的导通与截止。当输入点火器的脉冲信号使晶体管导通时，点火线圈一次绕组回路接通，储存点火所需的能量；当输入点火器的脉冲信号使晶体管截止时，点火线圈一次绕组回路断开，二次绕组便产生高压，此高压经配电器和高压线送至火花塞，以便完成点火。

二、普通电子点火系统基本元件介绍

1. 点火线圈

普通电子点火系统与传统点火系中的点火线圈结构一样，它由初级绕组、次级绕组和铁芯等组成。按其磁路的形式，可分为开磁路点火线圈和闭磁路点火线圈两种。

2. 点火信号发生器

点火信号发生器是电感储能式电子点火系中的重要元件。

● 安装位置：分电器内。
● 功用：产生控制电子点火器的脉冲信号。
● 类型：电磁式、霍尔式和光电式三种 。

（1）电磁式信号发生器。

在电磁式电子点火系统中，点火信号发生器利用电磁感应原理产生触发电子点火器的信号，所以称之为电磁式感应式点火信号发生器，简称电磁式信号发生器。电磁式电子点火系统的组成如图 9-17 所示。

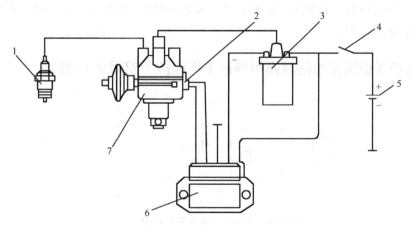

1—点火信号发生器　2—电子点火器　3—分电器　4—为花塞点火
5—蓄电池　6—电子点火器　7—分电器总成

图 9-17　电磁式电子点火系统组成图

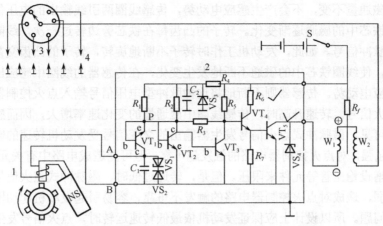

1—点火信号发生器　2—电子点火器　3—分电器　4—为花塞点火

图9-17　电磁式电子点火系统组成图（续）

a. 电磁式信号发生器的基本结构。

电磁式信号发生器的基本结构如图9-18所示，主要由永久磁铁转子、铁芯、感应线圈等组成。

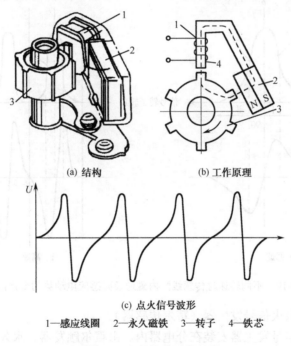

(a) 结构　　　　　　(b) 工作原理

(c) 点火信号波形

1—感应线圈　2—永久磁铁　3—转子　4—铁芯

图9-18　电磁式信号发生器

b. 电磁式信号发生器的工作原理。

电磁式信号发生器一般安装在分电器的内部，由信号转子和感应器两部分组成。信号转子由分电器轴驱动，其转速与分电器轴相同；感应器固定在分电器底板上，由永久磁铁、铁芯和绕在铁芯上的传感线圈组成。信号转子的外缘有凸齿，凸齿数与发动机的汽缸数相等。永久磁铁的磁力线从永久磁铁的N极出发，经空气隙穿过转子的凸齿，再经空气隙、传感线圈的铁芯回到永久磁铁的S极，形成闭合磁路。当发动机不工作时，信号转子不动，通过传感线圈的磁通量不变，不会产生感应电动势，传感线圈两引线输出的电压信号为零。转子旋转，穿过铁芯中的磁通逐渐变化。转子的凸齿每在铁芯旁边转过一次，线圈中就产生一个一正一负的脉冲信号。如此，发动机工作时转子不断地旋转，转子的凸齿交替地在线圈铁芯的旁边扫过，使线圈铁芯中的磁通不断地发生变化，在传感器的线圈中感应出大小和方向不断变化的感应电动势。传感器则不断地将这种脉冲型电压信号输入点火控制器，作为发动机工作时的点火信号。转速升高时，传感线圈中磁通量的变化速率增大，因而感应电动势成正比例增加。可见，磁脉冲式点火信号发生器输出的交变信号受发动机转速的影响很大。转速越高，信号越强，对点火控制器电路的触发越可靠，但可能造成电路中有关元件的损坏。为此，电路中需增设稳压管等元件来限压。但是，转速过低时，磁脉冲式点火信号发生器输出的交变信号过弱，造成对点火控制器电路的触发不可靠，容易引起发动机起动困难、怠速转速不能调低等问题。所以设计上应保证发动机依最低转速运转时，点火信号发生器输出的信号足够强。一般情况下，转速变化时，磁脉冲式点火信号发生器输出的信号电压的变化范围可达0.5~100V。这一信号除用于点火控制外，还可用作转速等其他传感信号。磁脉冲式点火信号发生器结构简单、成本较低，因而应用最为广泛。不同转速时传感线圈内磁通及磁感应电动势的变化情况如图9-19所示。

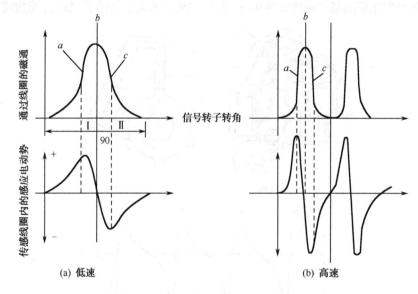

图9-19　不同转速时传感线圈内磁通及磁感应电动势的变化情况

（2）霍尔效应式点火信号发生器（霍尔传感器）。

霍尔效应式点火信号发生器安装在分电器内。由霍尔触发器、永久磁铁和由分电器轴驱动的带缺口的转子组成。霍尔效应式点火信号发生器工作示意图如图9-20所示。

(a) 转子叶片处于永久磁铁和霍尔触发器之间　(b) 转子缺口处于永久磁铁和霍尔触发器之间

图9-20　霍尔效应式点火信号发生器工作示意图

霍尔触发器（也称霍尔元件）是一个带集成电路的半导体基片。当直流电压作用于触发器的两端时，便有电流 I 在其中通过，如果在垂直于电流的方向还有外加磁场的作用，则在垂直于电流和磁场的方向上产生电压 U_H，该电压称为霍尔电压，这种现象称为霍尔效应。霍尔发生器的工作原理示意图如图 9-21 所示。

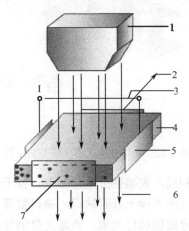

图 9-21　霍尔发生器的工作原理示意图

1—永久磁铁；2—外回电；3—霍尔电压；4—霍尔触发器；5—接触面；6—磁力线；7—剩余电子

霍尔效应式点火信号发生器是利用霍尔元件的霍尔效应工作的，即利用只有在直流电压和磁场同时作用于霍尔触发器时，才能在触发器中产生电压信号的现象制成传感器，在发动机工作时产生点火信号。霍尔发生器的工作原理，当转子叶片进入永久磁铁与霍尔触发器之间时，永久磁铁的磁力线被转子叶片旁路，不能作用到霍尔触发器上，通过霍尔元件的磁感应强度几乎为零，霍尔元件不产生电压；随着信号转子的转动，当转子的缺口部分进入永久磁铁与霍尔触发器之间时，磁力线穿过缺口作用于霍尔触发器上，通过霍尔元件的磁感应强度增高，在外加电压和磁场的共同作用下，霍尔元件的输出端便有霍尔电压输出。发动机工作时，转子不断旋转，转子的缺口交替地在永久磁铁与霍尔触发器之间穿过，使霍尔触发器中产生变化的电压信号，并经内部的集成电路整形为规则的方波信号，输入点火控制电路，控制点火系统工作。

霍尔效应式点火信号发生器比磁脉冲式点火信号发生器的性能稳定，耐久性好、寿命长，点火精度高，且不受温度、灰尘、油污等影响，特别是输出的电压信号不受发动机转速的影响，使发动机低速点火性能良好，容易起动，因而其应用日益广泛。

（3）光电效应式点火信号发生器。

光电效应式点火信号发生器是利用光电效应原理，以红外线或可见光光束进行触发的，主要由遮光盘（信号转子）、遮光盘轴、光源、光接收器（光敏元件）等组成。光源可用白炽灯，也可用发光二极管。由于发光二极管比白炽灯耐振动、耐高温，能在 150℃ 的环境温度下持续工作，而且工作寿命很长，所以现在绝大多数采用发光二极管作为光源。发光二极管发出的红外线光束一般还要用一只近似半球形的透镜聚焦，以便缩小光束宽度，增大光束强度，有利于光接收器接收、提高点火信号发生器的工作可靠性。光接收器可以是光敏二极管，也可以是光敏三极管。光接收器与光源相对，并相隔一定的距离，以便使光源发出的红外线光束聚焦后照射到光接收器上，如图 9-22 所示。

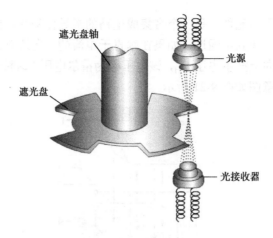

图 9-22　光电效应式点火信号发生器

　　遮光盘一般用金属或塑料制成，安装在分电器轴上，位于分火头下面。遮光盘的外缘介于光源与光接收器之间，遮光盘的外缘上开有缺口，缺口数等于发动机汽缸数。缺口处允许红外线光束通过，其余实体部分则能挡住光束。当遮光盘随分电器轴转动时，光源发出的射向光接收器的光束被遮光盘交替挡住，因而光接收器（光敏二极管或光敏三极管）交替导通与截止，形成电脉冲信号。该电信号引入点火控制器即可控制初级电流的通断，从而控制点火系统的工作。遮光盘每转一圈，光接收器输出的电信号的个数等于发动机汽缸数，正好供每缸各点火一次。

9.5　微机控制点火系统

　　电子点火系统对点火时刻的调节，与传统点火系统一样，基本上仍采用离心提前和真空提前两套机械式点火提前调整装置，如图 9-23 所示。它们只能根据发动机转速和负荷的变化来调节点火提前角，且调节特性为线性（或不同线性的组合）规律。而发动机的最佳点火提前角除了随转速和负荷变化外，还受诸多因素的影响，如环境状况、车辆的技术状况、使用状况等，而且最佳点火提前角随发动机转速和负荷变化的规律也不是线性的。因此，各种普通电子点火系统都存在着考虑的控制因素不全面、点火提前角控制不精确的缺陷，影响了发动机性能的充分发挥。此外，离心点火提前调整装置和真空点火提前调整装置中，机械运动部件的磨损、老化和脏污等，都会引起点火提前角调节特性的改变，使发动机性能下降。

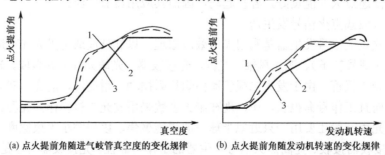

(a) 点火提前角随进气岐管真空度的变化规律　　　(b) 点火提前角随发动机转速的变化规律

图 9-23　点火提前角随转速和真空度的变化规律和调节特性

1—理想点火正时曲线；2—微机控制点火正时曲线；3—机械调节装置点火正时曲线

　　在 20 世纪 70 年代后期，随着计算机技术的飞速发展和发达国家对车辆排放限制及对其他性能要求的提高，微机开始在车辆上获得应用——用微机控制点火正时形成微机控制点火系统。由于微机具有响应速度快、运算和控制精度高、抗干扰能力强等优点，通过微机控制点火提前角要比机械式的离心点火提前调整装置和真空点火提前调整装置的精度高得多。微机控制点火系统可以通过各种传感器感知多种因素对点火提前角的影响，使发动机在各种工况和使用条件下的点火提前角都与相应的最佳点火提前角比较接近，并且不存在机械磨损等问题，克服了离心点火提前调整装置和真空点火提前调整装置的缺陷，使点火系统的发展更趋完善，发动机的性能得到进一步改善和更加充分的发挥。因此，微机控制点火系统是继无触点的普通电子点火系统之后，点火系统发展的又一次飞跃。微机控制点火系统，按是否配有分电器分为有分电器微机控制点火系统和无分电器微机控制点火系统两种。

9.5.1　有分电器微机控制点火系统

　　有分电器微机控制点火系统一般由传感器、微机控制器、点火执行器等组成，如图 9-24 所示。发动机点火系统的结构不尽相同，但其工作原理相似。

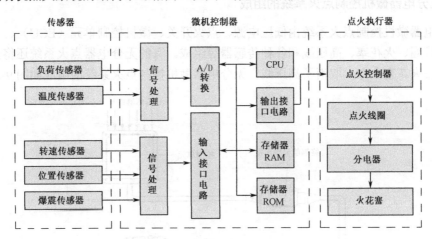

图 9-24　有分电器微机控制点火系统

9.5.2　无分电器微机控制点火系统

1．无分电器微机控制点火系统的优点

（1）在不增加电能消耗的情况下，进一步增大了点火能量。

（2）对无线电的干扰大幅度降低。

（3）避免了与分电器有关的一些机械故障，工作可靠性提高。

（4）高速时点火能量有保证。

（5）节省了安装空间，有利于发动机的合理布置，为车辆车身的流线型设计提供了有利条件。

（6）无须进行点火正时方面的调整，使用、维护方便。

　　由于无分电器点火系统具有上述突出特点，所以自 20 世纪 80 年代问世以来，在美、日及欧洲发达国家得到迅速发展和广泛应用，带来了点火系统发展的又一次飞跃。进入 20 世纪

90年代后，无分电器点火系统在发达国家的应用已经比较普遍，我国一汽大众生产的部分奥迪轿车和捷达轿车、上海大众车辆公司生产的部分桑塔纳2000型轿车等也相继采用了无分电器点火系统。无分电器点火系统正逐步成为点火系统的主流。如图9-25所示为怠速时的基本点火提前角随转速变化图。

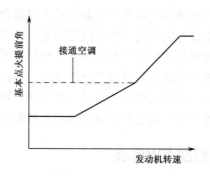

图9-25　怠速时的基本点火提前角随转速变化图

2．无分电器微机控制点火系统的组成

无分电器微机控制点火系统由低压电源、点火开关、微机控制单元（ECU）、点火控制器、点火线圈、火花塞、高压线和各种传感器等组成。有的无分电器点火系统还将点火线圈直接安装在火花塞上方，取消了高压线。无分电器微机控制点火系统的组成如图9-26所示。

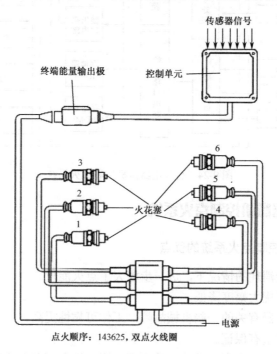

图9-26　无分电器微机控制点火系统的组成

3．无分电器微机控制点火系统的工作原理

无分电器微机控制点火系统根据高压配电方式的不同分为独立点火方式和同时点火方式两种，其工作原理也各不相同。

　　独立点火方式是一个缸的火花塞配一个点火线圈，各个独立的点火线圈直接安装在火花塞上，独立向火花塞提供高压电，各缸直接点火。这种结构的特点是去掉了高压线，因此可以使高压电能的传递损失和对无线电的干扰降低到最低水平，如图 9-27 所示。

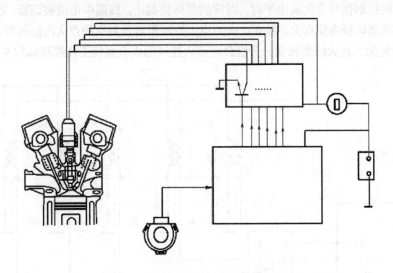

图 9-27　无高压线微机控制点火系统

　　由于一个线圈向一个汽缸提供点火能量，因此在发动机转速相同时，单位时间内线圈中通过的电流要小得多，线圈不易发热，所以这种线圈的初级电流可以设计得较大，即使在发动机以 9000r/min 高速运行时，也能够提供足够的点火能量。独立点火方式因车型的不同，其控制电路也存在一定的差异，有些采用一个点火控制器，如日产地平线 2000 轿车 RB20DC 发动机。点火线圈独立、公用一个点火控制器的点火系统工作原理示意图如图 9-28 所示。

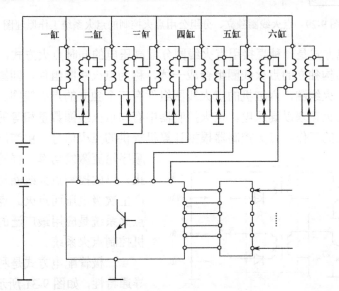

图 9-28　点火线圈独立、公用一个点火控制器的点火系统工作原理图

　　有些则采用多个点火控制器，如奥迪五缸发动机，但其工作原理相同。发动机工作时，微机控制单元（ECU）不断检测传感器的输入信号，根据存储器存储的数据计算并求出最佳

点火提前角和通电时间，以点火基准传感器为标准，按照发动机各缸的做功顺序，确定每一缸点火线圈的接通时间和通电时间，并将其转换为该缸点火线圈的控制信号 IG_i（i 指第 i 个汽缸）。当某缸的控制信号为低电平时，点火控制器中对应此缸的功率晶体管导通，点火线圈通电；当该缸的控制信号变为高电平时，对应的晶体管截止，线圈中电流被切断，次级线圈产生高压电，将火花塞电极击穿点火。独立点火的点火控制器需要判别的点火汽缸的数目多，因此汽缸判别电路较复杂。点火线圈独立、分组公用点火控制的点火系统工作原理如图 9-29 所示。

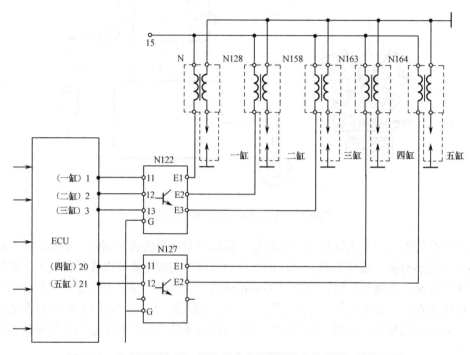

图 9-29　点火线圈独立、分组公用点火控制的点火系统工作原理图

　　点火线圈配电方式是一种直接用点火线圈分配高压电的同时点火方式，如图 9-30 所示。几个相互屏蔽、结构独立的点火线圈组合成一体，称为点火线圈组件。四缸机的点火线圈组件有两个独立的点火线圈，六缸机的点火线圈组件有三个独立的点火线圈。每个点火线圈供给配对的两个缸的火花塞以高压电。点火控制器中有与点火线圈数量相等的功率三极管，各控制一个点火线圈的工作。点火控制器根据计算机提供的点火信号，由汽缸判别电路按点火顺序轮流激发功率三极管，使其导通或截止，以此控制点火线圈初级绕组的通断，产生次级电压而点火。点火线圈配电方式点火系统是应用最广泛的一种无分电器微机控制点火系统。

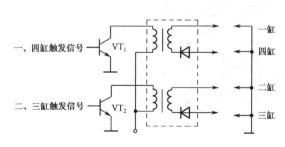

图 9-30　点火线圈配电方式

　　二极管配电方式是利用二极管的单向导通特性，如图 9-31 所示。对点火线圈产生的高压电进行分配的同时点火方式。与二极管配电方式相配的点火线圈有两个初级绕组、一个次级绕组，相当于是公用一

个次级绕组的两个点火线圈的组件。次级绕组的两端通过四个高压二极管与火花塞组成回路，其中配对点火的两个活塞必须同时到达上止点，即一个处于压缩行程上止点时，另一个处于排气行程上止点。微机控制单元根据曲轴位置等传感器输入的信息，经计算、处理，输出点火控制信号，通过点火控制器中的两个大功率三极管，按点火顺序控制两个初级绕组的电路交替接通和断开。当一、四缸点火触发信号输入点火控制器时，大功率三极管 VT_1、初级绕组 N_1 断电，次级绕组产生虚线箭头所示方向的高压电动势，此时一、四缸高压二极管正向导通而使火花塞跳火。当二、三缸点火触发信号输入点火控制器时，大功率三极管 VT_2 截止，初级绕组 N_1 断电，次级绕组产生实线箭头所示方向的高压电动势，此时二、三缸高压二极管导通，故二、三缸火花塞跳火。二极管配电方式的主要特点是一个点火线圈组件为四个火花塞提供高压电，因此特别适宜于四缸或八缸发动机。

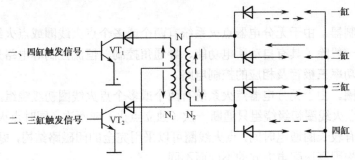

图 9-31　二极管配电方式

4．主要元器件的结构及原理

无分电器微机控制点火系统与有分电器微机控制点火系统相比，火花塞、高压线和主要传感器的结构和原理基本相同，但是微机控制单元、点火控制器和点火线圈在结构和原理方面存在一些差异。无分电器微机控制点火系统如图 9-32 所示。

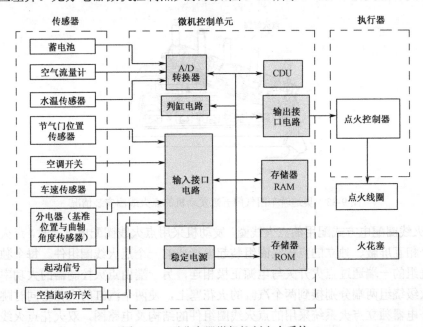

图 9-32　无分电器微机控制点火系统

（1）微机控制单元。由于无分电器点火系统取消了机械式高压配电而改为电子式高压配电，因此，微机控制单元不再只控制一个点火线圈初级绕组的通断，而是要根据曲轴的不同位置，按一定顺序控制两个或多个点火线圈初级绕组，以实现电子式高压配电。微机控制单元除了包括输入接口电路、A/D转换器、微机控制单元（CPU）、只读存储器（ROM）、随机存储器（（RAM）等组成部分外，还增加了汽缸判别（简称判缸）电路（又称为分电电路），以根据曲轴位置传感器或汽缸判别信号传感器确定需要控制的点火线圈初级绕组。同理，输出接口电路也不只输出一路点火控制信号，而是依次输出多路点火控制信号，分别控制点火控制器中与各点火线圈初级绕组对应的大功率三极管的通断；或者输出接口电路在输出一路点火控制信号的同时输出一路判别汽缸信号，由点火控制器根据点火控制信号和判别汽缸信号控制与各点火线圈初级绕组对应的大功率三极管的通断，使需要点火汽缸的火花塞适时跳火。

（2）点火控制器。由于无分电器点火系统有两个或多个点火线圈或点火线圈初级绕组，所以点火控制器一般除了具有自动断电功能、导通角控制、恒流控制等电路外，还有汽缸判别电路和多个大功率三极管及相应的控制电路。

（3）点火线圈。由于无分电器点火系统有两个或多个点火线圈初级绕组，发动机的一个工作循环，每个点火线圈初级绕组只通断一次（独立点火）或两次（同时点火），所以点火线圈初级绕组能够有较长的通电时间，点火线圈可以采用完全的闭磁路结构，提高能量利用率。点火线圈具体结构因高压配电方式的不同而不同。

① 独立点火方式配电用的点火线圈。采用独立点火方式时，发动机每个汽缸都有自己的点火线圈，每个点火线圈的结构完全相同。

独立点火方式特别适合在双凸轮轴发动机上配用，点火线圈安装在两根凸轮轴中间，每一点火线圈压装在各缸火花塞上，在布置上很容易实现。奥迪轿车四气门五缸发动机的点火线圈安装情况，如图9-33所示。每个点火线圈通过导向座用四个螺钉固定在汽缸盖的盖板上，然后再扣压到各缸火花塞上。

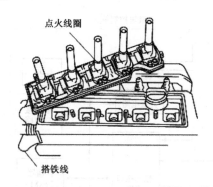

图9-33　奥迪轿车四气门五缸发动机的点火线圈安装情况

② 点火线圈配电方式配用的点火线圈。发动机采用点火线圈配电方式时，点火线圈实际是由若干个相互屏蔽、独立的点火线圈组装起来形成的一个点火线圈组件。每个独立的点火线圈初级绕组的一端通过点火开关与电源正极相连，另一端由点火控制器的大功率三极管控制搭铁；次级绕组两端分别接到两个汽缸的火花塞上，使两个汽缸的火花塞同时跳火。六缸发动机无分电器独立点火系统采用的点火线圈组件的结构及电路图，双火花点火线圈组件如图9-34所示。双火花点火线圈示意图如图9-35所示。

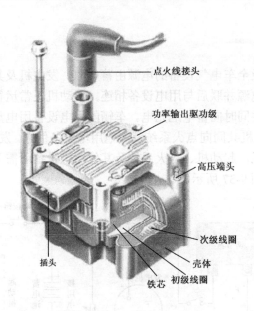

图 9-34　双火花点火线圈组件（含两个点火线圈和一个输出电极）

③ 二极管配电方式配用的点火线圈，如图 9-36 所示。 二极管配电方式配用的点火线圈有两个初级绕组（或一个初级绕组被中心抽头分成两个部分，组成两个初级绕组）和一个次级绕组。次级绕组有两个输出端，每个输出端又分别接两个方向相反的高压二极管，这样次级线圈通过四个高压二极管与火花塞组成回路；两个初级绕组的电路由点火控制器中的两个大功率三极管控制轮流接通和断开。点火线圈有两种形式：一种是点火线圈只包含初级绕组和次级绕组，不包含高压二极管，高压二极管装在火花塞上方，便于高压二极管检修，点火线圈有两个高压插座；另一种是点火线圈既包含初级绕组和次级绕组，又包含四个高压二极管，点火线圈有四个高压插座，这种结构有利于简化线路结构，高压线连接简便，但是一旦有一个高压二极管损坏，点火线圈就需要更换。

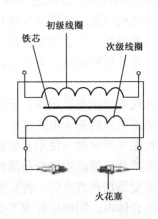

图 9-35　双火花点火线圈示意图

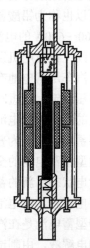

图 9-36　二极管配电方式配用的点火线圈

9.6　车用电源

车辆上的点火系统及全车电气设备的电源由蓄电池、发电机及其调节器组成，其在车辆电路中的连接关系，两电源并联后与用电设备相连。发动机正常运行时，发电机向点火系统及其他用电设备供电，并同时向蓄电池充电。车辆的用电设备用电量过大，超过发电机的供电能力时，蓄电池和发电机共同向点火系统及其他用电设备供电。发动机起动或低速运行时，发电机不发电或电压很低，起动机、点火系统及其他用电设备所需要的电能，全部由蓄电池供给。汽车电源电路如图 9-37 所示。

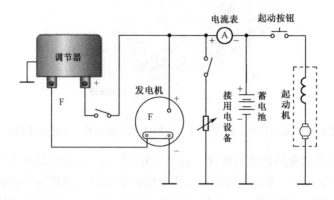

图 9-37　汽车电源电路

9.6.1　蓄电池

蓄电池是一个化学电源。充电时，其内部的化学反应将外接电源的电能转变为化学能储存起来；用电时，再通过化学反应将储存的化学能转变为电能，输出给用电设备。蓄电池的种类繁多，按电解液成分的不同分为碱性蓄电池和酸性蓄电池。由于酸性蓄电池电极的主要成分是铅，所以也称为铅酸蓄电池，简称铅蓄电池。由于发动机起动时，蓄电池必须能够为起动机提供 200～600A 的电流，有些大功率柴油机起动机的起动电流高达 1000A，且要持续 5 秒以上的时间；在发电机发生故障不能工作时，蓄电池的容量应能维持车辆行驶一定的时间。所以要求汽车用蓄电池有尽可能小的内阻及足够大的容量。铅蓄电池虽然比能较低，但其内阻小、电压稳定、在短时间内能提供较大的电流，并且结构简单、原料丰富，因而在汽车上得到广泛的应用。蓄电池如图 9-38 所示。

汽车用铅蓄电池又分为普通型、干式荷电型、湿式荷电型和免维护型。干式荷电型蓄电池除具有普通型铅蓄电池的全部功能外，其主要特点是蓄电池内部无电解液储存，极板是干的，且处于荷电状态，新的蓄电池不必经过长时间的初充电即可投入使用。湿式荷电型蓄电池的极板为荷电状态，蓄电池内部有少量的电解液，大部分电解液被极板和隔板吸收并储存起来。免维护型蓄电池是在汽车合理使用过程中，不需要添加蒸馏水的一种新型蓄电池。免维护蓄电池的电解液，由制造厂一次性加注，并密封在壳体内，因此电解液不会泄漏、不会腐蚀接线柱和机体，在使用中不须加注蒸馏水或补充电解液来调节液面高度，无须保养与维护。免维护蓄电池如图 9-39 所示。

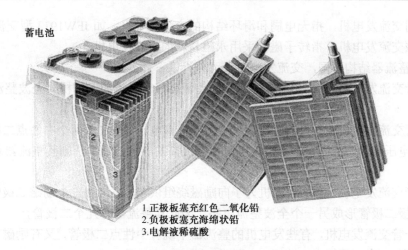

1. 正极板塞充红色二氧化铅
2. 负极板塞充海绵状铅
3. 电解液稀硫酸

图 9-38　蓄电池

图 9-39　免维护蓄电池

9.6.2　发电机

车用发电机是在发动机的驱动下将机械能转变为电能的装置。它作为汽车的主要电源，其作用是在发动机怠速以上转速运行时，为电气设备供电且不断地给蓄电池充电。

目前，国内外汽车使用的发电机几乎都是交流发电机。这是因为交流发电机与直流发电机相比，具有体积小、质量轻、结构简单、维修方便、寿命长、发动机低速时充电性能好、配用的调节器结构简单、产生的无线电干扰信号弱、能节省大量铜材等优点，因此，自诞生后即得到迅速普及。

汽车用交流发电机通过二极管整流，使其输出直流电，由于整流二极管是硅材料的，所以也称为硅整流交流发电机。

1．硅整流交流发电机的类型

（1）硅整流发电机按总体结构的不同，可分为以下几类。

① 普通交流发电机，指无特殊装置和特殊功能的汽车交流发电机，如 JF132 交流发电机。

② 整体式交流发电机，指内装电子调节器的交流发电机，如一汽大众奥迪、高尔夫、捷达和上海桑塔纳等轿车用 JFZ1613Z 型交流发电机。

③ 带泵交流发电机，指带真空泵的交流发电机，如 JFB1712 系列交流发电机。

④ 无刷交流发电机，指无电刷和滑环结构的交流发电机，如 JFW1913 型交流发电机。

⑤ 永磁交流发电机，指转子磁极采用永磁材料的交流发电机。

（2）按整流器结构不同，交流发电机又可分为以下几类。

① 六管交流发电机，指整流器是由六只硅整流二极管组成的三相桥式全波整流电路的交流发电机。

② 八管交流发电机，有些发电机为了利用中性点电压，增加了两个中性点二极管，将发电机中性点电压整流后汇入发电机输出端，可以提高发电机的功率，则其整流器总成有八只二极管。

③ 九管交流发电机，有些发电机为了向励磁绕组供电，还装有三个励磁二极管，与整流器的三个负极二极管形成另一个全波整流电路，因此其整流器有九个二极管，

④ 十一管交流发电机，有些发电机的整流器中既有中性点二极管，又有励磁二极管，则其整流器具有 11 个二极管。

具有中性点二极管和励磁的二级管的整流电路如图 9-40 所示。

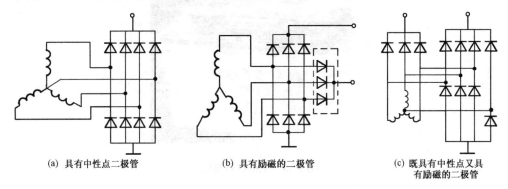

(a) 具有中性点二极管　　　　　(b) 具有励磁的二极管　　　　　(c) 既具有中性点又具有励磁的二极管

图 9-40　具有中性点二极管和励磁的二级管的整流电路

（3）按励磁绕组搭铁方式不同，交流发电机可分为以下几类。

① 内搭铁交流发电机，指励磁绕组一端通过发电机外壳直接搭铁，另一端通过调节器接电源的交流发电机，如 JF132N 交流发电机。

② 外搭铁交流发电机，指励磁绕组一端直接接电源，另一端通过调节器搭铁的交流发电机，多数采用电子调节器的发电机都是这种类型。

2．硅整流交流发电机的结构

硅整流交流发电机由一台三相同步交流发电机和硅二极管整流器组成。发电机工作时产生的三相交流电通过整流器进行三相桥式全波整流后转变为直流电。硅整流交流发电机是由转子、定子、整流器、端盖、风扇叶轮等组成，如图 9-41 所示。

转子用来在发电机工作时建立磁场。它由压装在转子轴上的两块爪形磁极、两块磁极之间的励磁绕组和压装在转子轴上的两个滑环组成。两个滑环彼此绝缘并与轴绝缘。励磁绕组的两端分别焊接在两个滑环上。

定子用来在发电机工作时，与转子的磁场相互作用产生交流电压。它由内圆带槽的硅钢片叠成的铁芯和对称地安装在铁芯上的三相定子绕组组成。三相定子绕组按星形或按三角形接法连接。按星形接法连接时，三相绕组的首端分别与整流器的硅二极管相连，三相绕组的尾端连在一起作为发电机的中性点。按三角形接法连接时，将三相绕组中一相绕组的首端与

另一相绕组的尾端相连，并将连接点接整流器的硅二极管。

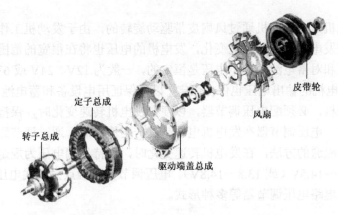

定子总成

转子总成

皮带轮

风扇

驱动端盖总成

图 9-41　硅整流交流发电机结构示意图

　　整流器是由六个（八个、九个或十一个）硅二极管组成的三相桥式全波整流电路，在发动机工作时将三相定子绕组中产生的交流电转变为直流电。在负极搭铁的发电机中，三个（或四个）二极管的壳体为负极，压装在与发电机机体绝缘的元件板上，并与发电机的输出端（正极）相连，其引线为二极管的正极，称为正极二极管；另外三个（或四个）二极管的壳体为正极，压装在不与机体绝缘的元件板上，或直接压装在电刷端盖上，作为发电机的负极，其引线为负极，称为负极二极管。

　　驱动端盖和电刷端盖作为发电机的前后支撑。电刷端盖上装有电刷架和两个彼此绝缘的电刷，并通过电刷弹簧，使电刷与转子轴上的两个滑环保持接触，电刷的引线分别与电刷端盖上的两个磁场接线柱相连（外搭铁式交流发电机），或一个与磁场接线柱相连，另一个在发电机内部搭铁（内搭铁式交流发电机）。发电机的整流器总成也安装在驱动端盖上，以有利于检修。硅整流交流发电机原理如图 9-42 所示。

3. 硅整流交流发电机的工作原理

　　发电机工作时，通过电刷和滑环将直流电压作用于励磁绕组的两端，则在励磁绕组中有电流通过，并在其周围产生磁场，使转子轴和轴上的两块爪形磁极被磁化，一块为 N 极，另一块为 S 极。由于它们的极爪相间排列，便形成了一组交错排列的磁极，如图 9-43 所示。当转子旋转时，在定子中间形成旋转的磁场，使安装在定子铁芯上的三相定子绕组中感应生成三相交流电，经整流器整流为直流电。

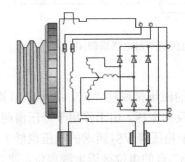

图 9-42　硅整流交流发电机原理图　　　　　图 9-43　交流发电机的磁极

9.6.3　发电机的电压调节器

汽车上的发电机是由发动机通过风扇皮带驱动旋转的，由于发动机工作时的转速在很宽的范围内变化，使发电机的转速随之变化，发电机的电压也将在很宽的范围内变化。汽车用电设备的工作电压和对蓄电池的充电电压是恒定的，一般为12V、24V或6V。为此，要求在发动机工作时，发电机的输出电压也保持恒定，以便保证用电设备和蓄电池正常工作。因此，汽车上使用的发电机，必须配电压调节器，以便在发电机转速变化时，保持发电机端电压恒定。发电机工作时，电压调节器在发电机电压超过一定值以后，通过调节经过励磁绕组的电流强度来调节磁场磁通的方法，在发电机转速变化时，保持其端电压为规定值。发电机的调节电压一般为13.5～14.5V（或13.8～14.8V）。电压调节器有触点振荡式电压调节器、晶体管电压调节器和集成电路电压调节器等多种形式。

1. 触点振荡式电压调节器

触点振荡式电压调节器简称为触点式电压调节器，是一种机械式电压调节器，它包括单级触点式电压调节器、双级触点式电压调节器、具有充电继电器的触点式电压调节器等多种形式。其基本原理都是以发电机的转速为基础，通过改变触点的开闭时间，改变励磁电流，维持发电机电压的恒定。由于触点振荡式电压调节器存在体积大、触点易烧蚀、机械惯性大、被调电压起伏幅度大等缺点，已逐步被晶体管和集成电路电子电压调节器所取代。

2. 晶体管电压调节器

晶体管电压调节器利用晶体管的开关作用，控制发电机励磁电路的通、断，调节励磁电流和磁极磁通，在发电机转速超过一定数值以后维持发电机电压恒定。CA1091型汽车发电机上配用的晶体管电压调节器电路原理图如图9-44所示。

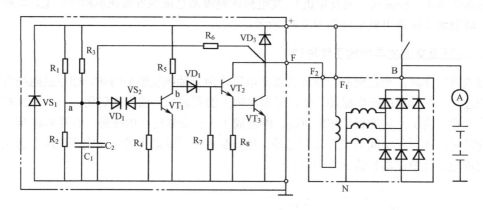

图9-44　JFT-106型晶体管电压调节器电路原理图

其工作原理为：

接通点火开关，蓄电池的电压作用于发电机的磁场接线柱"F"，并经调节器的"+"端作用于分压器R_1、R_2的两端，使稳压管VS_1承受反向电压。由于作用于分压器两端的电压是蓄电池的电压，低于发电机的调节电压，使作用于稳压管VS_2两端的电压也低于它的反向击穿电压，稳压管VS_2截止，三极管VT_1也截止。"b"点的电位接近电源电位，使二极管VD_2、三极管VT_2、VT_3导通，接通发电机励磁绕组的电路，发电机建立磁场，开始发电。随着发电机转速升高，发电机电压上升，作用于分压器的电压及稳压管两端的反向电压升高。当发电机电压略高于规定的调节电压时，稳压管 VS_2 被反向击穿而导通，三极管 VT_1 也导通。VT_1 导通后，"b" 点的电位降低到接近零电位，于是二极管 VD_2 及三极管 VT_2、VT_3 截止，切断发电机励磁绕组的电路，发电机的励磁电流中断，磁场迅速消失，发电机电压下降。发电机电压下降到略低于规定的调节电压时，稳压管 VS_2 已截止，发电机电压又上升，如此反复使发电机转速变化时，发电机电压保持恒定。

可见，晶体管电压调节器在发动机工作时，由电阻 R_1、R_2 组成的分压器感受发电机电压的变化，利用稳压管和晶体三极管的开关作用控制发电机励磁电路的通断，调节发电机的励磁电流和磁极磁通，在发电机转速超过一定值后保持发电机电压恒定。

3．集成电路电压调节器

集成电路电压调节器的组成和工作原理与晶体管电压调节器相似，但集成电路调节器中的所有元件都制作在同一个半导体基片上，形成一个独立的、相互不可分割的电子电路。集成电路调节器具有体积小、工作可靠、无须维护等特点，在现代汽车上应用十分广泛。由于集成电路调节器体积小巧、外部结构十分简单，它可以安装在发电机的内部或安装在发电机的壳体上，与发电机组成一个完整的充电系统，简化了充电系统的结构。安装在发电机内部的调节器，称为内装式调节器。具有内装式调节器的发电机和调节器安装在发电机壳体上的发电机都称为整体式交流发电机。桑塔纳轿车上采用的整体式交流发电机的结构图如 9-45 所示。

图 9-45 桑塔纳轿车上采用的整体式交流发电机的结构图

桑塔纳轿车采用 JFZ1913Z 和 JFZ1813Z 整体式外搭铁十一管交流发电机，额定功率为 1.2kW。发电机共有两个接线柱，输出接线柱直接与蓄电池正极相连对外供电；磁场接线柱通过二极管、充电指示灯、熔断器和点火开关与蓄电池正极连接，为发电机提供它激电流、控制充电指示灯。调节器采用发电机电压检测法，通过三个端子分别与发电机的励磁二极管输出端、电刷和壳体连接。电路原理如图 9-46 所示。

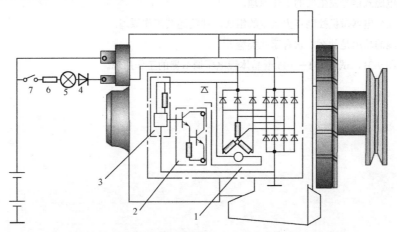

图 9-46 桑塔纳轿车采用的整体式交流发电机电路原理图

1—交流发电机；2—内装式调节器；3—调节器的检测控制部分；4—二极管；5—充电指示灯；6—熔断器；7—点火开关

其工作过程为：

接通点火开关，蓄电池通过点火开关、熔断器、充电指示灯、二极管给发电机提供他激电流和为调节器检测控制部分提供电压。由于蓄电池电压低于调节器的调节电压上限值，调节器使励磁电路接通，同时充电指示灯亮。它激电路和充电指示灯电路为：蓄电池正极→点火开关→熔断器→充电指示灯→二极管→励磁绕组→调节器→搭铁→蓄电池负极。

随着发动机转速升高，当发电机端电压超过蓄电池的端电压时，发电机开始自激并给负载供电，给蓄电池充电，并为调节器检测控制部分提供电压。充电指示灯因两端的电压几乎为零而熄灭，指示发电机正常工作。如果发电机端电压还未升高到调节器的调节电压上限值，则调节器使励磁电路接通。发电机自励电路为：发电机定子绕组→励磁二极管→励磁绕组→调节器→搭铁→负极管→发电机定子绕组。当发电机端电压高于调节器的调节电压上限值时，调节器使励磁电路断开，发电机磁通减弱，端电压降低；当发电机端电压低于调节器的调节电压下限值时，调节器又使励磁电路接通，发电机电压上升。如此循环，调节器不断控制励磁电路通断，维持发电机端电压不超过调节器调节电压。

与充电指示灯串联的二极管的作用是：在发电机端电压高于蓄电池端电压时，保证发电机不通过励磁二极管和充电指示灯对外供电，以免充电指示灯亮给驾驶人造成错觉，以及励磁二极管过载损坏。

思 考 题

9.1　点火系统的基本功用是什么？

9.2　对点火系统的基本要求有哪些？

9.3　试说明传统点火系统由哪些部分组成？各组成部分的作用是什么？

9.4　画出传统点火系统线路图，并简述其工作原理。

9.5　汽车发动机的点火系统为什么必须设置真空点火提前和离心点火提前调节装置？它们是怎样工作的？

9.6　简述普通电子点火系统的基本组成及工作原理。

9.7　简述电磁式信号发生器的工作原理。

9.8　试述无分电器微机控制点火系统的组成，并简述其工作原理。

9.9　蓄电池的功用是什么？它有哪些类型？

9.10　结合图9-31，试述JFT—106型晶体管电压调节器的工作原理。

项目教学任务单

项目9 汽油机点火系统——实训指导

参考学时	2	分组		备注	
教学目标	通过本次实训，学生应该能够： 1. 识别出点火系统的类型； 2. 能说出点火系统各部分零部件的名称和作用； 3. 能够更换点火线圈和火花塞； 4. 能够检测火花塞间隙； 5. 能够根据电极烧蚀情况初步判断故障原因。				
实训设备	1. 电喷发动机6台，整车4辆； 2. 万用表6块，常用工具6套 3. 塞尺6把				
实训 过程 设计	根据学生人数分组，教师现场指导。 1. 介绍不同汽油机点火系统的结构及功能特点； 2. 讲解独立点火系统点火提前角的控制原理； 3. 学生根据电极烧蚀情况分析故障原因； 4. 老师设置传感器故障，学生检测分析； 5. 小组代表对上述项目进行操作或讲述，同学及教师进行现场点评				
实训 纪要					

项目 9 汽油机点火系统的认知——任务单

班级		组别	姓名		学号	

1. 微机点火控制系统中的传感器有哪些？其作用是什么？

2. 电极间隙？

3. 冷热型火花塞？

4. 什么是点火提前角？ECU 如何控制点火提前角？

5. 分析下图工作过程，并填写各部件名称？

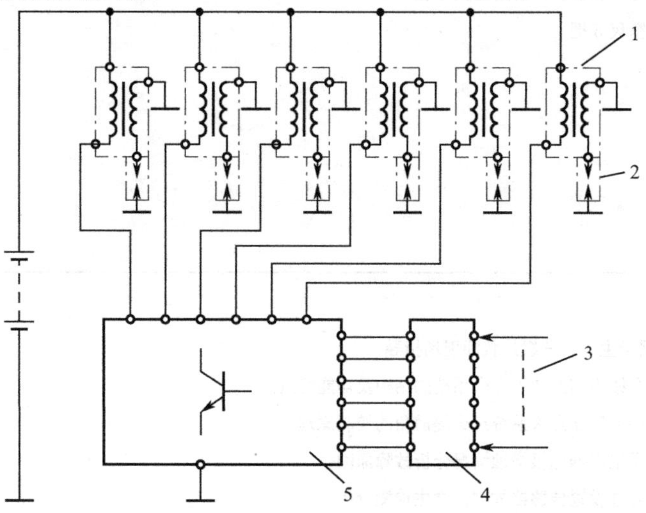

1—   ；2—   ；3—   ；4—   ；5—

总结评分	
	教师： 评分：
总结评分	
	教师签名： 年 月 日

第 **10** 章

内 燃 机 增 压

【本章重点】

● 内燃机增压的作用及增压方法;
● 内燃机增压后的特性;
● 废气涡轮增压

【本章难点】

● 内燃机增压后的参数变化;
● 废气涡轮增压系统的选择

10.1　基本概念

10.1.1　增压的作用及增压方式

内燃机增压的作用是将新鲜空气(或可燃混合气)在内燃机工作汽缸外面事先进行压缩,提高进气压力以提高进入汽缸内的空气(或可燃混合气)的密度,供更多的燃料进行燃烧,从而提高发动机的功率。

大量实践表明,增压是提高发动机功率、改善经济性的有效方法,因此得到了广泛应用。

用于内燃机增压将空气或可燃混合气压缩到一定压力的装置,称为压气机或增压器。空气被压后达到的压力称为增压压力,一般以 P_k 表示。按增压压力大小可将增压程度分为:低增压 $P_k < 0.14MPa$,中增压 $P_k = 0.14 \sim 0.2MPa$,高增压 $P_k > 0.2MPa$。压气机一般是容积式或叶片式的,压气机由曲轴或废气涡轮驱动。压气机、压气机的驱动装置以及用以冷却空气的冷却器等,构成了内燃机的增压系统。

根据驱动增压器所用能量来源的不同,增压方法可分为以下四种。

1. 机械增压系统

机械增压系统的增压器由内燃机通过齿轮、皮带、链条等传动装置驱动,将空气压缩后送入汽缸,如图 10-1 所示。增压器采用离心式或罗茨式压气机。机械增压系统的特点是:不增加内燃机的排气背压,但其要在内燃机上安装一套传动装置,而且还要消耗内燃机的有效功率,使内燃机的经济性有所下降,但是它可以改善内燃机的低速转矩特性。另外,机械增压器与内燃机容易匹配,结构比较紧凑,机械的响应也比较快。机械增压系统多用于小型内燃机上,增压压力一般不超过 0.15~0.17MPa。当增压压力提高时,驱动压气机耗功过大,会使机械效率明显下降,经济性恶化。

2. 废气涡轮增压系统

废气涡轮增压器由涡轮机和压气机组成,如图 10-2 所示。将内燃机排出的废气引入涡轮机,利用废气所包含的能量推动涡轮机叶轮旋转,并带动与其同轴安装的压气机叶轮工作,新鲜空气在压气机内增压后进入汽缸。废气涡轮增压器与内燃机没有机械联系，且结构简单，工作可靠。内燃机采用废气涡轮增压后，由于其热效率和机械效率的提高，燃油消耗率下降，内燃机的经济性得到改变；同时由于其质量增加比其功率增加小得多，内燃机的单位功率的质量降低，使得质量减轻，升功率增加；其次，内燃机工作在较大的过量空气系数情况下，燃烧较完全，排气污染得到改善。故废气涡轮增压系统得到了广泛应用。

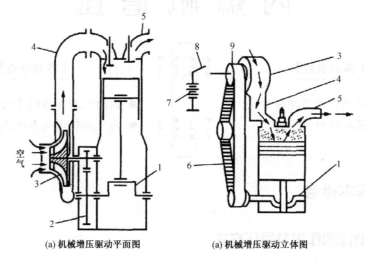

(a) 机械增压驱动平面图　　　　　　(a) 机械增压驱动立体图

图 10-1　机械增压示意图

1—曲轴；2—齿轮增速器；3—增压器；4—进气管；5—排气管；
6—齿形传动带；7—蓄电池；8—开关；9—电磁离合器

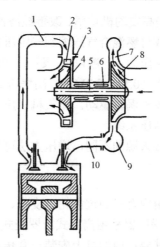

图 10-2　废气涡轮增压系统

1—排气管；2—喷嘴环；3—涡轮；4—涡轮壳；5—转子轴；6—浮动轴承；
7—扩压器；8—压气机叶轮；9—压气机壳；10—进气管

3. 复合式增压系统

在一些内燃机上，除了应用废气涡轮增压器以外，同时还应用机械增压器，这种增压系统称为复合式增压系统，如图 10-3 所示。有些大型二冲程内燃机，为了保证起动和低转速低负荷时仍有必需的扫气压力，需要采用复合式增压系统。复合式增压系统有两种基本形式：

一种是串联增压系统，内燃机的废气进入废气涡轮带动离心式压气机，以提高空气压力，然后送入机械增压器中再增压，进一步提高空气压力后进入内燃机；另一种是并联增压系统，废气涡轮增压器和机械增压器分别将空气压力提高后，进入内燃机中。

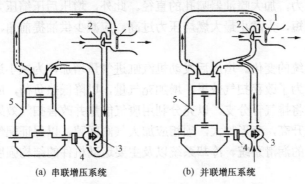

(a) 串联增压系统　　　　　　　　(b) 并联增压系统

图 10-3　复合式增压系统

1—涡轮增压器涡轮；2—涡轮增压气压机；3—机械驱动增压器压气机；

4—传动机构；5—柴油机

4. 气波增压系统

如图 10-4 所示为气波增压器示意图。气波增压器中有一个特殊形状的转子 3，由内燃机曲轴带轮经传动带 4 驱动。在转子 3 中内燃机排出的废气直接与空气接触，利用排气压力波使空气受到压缩，以提高进气压力。气波增压器结构简单，加工方便，工作温度不高，不需要耐热材料，也无须冷却。与涡轮增压相比，其低速转矩特性好。但体积大，噪声水平高，安装位置受到一定的限制。这种增压系统还须进一步开发、研究，才能得到实际应用。

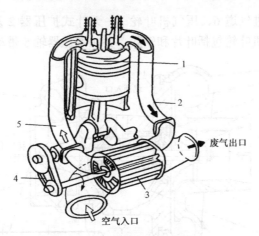

图 10-4　气波增压器示意图

1—活塞；2—排气管；3—气波增压器转子；

4—传动带；5—内燃机进气管

10.1.2　增压发动机的结构特点

增压后发动机性能显著变化,机械负荷及热负荷大为提高,要求发动机结构也要相应地改变。

（1）适当地减小压缩比。防止燃烧压力过大，以保证发动机工作可靠，延长使用期。但过低的压缩比将造成起动困难。

（2）供油系统的变化。增压后由于进气量的增加，可燃烧更多的燃料，要求供油量增加，同时要求增大喷油压力，加大喷油器喷孔的直径。此外，增压后压缩压力和温度的增加，将使燃料着火落后期缩短，为防止最大燃烧压力过高，应减少供油提前角，但供油提前角如过小则会使燃烧恶化。

（3）进、排气系统的变化。增压后发动机汽缸进气量增加，为减小进气阻力，应适当加大进气流通截面积；为了改善扫气效果，增加充气量，以降低热负荷，应增加气阀重叠角；有的增压系统还要求将排气管分支，以充分利用废气能量并改善扫气效果。此外，由于气阀机构零件的工作温度升高，变形加大，须相应加大气阀间隙，以保证配气机构正常工作。

（4）增压发动机的润滑系统、冷却系统以及主要运动机件的结构强度都应适当加强。

10.2　废气涡轮增压

废气涡轮增压器是用内燃机的排气推动涡轮机来带动压气机，以压缩进气，达到进气增压的要求。这种类型的增压器，多采用离心式压气机，废气涡轮一般采用单级涡轮。废气涡轮按其废气在涡轮中的流动方向来区分，有径流式和轴流式涡轮两种。

图10-5为径流式涡轮增压器的结构图。它是由离心式压气机和径流式涡轮机及中间体三部分组成。增压器轴5通过两个浮动轴承9支撑在中间体内。中间体内有润滑和冷却的油道，还有防止机油漏入压气机或涡轮机中的密封装置等。

1. 离心式压气机

离心式压气机由进气道6、压气机叶轮3、无叶式扩压器2及压气机蜗壳1等组成，如图10-5所示。压气机叶轮包括叶片和轮毂，并由增压器轴5带动旋转。

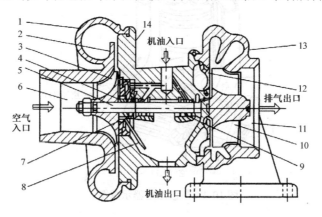

图10-5　径流式涡轮增压器结构

1—压气机蜗壳；2—无叶式扩压器；3—压气机叶轮；4—密封套；
5—增压器轴；6—进气道；7—推力轴承；8—挡油板；9—浮动轴承；10—涡轮机叶轮；
11—出气管；12—隔热板；13—涡轮机蜗壳；14—中间体

　　当压气机旋转时，空气经进气道进入压气机叶轮，并在离心力的作用下沿着压气机叶片 1 之间形成的流道（图 10-6），从叶轮中心流向叶轮的周边。空气从旋转的叶轮获得能量，使其流速、压力和温度均有较大的增高，然后进入叶片式扩压器 3。扩压器为渐扩形流道，空气流过扩压器时减速增压，温度也有所升高。即在扩压器中，空气所具有的大部分动能转变为压力能。

　　扩压器分叶片式和无叶式两种。无叶式扩压器实际上是由蜗壳和中间体侧壁所形成的环形空间。无叶式扩压器结构简单，工况变化对压气机效率的影响很小，适于车用增压器；叶片式扩压器是由相邻叶片构成的流道，其扩压比大、效率高，但结构复杂，工况变化对压气机的效率有较大的影响。

　　蜗壳的作用是收集从扩压器中流出的空气，并将其引向压气机出口。空气在蜗壳中继续减速增压，完成其由动能向压力能转变的过程。

　　压气机叶轮由铝合金精密铸造，蜗壳也用铝合金铸造。

2．径流式涡轮机

　　涡轮机是将内燃机排气的能量转变为机械功的装置。径流式涡轮机由蜗壳、喷管、叶轮和出气道等组成如图 10-7 所示。

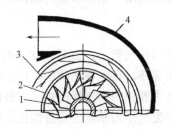
图 10-6　离心式压气机示意图
1—压气机叶片；2—叶轮，3　叶片式扩压器；4—压气机蜗壳

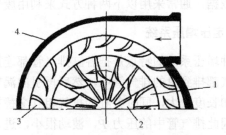
图 10-7　径流式涡轮机示意图
1—叶轮；2—叶片；3—叶片式喷管；4—蜗壳

　　蜗壳 4 的进口与内燃机的排气管相连，内燃机排气经蜗壳引导进入叶片式喷管 3。喷管是由相邻叶片构成的减缩形流道。排气流过喷管时降压、降温、增速、膨胀，使排气的压力能转变为动能。由喷管流出的高速气流冲击叶轮 1、并在叶片 2 所形成的流道中继续膨胀做功，推动叶轮旋转。

　　与压气机的扩压器类似，涡轮机的喷管也有叶片式和无叶式之分。现代车用径流式涡轮机多采用无叶式喷管。涡轮机的蜗壳除具有引导内燃机排气以一定角度进入涡轮机叶轮的功能外，还有将排气的压力能和热能部分地转变为动能的作用。

　　涡轮机叶轮经常在 900℃高温的排气冲击下工作，并承受巨大的离心力作用，所以采用镍基耐热合金钢和陶瓷材料制造。用质量轻并且耐热的陶瓷材料可使涡轮机叶轮的重量大约减轻 2/3，涡轮增压加速滞后的问题也在很大程度上得到改善。

　　喷管叶片用耐热和抗腐蚀的合金钢铸造或机械加工成型。

　　蜗壳用耐热合金铸铁铸造，内表面应该光洁，以减少气体流动损失。

3．转子

　　涡轮机叶轮、压气机叶轮和密封套等零件安装在增压器轴上，构成涡轮增压器转子。转

子以超过 $10×10^4$ r/min，最高可达 $20×10^4$ r/min 的高速旋转，因此，转子的平衡是非常重要的。

增压器轴在工作中承受弯曲和扭转交变应力，一般用韧性好、强度高的合金钢 40Cr 或 18CrNiWA 制造。

4．增压器轴承

增压器轴承的结构是车用涡轮增压器可靠性的关键之一。现代车用涡轮增压器都采用浮动轴承。浮动轴承实际上是套在轴上的圆环。圆环与轴以及圆环与轴承座之间都有间隙，形成双层油膜。圆环浮在轴与轴承座之间。一般内层间隙为 0.05mm 左右，外层间隙大约为 0.1mm。轴承壁厚为 3～4.5mm，用锡铅青铜合金制造，轴承表面镀一层厚度为 0.005～0.008mm 的铅锡合金或金属铟。在增压器工作时，轴承在轴与轴承座中间转动。

10.3　柴油机废气能量的利用

从废气涡轮增压柴油机的理论示功图中可以看出，柴油机排出的废气，具有很大的能量储备，约占到燃料热能的 30%～40%，如何在废气涡轮中运用这部分能量，是选择增压系统的重要依据。通常采用以下两种方式来利用废气能量，既定压增压系统和脉冲增压系统。

1．定压增压系统

这种增压系统的特点是把各缸排气管都连接到一根总的排气管上，如图 10-8(a)所示。各缸的废气都排到总的排气管中，然后再引向涡轮的整个喷嘴环。在这种系统中，由于排气管的截面和长度较大，同时各缸的排气相互交替补充，而且大容积的排气管提供了充分的膨胀空间，因此排气管中的压力 P，波动很小，进入涡轮中的废气压力基本上保持恒定，故称为定压增压系统。

2．脉冲增压系统

脉冲增压系统的特点是尽可能将汽缸中的废气直接而迅速地送到涡轮机中，从而尽可能多地利用定压系统中未利用的废气的脉冲动能。故其需要将涡轮尽可能地靠近汽缸，排气管做的短而细，并且为减少各缸排气管中的压力波的相互干扰，用几根排气管将相邻点火的汽缸的排气相互隔开（图 10-8(b)）。由于排气管的容积小，当汽缸开始排气时，排气管中的压力就迅速的提高；并且在一根排气管中没有别的汽缸同时排气，随着废气流入涡轮，排气管内压力便迅速下降，汽缸内的废气压力也随着迅速的下降，然后下一个汽缸排气，排气管内的压力又再次迅速升高和降低。于是，形成了排气管内压力的周期性波动，涡轮进入处的压力也随之波动，所以称为脉冲增压系统。

在脉冲增压系统中，要得到良好的排气脉冲波，以及迅速降低排气门初开后的废气压力，以增加扫气效果，每根排气管所连接的汽缸排气时间应相互错开，互不重叠（或重叠很少）。例如，四冲程柴油机的排气持续角大约为240°，因此每根排气管连接汽缸数不应该超过 3 个（720°÷240°）。表 10-1 列出了几种典型的排气管方式。

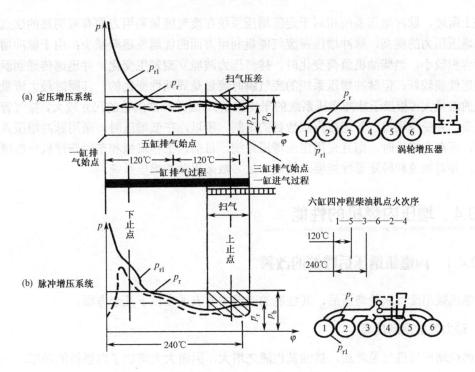

图 10-8　涡轮增压柴油机的排气管连接和压力曲线

表 10-1　典型排气管方式

汽 缸 数	排气管的连接	排气管数	点 火 次 序
6	① ② ③ ④ ⑤ ⑥	2	1—2—4—6—3—5
	① ② ③ ④ ⑤ ⑥	2	1—3—5—6—2—4
	① ② ③ ④ ⑤ ⑥	2	1—5—3—6—?—4
8	① ② ③ ④ ⑤ ⑥ ⑦ ⑧	4	1—6—2—4—8—3—7—5 1—5—7—3—8—4—2—6 1—6—2—5—8—3—7—4 1—3—7—5—8—6—2—4
8V	① ② ③ ④ ① ② ③ ④	4	4 2 1 3 1 3 4 2 4 3 1 2 1 2 4 3
12V	① ② ③　④ ⑤ ⑥ ① ② ③　④ ⑤ ⑥	4	6 2 4 1 5 3 1 5 3 6 2 4 3 6 2 4 1 5 1 5 3 6 2 4
16V	① ② ③ ④ ⑤ ⑥ ⑦ ⑧ ① ② ③ ④ ⑤ ⑥ ⑦ ⑧	8	8 4 2 6 1 5 7 3 1 5 7 3 8 4 2 6 8 3 7 5 1 6 2 4 1 5 2 6 8 4 3 7 5

综上所述，脉冲增压系统相对于定压增压系统在废气能量利用方面有着明显的优点。但是随着增压压力的提高，脉冲增压在废气能量利用方面的优越性逐渐减少；由于脉冲增压的排气管容积较小，当柴油机负荷变化时，排气压力波能立刻发生变化，并迅速传递到涡轮，因而加速性能较好；但脉冲增压系统的废气瞬时流量是周期性变化的，其瞬时最大流量比定压系统的流量大（相当于脉冲增压系统的平均流量）。因此脉冲涡轮的尺寸较大，排气管结构也较复杂，并受每根排气管连接汽缸数目的限制。所以，在低增压时，采用脉冲增压系统较为有利；而在高增压时，则宜采用定压增压系统。目前，工程机械和车用柴油机一般增压压力较低，并对加速和转矩等性能要求较高，故多数采用脉冲增压系统。

10.4　增压内燃机的性能

10.4.1　内燃机增压后性能的改善

内燃机采用废气涡轮增压后，其性能的改善主要表现在以下几个方面。

1．动力性能得到提高

内燃机增压后进气量增加，供油量也随之增大，因而大大增加了内燃机的功率，一般可增加内燃机功率达 30%～100%；同时，增压后内燃机的平均有效压力的提高，大大超过了平均机械损失压力的增加。在一定范围内，增压提高了内燃机的机械效率。因此，增压使得内燃机的动力性能大大提高。

2．经济性能得到改善

内燃机增压后过量空气系数提高，有利于改善燃烧过程，提高了内燃机工作循环的指示热效率。而机械效率也相应提高。因此降低了内燃机的燃油消耗率，一般可达到 3%～12%。

3．排放性能得到改善

增压后，由于进气量加大，混合气变稀，使有害排放 HC、CO 和烟度都有所下降。但是增压后，由于进气温度的上升，NO_x 有害排放有所增加。此时，若采用增压中冷技术，即采取措施使增压后的热空气经冷却降温后进入汽缸，则 NO_x 反而会降低。因此从整体上看，增压有利于降低排放。

4．燃烧和排气噪声得到改善

增压后，由于压缩压力与进气温度的增加，使燃料的滞燃期缩短，燃烧的压力升高率下降，其结果使燃烧噪声下降。由于排气可在涡轮机中进一步膨胀，所以排气噪声也有所下降。

同时随着增压内燃机动力性和经济性指标的提高，内燃机的机械负荷和热负荷也会相应的增加。机械负荷的增加使曲柄连杆机构和轴承受力严重，磨损加剧。但增压内燃机最重要的限制条件还是热负荷，由于增压后空气量和喷油量的增加，总的燃烧能量增加，使热负荷加大；同时，由于进入增压内燃机汽缸的压缩空气温度提高，使最高燃烧温度和循环的平均温度提高；而且由于工质的密度增大，使工质向壁面间的传热增大；这些都使活塞组、汽缸、汽缸盖、排气门等零件的热负荷加大，从而限制了内燃机增压度的提高。

以 6135 型柴油机为例：增压后标定功率从 88kW 提高到 140kW；最大转矩从 560N·m

提高到 $960\,\mathrm{N\cdot m}$。同时最高燃烧压力从 $7450\mathrm{kPa}$ 提高到 $8680\mathrm{kPa}$；排气平均温度从 $450\,℃$ 增加到 $558\,℃$，从以上数据可以看出，6135 型柴油机增压后的机械负荷和热负荷都有较大的提高。

10.4.2　内燃机结构参数的变动

对于增压度很高的车用内燃机，其结构上的变动可能是很大的，甚至需要为适应高增压度而重新进行设计。如机体和主要零件在结构上要加强，活塞可能要通油冷却，供油、配气、冷却、润滑等各部分都要重新考虑。

可是目前多数车用增压内燃机的增压度不高，它在基本结构方面与非增压机型同属于一个系列，这样便于对增压与非增压两种机型的主要零部件在同一条加工流水线上组织生产。

为了适应增压后功率增长的要求，降低其机械负荷与热负荷，仍然需要对这种增压机型做一些必要的改动。

1．调整供油系、增大供油量

增加循环供油量，如果仍采用非增压的喷油泵，势必增加供油持续角，使燃烧过程拉长，经济性变坏。缩短供油持续时间的方法有：增大柱塞直径、增加供油速率（使喷油泵凸轮廓线变陡）以及加大喷油嘴喷孔直径等。提高喷油压力和加大喷孔直径还可以增加油雾的穿透能力，保证在汽缸空气密度增大的情况下有足够的射程，适应油束、气流及燃烧室尺寸之间配合的需要。

从限制最高爆发压力的角度考虑，应适当减小喷油提前角，即减少上止点前燃烧的燃料量。但过多减少喷油提前角，可使燃烧大量的延续到膨胀线上，以致内燃机经济性和涡轮工作条件变坏。

2．改变配气相位

合理增加气门重叠角，可加强汽缸的扫气作用，有助于降低燃烧室零件的表面温度，增加充量系数，改善涡轮的工作条件。不过气门重叠角不宜过大。研究表明，当气门重叠角超过 80。曲轴转角以后，其扫气效果不会进一步改善。而且，重叠角过大将使扫气空气量增加，加重了压气机的工作负担，引起内燃机在低速、低负荷时废气倒流，这对整机的加速及变工况性能不利；同时，当重叠角过大，为了避免气门与活塞相碰，要在活塞顶上挖过深的凹坑，使得燃烧恶化。

3．减小压缩比、增大过量空气系数

为了降低爆发压力，可以适当减小压缩比 1～2 个单位。过多的减小，不仅会恶化整机的经济性，也会使起动性能变差。

增大过量空气系数，可降低热负荷，改善经济性。一般将过量空气系数增大 10%～30% 左右。

4．设置分支排气管

在脉冲增压系统中，为了充分利用脉冲能量，使各排气互不干扰，排气管必须分支。分支的原则是一根排气管所连接各缸排气必须不互相重叠（或重叠很少）。例如，一般四冲程内

燃机排气脉冲延续时间为240℃A，这时一根排气管所连接汽缸的数目不宜超过三个，同时应该使相邻发火的各缸排气相互隔开，如发火次序为1—5—3—6—2—4的六缸机，就可采用一、二、三缸及四、五、六缸各连一根排气管。表10-1为脉冲增压内燃机排气管分支的例子。

5．冷却增压空气

将增压器出口的增压空气加以冷却，一方面可以提高充量密度，从而提高内燃机功率；另一方面也可以降低内燃机压缩始点的温度和整个循环的平均温度，从而降低了内燃机的热负荷和排气温度。实践表明，增压空气每降低10℃，内燃机的循环平均温度可降低25～30℃，在增压器出口与入口的压力比为1.5～2时，供气量可以比不采用增压空气冷却的内燃机提高10%～18%。

冷却增压空气的方法，一般用水或空气在冷却器中进行间接冷却，采用独立水冷系统使结构庞大而复杂，在汽车上布置困难；而采用空气冷却的方案比较可取。涡轮增压器压缩的空气经中冷器进入内燃机。

6．进、排气系统

内燃机增压后，一般进气管的容积要增大，以减小进气压力的波动，从而提高压气机的效率和改善内燃机性能。排气管的布置形式也要相应地发生改变，如上节所述。

7．冷却水路和润滑油路

内燃机增压后，应适当调整水泵的容量，提高水泵转速，增大散热水箱的散热面积，增大风扇直径，改善风扇的叶片角，提高风扇转速等措施来降低热负荷；同时增大机油泵容量，增大机油冷却器的散热面积，改善曲轴箱通风等。

有关6135型柴油机安装增压器前后的主要性能参数的对比及结构的变化，见表10-2。

表10-2　6135型柴油机增压前后主要性能参数及结构的变化

	项　目	非增压	增　压
性能变化	12小时功率 P_e（kW）（1500 drain）	88	140（比非增压增加58.3%）
	燃油消耗率 b_e（g/kW·h）	234	224（减少4.07%）
	空气消耗量 A_a（kg/s）	0.152	0.26（增加71%）
	燃烧最高压力声—（MPa）	7.5	8.7（增加16.5%）
	过量空气系数 Φ_a	1.76	1.80
	机械效率 η_m	0.78	0.87（增加11.5%）
结构变化	凸轮轴	非增压凸轮轴	换用增压凸轮轴
	气门重叠角（℃A）	40°	124°
	气门升程（mm）	14.5	16
	进、排气管	排气总管	分支排气管、进气管直径加粗
	压缩比	16	14
	活塞顶穴深坑（mm）	1.2	9.3
	油泵柱塞直径（mm）	9	10
	喷油压力（MPa）	15.2～17.2	18.1～19.1
	喷油提前角（℃A）	28°～31°	26°～29°
	阀座及进气门		材料及结构采取措施以改善磨损

10.5　汽油机增压技术

半个世纪以来，增压技术在柴油机上得到了广泛的应用。其实，汽油机的增压历史也不短，但在 1981 年以前，一直没有广泛应用于车用汽油机上，尤其是在化油器式汽油机上。汽油机增压要比柴油机增压困难的多，主要原因如下。

（1）汽油机增压后爆燃倾向增加。对增压汽油机来讲，进入汽缸的混合气。因受压气机压缩的影响，其温度一般要比非增压的高 30~60℃，这就为加速混合气的焰前反应创造了有利条件。又由于增压汽油机的热负荷较高，燃烧室和汽缸的壁面温度较高，对新鲜充量的热辐射和热传导都将增加，这也同样会导致焰前反应的加速，虽然，增压后由于单位工作容积的发热量增加，促使正常燃烧速度增加，但对未燃混合气的压爆作用也有所增强。因此，汽油机增压以后爆燃倾向加剧。

（2）车用汽油机的速度和功率范围宽广，工况变化频繁，转矩储备较大，致使涡轮增压器和汽油机的匹配相当困难。

（3）由于汽油机的混合气的过量空气系数小，燃烧温度高，增压后汽油机和涡轮机的热负荷大。汽油机空燃比由于工作循环的性质决定，其需要限制在较浓的狭窄范围内，又不能用较大的气门重叠角使较多的扫气空气来降低燃烧室零件和排气的温度。因此就要求燃烧室和涡轮机具有很高的热强度与耐高温腐蚀性，造成增压器的成本较高。

（4）涡轮增压器的加速性较差。当节气门突然开大要求混合气量迅速增加时，却由于增压器转子的惯性，使增压器加速迟缓，汽油机的进气量的增加将滞后一段时间。要完全消除涡轮增压器对汽油机工况变化的响应滞后现象比较困难。

但近年来，车用汽油机，特别是轿车汽油机的涡轮增压技术得到了较大的普及和发展。这是因为随着高速公路的发展，车主对汽车高动力性能的追求日益强烈。另外，汽油喷射式汽油机和电控技术的发展，以及小型增压器性能的改善，都为普及和发展汽油机增压技术创造了有利条件。

为了克服汽油机增压的困难，在汽油机增压系统中采取了许多措施。

（1）在电控汽油喷射式汽油机上实现汽油增压，成功地摆脱了化油器式汽油机与涡轮增压器的匹配困难。电控技术的应用，可以极其方便地对汽油机增压系统进行爆燃控制、放气控制和排放控制。

（2）应用点火提前角自适应控制，来克服由于增压而增加的爆燃倾向。利用装在汽油机上的爆燃传感器监测爆燃信息，并将其传输给电控单元（ECU），电控单元则发出指令推迟点火时刻以消除爆燃。待爆燃消除后，自适应地逐步加大点火提前角，使汽油机在比较理想的状况下工作。

（3）对增压后的空气进行中间冷却。因为空气增压后温度升高，密度减小，如果温度过高，不仅会减少进气量，削弱增压效果，还可能引起汽油机爆燃。实践证明，对增压空气实行中冷对提高功率、降低油耗、降低热负荷和减轻爆燃都十分有利。因此，不但在汽油机增压系统中设置中冷器，而且在中高增压柴油机增压系统中也设有中冷器。

（4）采用增压压力调节装置。增压压力与涡轮增压器的转速有关，而增压器转速又取决于废气能量。汽油机在高转速、大负荷工作时，废气能量多，增压压力高；相反，低转速、小负荷时，废气能量少，增压压力低。因此涡轮增压汽油机的低速转矩小、加速性差。为了获得低速、大转矩和良好的加速性，轿车用涡轮增压器的设计转速常为标定转速的 40%。但在高转速时，增压压力将会过高，增压器可能会超速。过高的增压压力使汽油机的热负荷过大并发生爆燃，为此必须采用增压压力调节装置，以控制增压压力，最为简单又十分有效的装置是进、排气旁通阀或放气阀。

在汽油机上常采用的两种增压系统分别是涡轮增压系统和机械增压系统。

10.5.1　涡轮增压系统

涡轮增压系统分为单涡轮增压系统和双涡轮增压系统。只有一个涡轮增压器的增压系统为单涡轮增压系统，如图 10-9 所示。涡轮增压系统除涡轮增压器以外，还包括进气旁通阀 7、排气旁通阀 6 和排气旁通阀控制装置 8 等。图 10-10 所示为六缸汽油喷射式汽油机的双涡轮增压系统示意图。其中两个涡轮增压器并列布置在排气管中。按汽缸工作顺序把一、二、三缸作为一组，四、五、六缸作为另一组，每组三个汽缸的排气驱动一个涡轮增压器。因为三个汽缸的排气间隔相等，所以增压器稳定运转。另外，把三个汽缸分成一组还可以防止各汽缸之间的排气干扰。此系统除包括涡轮增压器 9、进气旁通阀 2、排气旁通阀 10 以及排气旁通阀控制装置 11 以外，还有中冷器 3、谐振室 4 和增压压力传感器 5 等。

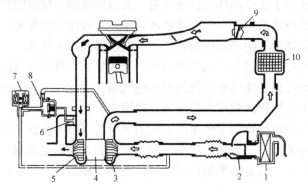

图 10-9　单涡轮增压系统示意图

1—空气滤清器；2—空气流量计；3—压气机叶轮；4—增压器；5—涡轮机叶轮；

6—排气旁通阀；7—进气旁通阀；8—排气旁通阀控制装置；9—节气门；10—中冷器

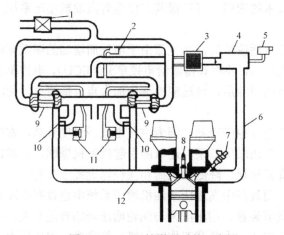

图 10-10　双涡轮增压系统示意图

1—空气滤清器；2—进气旁通阀；3—中冷器；4—谐振室；5—增压压力传感器；6—进气管；

7—喷油器；8—火花塞；9—涡轮增压器；10—排气旁通阀；11—排气旁通阀控制装置；12—排气管

在涡轮增压系统中都设有进气旁通阀和排气旁通阀，用以控制增压压力。排气旁通阀及其控制装置在增压器中的安装位置如图 10-11 所示。控制膜盒 1 中的膜片将膜盒分为左室和右室，右室经连通管 11 与压气机的出口相通，左室设有膜片弹簧作用在膜片上。膜片还通过连动杆 2 与排气旁通阀 3 连接。当压气机出口压力，也就是增压压力低于限定值时，膜片在弹簧的作用下移向右室，并带动连动杆使排气旁通阀保持关闭状态。当增压压力超过限定值时，增压压力克服膜片弹簧力，推动膜片移向左室，并带动连动杆将排气旁通阀打开，使部分排气不经过涡轮机而直接排放到大气中，从而达到控制增压压力及涡轮机转速的目的。进气旁通阀的工作原理与排气旁通阀的原理相似。

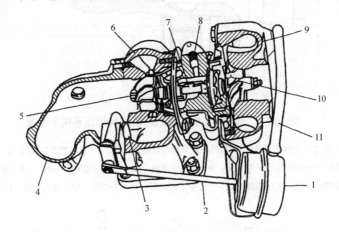

图 10-11　排气旁通阀及其控制装置的安装位置

1—控制膜盒；2—连动杆；3—排气旁通阀；4—排气管；5—涡轮机叶轮；
6—涡轮机涡轮；7—增压器轴；8—中间体；9—压气机蜗壳；10—压气机叶轮；11—连通管

10.5.2　机械增压系统

如图 10-12 所示为电控汽油喷射式汽油机机械增压系统示意图。图中机械增压器 6 为罗茨式压气机，由曲轴带轮 12 经传动带和电磁离合器带轮 11 驱动增压器 6 工作。当汽油机在小负荷下运转时不需要增压，这时电控单元（ECU）根据节气门位置传感器 3 的信号使电磁离合器断电，增压器停止工作。与此同时，电控单元 17 向进气旁通阀 5 通电使其开启，即在不增压的情况下，空气经进气旁通阀 5 即旁通管路进入汽缸。在进入汽缸之前，空气先经中冷器 7 降温。爆燃传感器 9 安装在汽油机机体上。它将汽油机发生爆燃的信号传相应的指令减小点火提前角，即可消除爆燃。

罗茨式压气机为机械增压系统中应用最为广泛的压气机，其结构如图 10-13 所示。它由转子 3、转子轴 4、传动齿轮 7、壳体 9、后盖 5 和齿轮室罩 8 等组成。汽油机曲轴带轮经传动带、电磁离合器带轮 1 和电磁离合器 2 驱动其中的一个转子，而另一个转子则由传动齿轮 7 带动与第一个转子同步旋转。转子的前后端支承在滚子轴承 10 上，滚子轴承和传动齿轮用合成高速齿轮油润滑。在转子轴的前后端装置油封，以防止润滑油漏入压气机壳体内。罗茨式压气机的转子有两叶的、也有三叶的。通常两叶转子为直线形。而三叶转子为螺旋形。三叶螺旋形转子有较低的工作噪声和较好的增压器特性。在相互啮合的转子之间以及转子与壳体之间都有很小的间隙，并在转子表面涂敷树脂，以保持转子之间以及转子与壳体之间较好的气密性。转子通常用铝合金制造。

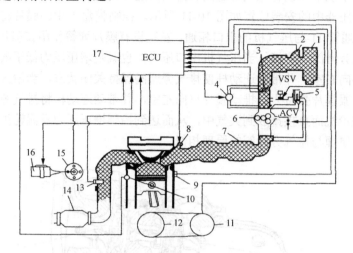

图 10-12　电控汽油喷射式汽油机机械增压系统示意图

1—空气滤清器；2—空气流量计；3—节气门及节气门位置传感器；4—怠速空气控制阀；5—进气旁通阀；
6—机械增压器；7—中冷器；8—喷油器；9—爆燃传感器；10—冷却液温度传感器；11—电磁离合器带轮；
12—曲轴带轮；13—氧传感器；14—三效催化转换器；15—分电器；16—点火线圈；17—电控单元

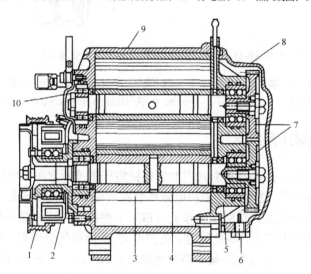

图 10-13　罗茨式压气机

1—电磁离合器带轮；2—电磁离合器；3—转子；4—转子轴；5—后盖；
6—放油螺栓；7—传动齿轮；8—齿轮室罩；9—壳体；10—滚子轴承

　　罗茨式压气机的工作原理如图 10-14 所示。当转子旋转时，空气从压气机入口进入，在转子叶片的推动下空气被加速，然后从压气机出口压出。出口与进口压力比可达 1：8。

　　罗茨式压气机结构简单、工作可靠、寿命长，供气量与转速成正比。

　　20 世纪 90 年代以来，国外增压汽油机及增压带中冷的汽油机产品发展很快，这对提高升功率、降低比质量、改善与车辆的匹配均有重要的意义。以 2L 级排量汽油机为例，一般非增压机型的功率多为 65～75kW，而"增压+中冷"汽油机的功率普遍为 110～181kW。可见，随着电喷技术的应用，使汽油机的增压技术得到了越来越广泛的使用。

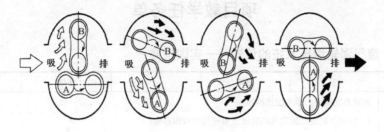

图 10-14　罗茨式压气机工作原理示意图

思　考　题

10.1　名词解释：增压度、压气机绝热效率、增压比、定压增压、脉冲增压。

10.2　内燃机的增压有几种类型？各有什么优缺点？

10.3　废气涡轮增压为什么能有效地提高柴油机的功率？

10.4　废气涡轮增压为什么在提高柴油机功率的同时能改善经济性和排放性能？

10.5　根据对废气能量利用方式的不同，废气涡轮增压分为几种系统？

10.6　定压增压系统和脉冲增压系统的工作原理和结构特点有何不同？

10.7　离心式压气机的主要参数有哪几项？主要衡量压气机的哪些特性？

10.8　压气机中扩压器的作用是什么？涡轮机中喷嘴环的作用是什么？

10.9　柴油机采用废气涡轮增压后，其供油系统应做出什么样的调整？

10.10　在脉冲增压系统中，排气管的连接应遵循什么原则？

10.11　汽车用柴油机和工程机械用柴油机一般各采用什么增压系统？为什么？

10.12　柴油机在选用废气涡轮增压系统时，应遵循什么样的原则？

10.13　废气涡轮增压器与柴油机联合工作配合良好的标准是什么？如果配合不理想应如何调整？

10.14　涡轮增压内燃机中采用中冷器对内燃机的工作有什么好处？

10.15　汽油机增压有何困难？如何克服？

10.16　汽油机增压为什么要控制增压压力？

项目教学任务单

项目 11　废气涡轮增压系统的认知——实训指导

参考学时	2	分组		备注	
教学目标	通过本次实训，学生应该能够： 1. 认识不同发动机废气涡轮增压系统的结构和布局； 2. 在发动机台架上指出废气涡轮增压系统部件的名称； 3. 说出废气蜗涡轮增压系统的基本原理； 4. 说出废气涡轮增压系统的优点				
实训设备	1. 带有废气涡轮增压系统的发动机台架 4 台；				
实训 过程 设计	根据学生人数分组，教师现场指导。 1. 介绍不同废气蜗涡轮增压系统的结构及功能； 2. 讲解废气蜗涡轮增压系统组成及原理； 3. 学生完成实训任务单； 4. 小组代表对上述项目进行操作或讲述，同学及教师进行现场点评				
实训 纪要					

项目 11 废气涡轮增压系统的认知——任务单

班级		组别		姓名		学号	

1. 标出下图废气涡轮增压系统主要组成部件的名称

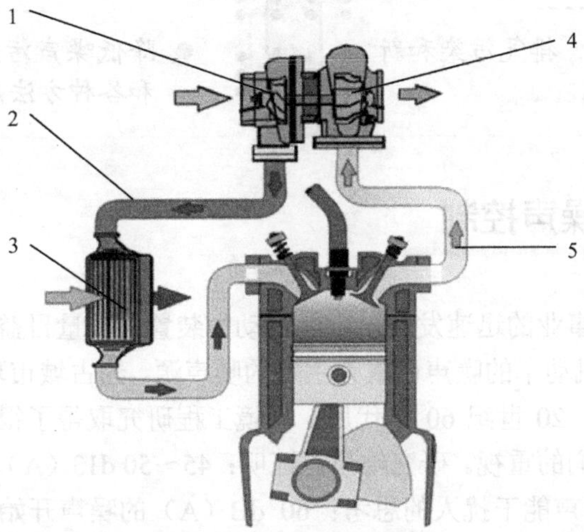

2. 写出废气涡轮增压系统的优点： _____
_____
_____ ；

3. 说明非废气涡轮增压系统的工作原理： _____
_____
_____ ；

总结评分	
	教师： 评分：

第11章

内燃机污染及新能源应用

【本章重点】

● 发动机的噪声污染、排气污染和新能源发动机的应用。

【本章难点】

● 降低噪声污染和空气污染的方法和各种方法应用的原理。

11.1 内燃机噪声控制

随着国民经济建设事业的迅速发展，内燃机动力装置的数量日益增多，特别是在人口比较集中的大、中城市，机动车的噪声已成为主要的噪声源，约占城市环境噪声的30%～50%，而其最终源头是内燃机。20世纪60年代后，环境工程研究取得了很大的进展，内燃机的噪声污染也越来越引起人们的重视。研究结果已证明：45～50 d13（A）的噪声就会影响人们的睡眠；50 dB（A）的噪声能干扰人的思考；60 dB（A）的噪声开始令人心烦；长期生活在65 dB（A）的噪声中，会使人体的心血管系统、消化系统及神经系统受到损害；若在90 dB（A）以上的噪声环境下连续工作将会使人耳聋。因此，为了保护环境，世界各工业发达国家和我国都已制定了内燃机的噪声限制法规。

1. 气体动力噪声

（1）进、排气噪声。

进、排气噪声是内燃机最强的噪声源。对非增压内燃机来说，排气噪声最强，进气噪声通常比排气噪声低8～10 dB（A）；对于增压内燃机来说，进气噪声往往超过排气噪声，成为最强的噪声源。

（2）风扇噪声。

在空气动力性噪声中，风扇噪声一般都小于进、排气噪声，由旋转噪声和涡流噪声组成。

旋转噪声是由风扇叶片对空气分子的周期性扰动而产生的，它的强弱与风扇转速和叶片数成正比；而涡流噪声是空气在受叶片扰动后产生的涡流所形成，它的强弱主要与风扇气流速度有关。当风扇气流速度成倍增加时，可使涡流噪声的声级提高18 clB（A），因此气流速度一般都控制在20 m/s以内。

采用叶片不均匀分布的风扇，用塑料风扇代替钢板风扇，在车用内燃机上采用风扇自动离合器等措施均可有效的降低风扇噪声。

2．表面噪声

（1）燃烧噪声。

燃烧噪声是由气缸内气体压力的变化而引起的，其中包括由气缸内压力剧烈变化引起的动力载荷，以及冲击波引起的高频振动。

一般认为燃烧噪声经由两条路径传播并辐射出来。一条是经过气缸盖及气缸套经由气缸体上部向外辐射；另一条是经过曲柄连杆机构，即活塞、连杆、曲轴和主轴承经由气缸体下部向外辐射。由于气缸套、机体、气缸盖这些结构件的刚性较大，自振频率处于中、高频范围，低频成分不能顺利地传出。因此，人耳听到的燃烧噪声的主要成分处于中、高频范围内。燃烧噪声通过曲柄连杆机构传递。减小气缸直径和增大活塞行程，即在气缸工作容积一定的情况下，采用较大的行程缸径比值（S/D），可以有效地减小燃烧噪声的传播。

柴油机的燃烧噪声明显高于汽油机。影响柴油机燃烧噪声的主要因素是燃烧室形式及燃烧过程（特别是滞燃期和速燃期）的组织。为减小柴油机的燃烧噪声，应使平均压力增长率（$\Delta p/\Delta \varphi$）保持在尽可能低的水平。通常分隔式燃烧室的燃烧噪声比直接喷射式燃烧室低。

燃烧过程的控制与许多因素有关，如燃料性质、压缩比、喷油提前角，喷油规律、进气温度和压力、转速、负荷及燃烧室结构等。在运转因素中，喷油提前角的影响较为显著，适当减小喷油提前角可降低燃烧噪声。

（2）机械噪声。

机械噪声是指内燃机各运动件在工作过程中由于相互冲击而产生的噪声。内燃机的机械噪声随着转速的提高而迅速增强。随着内燃机的高速化，机械噪声污染也越来越突出。

11.2　内燃机排气污染

1．排气中的有害成分及其危害

内燃机运行时要排出废气，废气中含有多种有害成分污染着周围的空气。内燃机的排气污染和噪声污染一样，也是影响环境的严重问题，并且已受到世界各国的普遍重视。工业发达国家和我国都已先后制定了车辆及其他用途内燃机排气有害成分的限制法规。

内燃机排出的废气中，除了未参加燃烧的氮和氧及燃烧产生的二氧化碳和水蒸汽为无害成分外，其余均为有害成分（简称排污），其中主要有：一氧化碳 CO、碳氢化合物 HC、氮氧化合物 NO_x、二氧化硫 SO_2、铅化合物和臭气等有害气体，以及固体微粒。这些有害成分的总和在柴油机中不到废气总量的 1%，在汽油机中随不同工况变化较大，有时可达 5%左右。不同工况下车用内燃机排气有害成分浓度见表 11-1。

表 11-1　不同工况下车用内燃机排气有害成分浓度

类　　型	工况（km/h）	CO（%）	HC（ppm）	NO_x（ppm）	微粒（碳烟）(g/m^3)
汽油机	怠速 0	4.0～10.0	300～2000	50～100	0.005
	加速 0→40	0.7～5.0	300～600	1000～4000	
	定速 40	0.5～1.0	200～400	1000～3000	
	减速 40→0	1.5～4.5	1000～3000	5～50	

续表

类　　型	工况（km/h）	CO（%）	HC（ppm）	NO$_x$（ppm）	微粒（碳烟）(g/m^3)
柴油机	怠速 0	0	300～500	50～70	0.10～0.30
	加速 0→40	0～0.50	200	800～1000	
	定速 40	0～0.10	90～150	200～1000	
	减速 40→0	0～0.05	300～400	30～35	

在有害成分中，CO、HC、NO$_x$ 及微粒是造成大气污染的主要物质，目前车用内燃机排气的净化措施就是研究如何减少这几种成分的含量。

一氧化碳 CO 是一种无色、无味、有毒的气体，它被人体吸入后，可与血液中的血红素结合，阻碍血液吸入和输送氧气而产生缺氧中毒，症状是头痛、呕吐，严重时会窒息死亡。由于 CO 是内燃机排气中有害浓度最大的成分，并且在大气底层停留时间较长，其累积浓度常易超过允许值，故其对人体的危害性最大。

氮氧化合物 NO$_x$，主要由 NO 和 NO$_2$ 两种成分组成。其中 NO 和血液中的血红素的结合程度比 CO 还要强烈，高浓度的 NO 能引起中枢神经的瘫痪及痉挛；而 NO$_2$ 是一种褐色气体具有特殊的刺激性臭味，能损害人的眼睛和肺部。

碳氢化合物 HC 包括未燃和未完全燃烧的燃油、润滑油及其裂解产物和部分氧化产物。HC 可在日光作用下与 NO 形成光化学烟雾，产生过氧化物（如臭氧 O$_3$ 和过氧酰基硝酸盐 PAN）、酮酸和醛类等，其中臭氧和 PAN 为主的过氧化物毒性很强，严重损害人体健康（特别是神经系统），而醛类则对人眼及呼吸道有较强的刺激作用。

固体微粒（表示为 PT 或 PM，particulate matter）的主要成分是碳、有机物质和硫酸盐。固体微粒往往以碳烟的形式出现，其中 2.5 μm 左右的微粒悬浮于离地面 1～2 m 高的空气中，容易被人体吸入，危害最大，也是影响能见度的主要成分；而大于 10 μm 的微粒从内燃机排出后很快落到地面，不易被人直接吸收。微粒除对呼吸系统有害，引发哮喘等症状外，还因其含有苯、芘等多种有害物质，而具有不同程度的致癌作用。由于柴油机排气中的微粒比汽油机高 30～60 倍，因而一般说到微粒都是指柴油机排放的微粒。但是，使用有铅汽油的发动机排出的铅化物也会以微粒形式排出，其粒径一般小于 0.2 μm。铅在人体中沉积后会防碍血液中红血球的生长，对肺、心脏、骨胳、神经系统造成损伤。

2．排气净化的措施

为了降低有害排放并遵守国家有关环保法规，在内燃机上采取了大量技术措施，其中以车用内燃机采用的排气净化措施最多，技术也最先进。这些措施大致分为：①以降低排放为目标，通过改进内燃机燃烧过程为主的机内净化措施；②对燃烧排出的有害物，在排气系统等处进行后处理；③对曲轴箱窜气或油蒸气部分进行处理又称为机外净化措施。

（1）汽油机的机内净化措施。

① 改进燃烧系统。减小燃烧室的面容比，使燃烧室更紧凑不仅可使燃烧快速充分地进行，而且还减少了激冷效应，从而促使 CO 和 HC 的排放量下降。但另一方面，燃烧加快会导致燃烧温度升高，可能使 NO$_x$ 的生成量增加。

降低压缩比可使燃烧温度下降，残余废气增多，减少 NO$_x$ 的产生。并且由于排气温度增高，也使废气中 HC 的含量下降。降低压缩比虽然会影响到汽油机的性能指标，但对于改善排放还是十分必要的。因此，目前各国汽油机的压缩比有明显下降的趋势。汽油机如果采用较高的压缩比，则在发生爆燃的时候，要通过安装在机体上的爆燃传感器接受信号，用电控单元适当推迟点火以消除爆燃。

采用稀薄混合气燃烧系统燃用稀薄混合气，可使燃烧温度降低，抑制了 NO_x 的生成。此外，因为有过剩的氧气，故燃烧也比较完全，即使有未燃烧的 HC 及 CO 产生，在膨胀和排气过程中也会被烧掉。因此，采用稀薄混合气燃烧系统对降低以上三种主要排污成分均具有显著效果。但是对于过稀的混合气，用汽油机上常用的点火系统是不能顺利点燃的，必须采用分层燃烧系统和提高点火能量的方法。

② 减小点火提前角。

由于点火推迟，燃烧过程较多地在膨胀过程中进行，这可使最高燃烧温度降低，而排气温度提高，因此，HC 和 NO_x 的排放量均可下降。但是由于点火推迟会影响汽油机的性能指标，因此在正常工作时不能有过多的推迟。在怠速工况时，所供给的混合气相对较浓，推迟点火可有效地减少排污，也有利于怠速的稳定。

③ 废气再循环（EGR，exhaust gas recirculation）。

废气再循环仅对降低 NO_x 有效，其工作原理如图 11-1 所示。一部分排气经 EGR 阀流回进气系统，稀释了新鲜混合气中的氧浓度，导致燃烧速度降低，同时还使新鲜混合气的比热容提高。两者都造成燃烧温度的降低，因而可以抑制 NO_x 的生成。

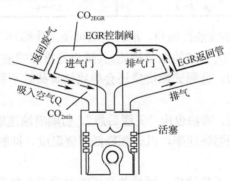

图 11-1　废气再循环系统工作原理

随着 EGR 率的增加，NO_x 排放量迅速下降，如图 11-2 所示。由于这是靠降低燃烧速度和燃烧温度得到的，因而会导致全负荷时最大功率下降；中等负荷时的燃油消耗率增大，HC 排放上升；小负荷特别是怠速时燃烧不稳定甚至失火。为此，一般在汽油机大负荷、起动及暖机、怠速和小负荷时不使用 EGR，而其他工况时的 EGR 率一般不超过 20%，由此可降低 NO_x。排放量 50%～70%。为了精确地控制 EGR 率，一般都采用电子控制 EGR 阀系统。

④ 采用电子控制的汽油喷射技术。

采用电子控制的汽油喷射技术可以精确控制汽油机在各种工况下的混合气浓度，而混合气浓度是影响汽油机排放的最主要因素，故应用这种技术是目前减少车用汽油机排放的最有效措施。此外，这种技术还可以使汽油机的燃油经济性和动力性都得到提高。

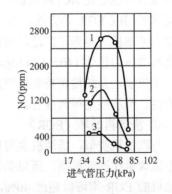

图 11-2　废气再循环对汽油机 NO_x 生成量的影响

1—无再循环；2—5%再循环；3—15%再循环

（2）柴油机的机内净化措施。

与汽油机的排放控制相比，柴油机的排放控制难度比较大，特别是排气后处理技术还未达到实用阶段，目前主要依靠机内净化技术来降低排放污染。

从之前的表 11-1 可以看出，柴油机的 CO 和 HC 排放量相对汽油机来说要少得多，但 NO_x 与汽油机在同一数量级，而微粒（碳烟）的排放要比汽油机大几十倍。因此，柴油机排气净化的重点是降低 NO_x 和微粒（碳烟）。

① 采用分隔式燃烧室。在分隔式燃烧室中，由于副燃烧室壁温较高，滞燃期短，燃烧压力低，从而使最高燃烧温度降低，此外，副燃烧室中 ϕ_a 值小，使燃烧处于缺氧的条件下，这些均抑制了 NO_x 的生成。当燃气进入主燃烧室后，由于大量空气的冷却以及处于稀燃（氧化）状态，不仅抑制了 NO_x 生成，而且使来自副燃烧室的 CO、HC 及碳烟在主燃烧室中快速氧化，因而分隔式燃烧室生成的 NO_x、CO、HC 以及碳烟的排放量均低于直喷式燃烧室，详见表 11-2。

表 11-2 两种燃烧室有害排放量的比较（g/kw·h）

有害成分 燃烧室类型	NO_x	CO	HC
直喷式	5.2～9	2～6	1.1～3
分隔式	3～6	1.5～4	0.4～1.5

② 改善喷油特性。减小喷油提前角，推迟喷油可使工作循环的最高燃烧温度降低，这是目前降低各种类型燃烧室 NO_x 生成的主要措施。其缺点是推迟喷油会使柴油机经济性能下降，及全负荷时碳烟排放量增加。分隔式燃烧室还会导致低负荷时不易着火，并致使 HC 排放量增加的结果。

为达到理想的燃烧过程，喷油也应"先缓后急"。初期喷油速率不要过高，以抑制滞燃期内混合气生成量，降低初期燃烧速率，以达到降低燃烧温度、抑制 NO_x 生成速度，防止碳烟排放和热效率的恶化。

提高喷油压力对于直喷式柴油机，燃油的高压喷射使混合气形成速度大大加快，混合气浓度分布更均匀，从而使燃烧过程产生的碳烟排放和热效率都有了明显改善，如图 11-3 所示。但高压喷射也会使 NO_x 所增加。如果合理利用高压喷射时燃烧持续期短的特点，同时采用推迟喷油时间或 EGR 等方法，有可能使碳烟和 NO_x 同时降低。因此，近年来高压喷射技术在直喷式柴油机上得到了广泛的应用。柴油机电控喷油系统（如电控高压共轨燃油系统等）的最高喷油压力已达 140～180 Mpa。

电控喷油系统精密控制燃烧过程，可以获得更合理的喷油规律，从而使柴油机的排放和动力性、经济性均得到改善。

③ 废气再循环（EGR）。

与汽油机类似，柴油机也可以通过废气再循环（EGR）来降低 NO_x 排放。由于柴油机排气中氧含量比汽油机高，所以柴油机允许并需要较大的 EGR 率来降低 NO_x 的排放。直喷式柴油机的 EGR 率可以超过 40%，非直喷式可达到 25%。为了防止产生较多的微粒，一般在中、低负荷时用较大的 EGR 率，在全负荷时不用，以保证性能。

柴油机所用 EGR 系统与汽油机类似。如果将再循环废气加以冷却，采用所谓冷 EGR，可以达到降低 NO_x 排放的效果。

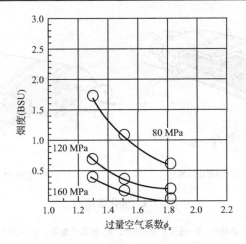

图 11-3　高压喷射降低碳烟的效果

④ 采用涡轮增压。

采用涡轮增压可使柴油机的过量空气系数提高及进气温度上升，因而 CO、HC，及碳烟的排放均可降低，但也会使 NO$_x$ 有所增加。如果用增压加中冷，使进气温度冷却到接近非增压柴油机的程度，则既能全面降低排污，又能提高性能指标。因此，采用涡轮增压是柴油机降低排污十分有效的措施。

2．机外净化措施

（1）采用三效催化转换器。

三效催化转换器安装在汽油机排气消声器的前面，是像空气滤清器那样通过排气利用催化剂将三种有害成分（CO、HC 和 NO$_x$）进行化学反应转化为无害的 CO$_2$、H$_2$O 和 N$_2$ 的一种反应器。

催化剂可以提高化学反应速度以及降低反应的起始温度，而本身不是反应物的一部分，只是促进反应的进行。由于贵金属活性高，低温时的活性损失小，同时抗燃料中硫污染的能力强，因此最适合用作催化材料。目前应用最广泛的催化剂材料是铂（Pt）、铑（Rh）和钯（Pd）三种贵金属。同时还有铈（Ce、钡（Ba）和镧（La）等稀土或贱金属材料可作为助催化剂成分，主要用于提高催化剂的活性和高温稳定性。

各类催化转换器均由金属外壳和活性催化材料组成。基本上有两种结构形式，如图 11-4所示，一类是整体陶瓷峰窝结构，它在作为载体的多孔性氧化铝陶瓷表面渗透一层活性催化剂；另一类是颗粒式结构，它将催化材料浸透在大量直径为 2～3 InlTl 的多孔性陶瓷小球表面。这两类转换器均应保证排气流畅，并使气流与催化剂有较大的接触面积。根据催化剂材料的不同，转换器的功能也不一样，目前最常用的是三效催化转换器。

三元催化转换器兼有氧化和还原两种作用。在催化剂作用下氧化 CO、HC 的同时还原 NO$_x$，使 CO、HC 和 NO$_x$ 三种有害成分同时得到净化，主要化学反应如下：

$$2CO+2NO \longrightarrow 2CO_2+N2$$
$$4HC+10NC \longrightarrow 4CO_2+2H_2O+5N_2$$
$$2H_2+2NO \longrightarrow 2H_20+N_2$$

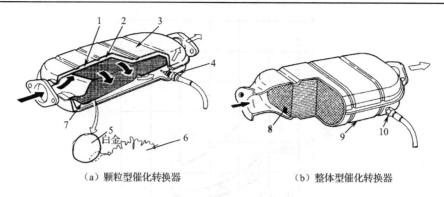

（a）颗粒型催化转换器　　　　　　　（b）整体型催化转换器

图 11-4　催化器结构

1—绝热材料；2—主壳；3—外罩；4—排温传感器；5—氧化铝；

6—氧化铝表面；7—触媒；8—触媒；9—外罩；10—排温传感器

三效催化剂包含由氧化型铂（Pt）—钯（Pd）催化剂和还原型铂（Pt）—铑（Rh）催化剂组成的双床颗粒催化剂以及铂（Pt）—铑（Rh）整体式三效催化剂。使用三效催化剂时，应将混合气成分严格控制在理论空燃比附近（即 $a \approx 14.8$），这样催化剂才能促使 CO 及 HC 的氧化反应和 NO_x 的还原反应同时进行，生成 CO_2、H_2O 及 N_2。而且，只有在接近理论空燃比的狭窄范围内，对这三种有害成分才有高的转换效率，如图 11-5 所示。为此必须使用氧传感器，对汽油喷射系统进行闭环控制。

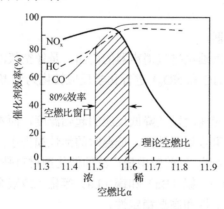

图 11-5　三效催化剂的转化效率

三效催化转换器中催化剂的转换效率随温度而变化，通常在排气温度 200～270℃时催化剂才起作用，但温度过高也会影响催化转换器的寿命和效果。因此，在转换器中都装有温度传感器，当温度达到危险温度时（约 900℃）可发出警报信号并使旁通阀自动开启，使高温废气不经催化转换器而直接流入排气消声器。

三效催化转换器要使用无铅汽油，因排气中的铅化物会堵塞载体和覆盖催化剂表面而使其活性下降。

（2）柴油机微粒过滤装置。

微粒是柴油机排放的突出问题，主要采用过滤法对车用柴油机排气微粒进行处理。在滤芯上存积的微粒需及时清除，为此，应设置对过滤器进行净化的再生装置。过滤器再生的原理是将微粒尽可能烧掉，变成 CO_2 随排气一起排入大气。图 11-6 所示为整体多孔陶瓷催化过滤器。微粒过滤器由多孔陶瓷材料制成，其过滤效率较高。在过滤器入口前，设置一个燃烧器，靠泵及喷油器向燃烧器供给少量燃油，利用排气的氧或另外供给空气，用火花塞或电热塞点燃，由高温燃气再烧掉微粒。一般经过 1~2 分钟后，即可完成再生过程，燃烧器停止工作。

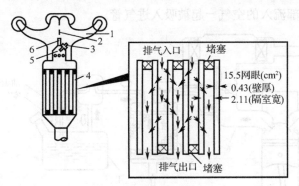

图 11-6　陶瓷微粒过滤器

1—排气支管；2—燃油；3—电热塞；4—滤芯；5—燃烧器；6—喷油器

另外还有一类金属丝网过滤器。排气通过附有催化剂的金属丝网，由废气再循环或者调整喷油正时，促使排气中的 HC 及 CO 在催化作用下氧化，从而产生较高的热量将微粒烧掉。

（3）防止汽油蒸发装置。

汽油机气缸窜气经通气管排到大气中的 HC 量占 HC 排放总量的 25% 左右，油箱及化油器蒸发的 HC 占总量的 20%。防止汽油蒸发的措施，既不影响发动机性能，装置又简单，因此很早就得到广泛应用。

① 曲轴箱强制通风封闭系统（PCV 系统）。

如图 11-7 所示，从空气滤清器引出一股新鲜空气进入曲轴箱，再经流量调节阀（PCV 阀）把窜入曲轴箱的气体和空气的混合气一起吸入气缸烧掉。PCV 阀是一个单向阀，利用弹簧弹力和进气管负压的平衡情况来控制气体通路的大小，其作用是在怠速、低速小负荷时减少送入气缸的抽气量，避免混合气过稀而造成失火；在节气门全开时，即进气管真空度低，气缸窜气量大时，提供足够的流量。这种系统在一些国家的法规上规定必须采用。

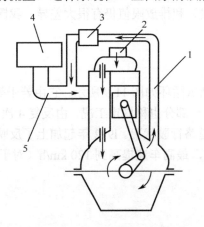

图 11-7　曲轴箱通风装置

1—抽气管；2—小空气滤清器；3—单向阀；4—空气滤清器；5—进气管

② 油蒸气吸附装置。

常用的活性炭罐式油蒸气吸附装置见图11-8。从油箱蒸发出来的油蒸气，经贮气罐流入炭罐被活性炭所吸附。当发动机工作时，由进气负压控制开启净化控制阀，在炭罐内被吸附的油蒸气与从炭罐下部流入的空气一起被吸入进气管。

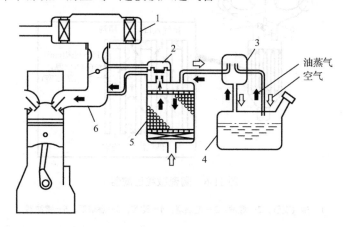

图 11-8　　活性碳罐式油蒸汽吸附装置

1—空气滤清器；2—控制阀；3—储气罐；4—油箱；5—炭罐；6—进气管

11.3　排放法规制定与实施

在各类内燃机动力装置中，以汽车的生产量和保有量为最大，又因其与人们生活密切相关，因而对环境的污染程度也最大。排放法规首先针对的就是车用内燃机。

排放法规既是对内燃机及汽车工业发展的限制，又从客观上促进了内燃机及汽车技术的进步。排放法规的核心内容就是排放限值和测量方法。

目前世界上的排放法规主要有三个体系，即美国、日本和欧洲体系。各国排放法规中对排放测试装置、取样方法、分析仪器等方面大都取得了一致。但测试规范（车辆的行驶工况或内燃机的运转工况组合方案）和排放限值仍有很大差异。我国基本是逐步等效采用欧洲的排放法规体系。

1. 欧洲排放法规

欧洲现行的轻型车排放测试循环如图11-9所示，它由若干等加速、等减速、等速和怠速工况组成。分为两个部分，第一部分也称城市工况，由反复4次的15工况（ECE—15）构成，是1970年制定的，模拟市内道路行驶状况。1992年起加上了反映城郊高速公路行驶状况的城郊工况（EUDC）的第二部分，最高车速提高到120 km/h（对于功率小于30 kW的小型汽车可降为90 km/h）。

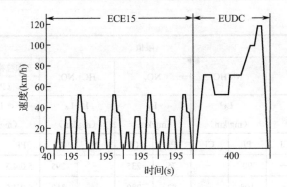

图 11-9 欧洲测试循环　（ECE15+EUDC）

试验时间：1220s　当量里程：约 11km

平均车速：32.5km/h　最高车速：120 km/h

小排量汽车最高车速：90 km/h

在欧洲，汽车废气排放的标准一般每四年更新一次。相对于美国和日本的汽车废气排放标准来说，测试要求比较宽泛。因此，欧洲标准也是发展中国家大都沿用的汽车废气排放体系，其欧 I～欧 IV 法规生效日期见表 11-3。

表 11-3　欧洲目前的轻型车排放限值

法规	生效日期	汽油车			柴油车			
		CO	HC	NO$_x$	CO	HC	NO$_x$	PT
欧洲 1	1992 年	2072	0.97		2.72	0.97		0.14
欧洲 2	1995 年 10 月	2.2	0.50		2.2② / 1.0③	0.50② / 0.90③		0.08② / 0.10③
欧洲 3	2000 年	2.3	0.2	0.15	0.64	0.56	0.50	0.05
欧洲 4	2005 年	1.0	0.1	0.08	0.50	0.30	0.25	0.025

注：① 表列值为新车型认证限值，对新产品一致性质量检验限值为表列值的 1.2 倍。

　　② 非直喷式柴油机。

　　③ 直喷式柴油机。

2009 年和 2014 年欧洲开始执行更为严格的欧 V 和欧 VI 排放标准，其标准参数见表 11-4、11-5 所示。

表 11-4　欧 V 标准排放限值

限值											
CO		THC		NMHC		NO$_x$		HC+ NO$_x$		颗粒物质量① （PM）		颗粒数量② （P）	
L$_1$ （mg/km）		L$_2$ （mg/km）		L$_3$ （mg/km）		L$_4$ （mg/km）		L$_2$+L$_4$ （mg/km）		L$_5$ （mg/km）		L$_6$ （#/km）	
PI	CI	PI	CI	PI	CI	PI	CI	PI	CI	PI③	CI	PI	CI
1000	500	100	—	68	—	60	180		230	5.0/4.5	5.0/4.5	—	6.0×10^{11}
1000	500	100	—	68	—	60	180		230	5.0/4.5	5.0/4.5	—	6.0×10^{11}

续表

限值													
CO		THC		NMHC		NO_x		HC+ NO_x		颗粒物质量① (PM)		颗粒数量② (P)	
L_1 (mg/km)		L_2 (mg/km)		L_3 (mg/km)		L_4 (mg/km)		L_2+L_4 (mg/km)		L_5 (mg/km)		L_6 (#/km)	
PI	CI	PI	CI	PI	CI	PI	CI	PI	CI	PI③	CI	PI	CI
1810	630	130	—	90	—	75	235	—	295	5.0/4.5	5.0/4.5	—	$6.0×10^{11}$
2270	740	160	—	108	—	82	280	—	350	5.0/4.5	5.0/4.5	—	$6.0×10^{11}$
2270	740	160	—	108	—	82	280	—	350	5.0/4.5	5.0/4.5	—	$6.0×10^{11}$

注：PI=点燃式 CI=压燃式

① 应在 4.5 mg/km 的限值实施之前引入修订后的测量程序

② 应在该限值实施之前引入新的测量程序

③ 点燃式 PM 质量限值仅适用于装直喷发动机的车辆

表 11-5 欧 Ⅵ 标准排放限值

限值													
CO		THC		NMHC		NO_x		HC+ NO_x		颗粒物质量① (PM)		颗粒数量② (P)	
L_1 (mg/km)		L_2 (mg/km)		L_3 (mg/km)		L_4 (mg/km)		L_2+L_4 (mg/km)		L_5 (mg/km)		L_6 (#/km)	
PI	CI	PI	CI	PI	CI	PI	CI	PI	CI	PI③	CI	PI④	CI⑤
1000	500	100	—	68	—	60	80	—	170	5.0/4.5	5.0/4.5	—	$6.0×10^{11}$
1000	500	100	—	68	—	60	80	—	170	5.0/4.5	5.0/4.5	—	$6.0×10^{11}$
1810	630	130	—	90	—	75	105	—	195	5.0/4.5	5.0/4.5	—	$6.0×10^{11}$
2270	740	160	—	108	—	82	125	—	215	5.0/4.5	5.0/4.5	—	$6.0×10^{11}$
2270	740	160	—	108	—	82	125	—	215	5.0/4.5	5.0/4.5	—	$6.0×10^{11}$

注：PI=点燃式 CI=压燃式

① 应在 4.5 mg/km 的限值实施之前引入修订后的测量程序

② 对点燃式汽车的数量标准在该阶段应已制定

③ 点燃式 PM 质量限值仅适用于装直喷发动机的车辆

2．中国排放法规

为了抑制有害气体的产生，促使汽车生产厂家改进产品以降低有害气体的产生源头，我国借鉴欧洲的汽车排放标准，国产新车都会标明发动机废气排放达到的欧洲标准。但我国的国标与欧标不一样，国标是根据我国具体情况制定的国家标准，欧标是欧共体国家成员通行的标准，欧标略高于国标。我国排放法规制定主要经历了以下三个阶段：

1.第一阶段：

我国于 1984 年 4 月 1 日开始实施排放法规，最初的 GB 3842～3844--83 分别为四冲程汽油车怠速排放、柴油车自由加速烟度、车用柴油机全负荷烟度排放标准，仅规定了单一简单工况的排放限值，也未控制 NO_x 排放。后经调研分析，认为欧洲法规及测试规范适合于我国实际情况，于 1989 年颁布了轻型车排放标准 GB ll641—89 及其测试方法 Gl3 11642—89。排放标准基本参照欧洲 20 世纪 70 年代末至 80 年代中的 ECEl5—03 法规，只是 HC 限值略宽松。

2.第二阶段：

我国在 1989 年至 1993 年又相继颁布了《轻型汽车排气污染物排放标准》、《车用汽油机排气污染物排放标准》二个限值标准和《轻型汽车排气污染物测量方法》、《车用汽油机排气污染物测量方法》二个工况法测量方法标准。至此，我国已形成了一套较为完整的汽车尾气排放标准体系。值得一提的是，我国 93 年颁布的《轻型汽车排气污染物测量方法》采用了 ECER15-04 的测量方法，而测量限值《轻型汽车排气污染物排放标准》则采用了 ECER15-03 限值标准，该限值标准只相当于欧洲七十年代的水平。

3.第三阶段：

从 1999 年起北京实施 DB11/105-1998 地方法规，2000 年起全国实施 GB14961-1999《汽车排放污染物限值及测试方法》（等效于 91/441/1EEC 标准），同时《压燃式发动机和装用压燃式发动机的车辆排气污染物限值及测试方法》也制订出台；与此同时，北京、上海、福建等省市还参照 ISO3929 中双怠速排放测量方法分别制订了《汽油车双怠速污染物排放标准》地方法规，这一条例标准的制订和出台，使我国汽车尾气排放标准达到国外九十年代初的水平。

经历了以上的三个阶段，我国排放标准的制定已趋于成熟，国家也在不断的推进和升级排放标准，表 11-6 是我国（北京标准高于全国标准）机动车污染物排放推行时间表。

表 11-6　国家机动车污染物排放标准推行时间表

执行标准	国 I	国 II	国 III	国 IV	国 V
全国时间	2001.07	2004.07	2007.07	2010.07	2018.01
北京时间	1999.07	2004.07	2005.12	2008.03	2013.03

注：国 V 标准，相当于欧盟的欧 V 标准，欧盟已经从 2009 年起开始执行，其对氮氧化物、碳氢化合物、氧化碳和悬浮粒子等机动车排放物的限制更为严苛。从国 I 提至国 IV，每提高一次标准，单车污染减少 30%～50%。

根据环保部、工业和信息化部 2015 年 1 月发布的公告，东部 11 省市（北京市、天津市、河北省、辽宁省、上海市、江苏省、浙江省、福建省、山东省、广东省和海南省）自 2016 年 4 月 1 日起，所有进口、销售和注册登记的轻型汽油车、轻型柴油客车、重型柴油车（仅公交、环卫、邮政用途），须符合国五标准要求。其汽油机、柴油机国 IV 国 V 参照表如表 11-7、11-8 所示。全国在 2017 年 7 月 1 日起，所有制造、进口、销售和注册登记的重柴油车，需符合国 V 要求。

表 11-7　汽油机排放限值（g/km）国 IV 国 V 排放标准对照表

国 IV		国 V	
氮氧化合物（NO_x）	0.08	0.06	↓25%
非甲烷碳氢（NMHC）	—	0.068	
炭烟（PM）	—	0.0045	
（在国五标准中，汽油车的氮氧化合物（NO_x）排放限值严格了 25%，增加非甲烷碳氢（NMHC）和缸内直喷的汽油车的颗粒物浓度（pm）的检测标准。）			

表 11-8　柴油　排放限值（g/km）国 IV 国 V 排放标准对照表

国 IV		国 V	
氮氧化合物（NO_x）	0.25	0.18	28%
非甲烷碳氢（HC+NO_x）	0.3	0.23	23%
颗粒物浓度（（PM）	0.025	0.0045	82%
颗粒物粒子数量（pm）	—	$6.0×10^{11}$	
对于柴油机，最大的区别就在与颗粒浓度要求提高了82%显然，相比于汽油机，国五排放量显然对柴油车要求更高，这样，柴油机要达到国五的成本变更高了.			

单靠发动机技术提升是没办法完成标准的，油品也必须一块提升才能达到国五的标准。表 11-9 是国 IV 国 V 汽油性能指标对比，其硫、锰的含量下降明显，急剧降低了排放的污染。

表 11-9　国 IV 国 V 汽油性能指标

国 IV		国 V		
硫含量指标限值	50 ppm	10 ppm	↓	80%
锰含量指标限值	8 mg/L	2 mg/L	↓	75 %
烯烃（xiting）含量	28%	24%	↓	14%
冬季蒸气压下降	45 kPa	42 kpa	↓	6%
夏季蒸汽上限	68 kPa	65 kpa	↓	4%

11.4　新能源汽车概述

新能源汽车是指采用非常规的车用燃料（汽油、柴油之外的动力）作为动力来源（或使用常规的车用燃料，但采用新型车载动力装置），综合车辆的动力控制和驱动方面的先进技术，形成的技术原理先进、具有新技术、新结构的汽车。

新能源汽车汽车按动力源的不同，主要有三种：混合动力汽车（Hybrid Electric Vehicle，HEV）、纯电动汽车（Electric Vehicle，EV）和燃料电池电动汽车（Fuel Cell Electric Vehicle，FCEV）。按照电池种类的不同，又可以分为镍氢电池动力汽车、锂电池动力汽车和燃料电池动力汽车。

1.　混合动力汽车

混合动力是指那些采用传统燃料的，同时配以电动机来改善低速动力输出和燃油消耗的车型。按照燃料种类的不同，主要又可以分为汽油混合动力和柴油混合动力两种。目前国内市场上，混合动力车辆的主流都是汽油混合动力，而国际市场上柴油混合动力车型发展也很快。混合动力汽车的优点是：

（1）采用混合动力后可按平均需用的功率来确定内燃机的最大功率，此时处于油耗低、污染少的最优工况下工作。需要大功率内燃机功率不足时，由电池来补充；负荷少时，富余的功率可发电给电池充电，由于内燃机可持续工作，电池又可以不断得到充电，故其行程和要高于普通汽车。又可让电池保持在良好的工作状态，不发生过充、过放，延长其使用寿命，降低成本。

（2）因为有了电池，可以十分方便地回收制动时、下坡时、怠速时的能量。在繁华市区，可关停内燃机，由电池单独驱动，实现"零"排放。

（3）有了内燃机可以十分方便地解决耗能大的空调、取暖、除霜等纯电动汽车遇到的难题。

（4）可以利用现有的加油站加油，不必再投资。

混合动力汽车的缺点：长距离高速行驶基本不能省油。

2．纯电动汽车

电动汽车顾名思义就是主要采用电力驱动的汽车，大部分车辆直接采用电机驱动，有一部分车辆把电动机装在发动机舱内，也有一部分直接以车轮作为四台电动机的转子，其难点在于电力储存技术。本身不排放污染大气的有害气体，即使按所耗电量换算为发电厂的排放，除硫和微粒外，其它污染物也显著减少，由于电厂大多建于远离人口密集的城市，对人类伤害较少，而且电厂是固定不动的，集中的排放，清除各种有害排放物较容易，也已有了相关技术。由于电力可以从多种一次能源获得，如煤、核能、水力、风力、光、热等，解除人们对石油资源日见枯竭的担心。电动汽车还可以充分利用晚间用电低谷时富余的电力充电，使发电设备日夜都能充分利用，大大提高其经济效益。有关研究表明，同样的原油经过粗炼，送至电厂发电，经充入电池，再由电池驱动汽车，其能量利用效率比经过精炼变为汽油，再经汽油机驱动汽车高，因此有利于节约能源和减少二氧化碳的排量，正是这些优点，使电动汽车的研究和应用成为汽车工业的一个"热点"。有专家认为，对于电动车而言，目前最大的障碍就是基础设施建设以及价格影响了产业化的进程，与混合动力相比，电动车更需要基础设施的配套，而这不是一家企业能解决的，需要各企业联合起来与当地政府部门一起建设，才会有大规模推广的机会。

优点：技术相对简单成熟，只要有电力供应的地方都能够充电。

缺点：蓄电池单位重量储存能量少、电池较贵，又没形成经济规模，故购买汽车价格较贵，制约了电动汽车的发展、利用新能源发电解决二氧化碳的排放以及报废电池的处理也是现在既要解决的问题。

3．燃料电池汽车

燃料电池汽车是指以氢气、甲醇等为燃料，通过化学反应产生电流，依靠电机驱动的汽车。其电池的能量是通过氢气和氧气的化学作用，而不是经过燃烧，直接变成电能。燃料电池的化学反应过程不会产生有害产物，因此燃料电池车辆是无污染汽车，燃料电池的能量转换效率比内燃机要高 2～3 倍，因此从能源的利用和环境保护方面，燃料电池汽车是一种理想的车辆。但由于燃料电池燃料种类单一以及在安全和制造工艺上要求较高、价格较贵因此应用较少。未来也将会是新能源汽车发展的方向。

4．新能源汽车的发展前景

受到国家对新能源汽车补贴政策的影响 2015、2016 年我国新能源汽车呈现爆发式增长，2016 年新能源汽车生产 51.7 万辆，销售 50.7 万辆，比上年同期分别增长 51.7% 和 53% 其中纯电动汽车产销分别完成 41.7 万辆和 40.9 万辆，比上年同期分别增长 63.9% 和 65.1%；插电式混合动力汽车产销分别完成 9.9 万辆和 9.8 万辆，比上年同期分别增长 15.7% 和 17.1%，中国也成为全球最大的新能源汽车的增量市场。

尽管我国十三五规划对未来五年新能源汽车产业全面发展构建了宏伟蓝图，但短期来看新能源汽车产业的发展不可避免地存在着一些阶段性的问题和困难。

第一，安全性方面，作为主流的动力锂电池技术路线在安全性和稳定性方面仍然存在相对的劣势，近一年来新能源汽车充电发生自燃等安全事故及隐患倍受市场关注。对于锂电池生产厂商而言，未来在材料性能的优化、生产材料的技术工艺方面还需进一步提升。而对于整车厂商而言，电池管理系统的组装检测和系统集成能力同样重要，其质量要求和检测工艺还有待进一步加强。

第二，国家政策补贴退坡是必然趋势，符合产业自身发展规律，但未来补贴退坡对于新能源生产制造商所带来的冲击而言，仍然需视个体企业技术路线的成熟和成本的下降速度，在这个过程中，技术提升速度滞后、市场反应较慢的中小企业成本的控制能力将受到市场的考验。另外，地方政府补贴是支持地方新源汽车产业大力发展的重要因素，2015、2016年新能源汽车的快速发展得益于大部分推广地区地方政府做到1∶1的高额配套补贴。随着经济增速下滑及财政补贴的退出，势必会对新能源汽车产业发展带来不利影响。

第三，充电网络的建设速度不及预期。预期今年充电基础设施将大幅新建，但如果在年内充电网络的投资建设速度不达预期，仍将制约今年新能源汽车的放量增长。

第四，锂电池技术水平是决定一辆新能源汽车使用性能的核心。相对来说，现阶段我国新能源汽车产业仍处于新兴成长阶段，各项技术性能尚不成熟。除了安全性的改善，新能源汽车在动力锂电池的能量密度、功率密度、耐受性、循环充放电次数，使用寿命等性能上的改善还有待提升。

困难虽然很多但新能源汽车的发展是必然的趋势，也是未来汽车驱动的主要方式。

思 考 题

11.1　名词解释

（1）等响曲线；（2）工况法；（3）怠速法；（4）废气再循环（EGR）；（5）三效催化转换器（6）新能源汽车。

11.2　什么是噪声？噪声对人体有什么危害？

11.3　内燃机有哪些噪声源？降低这些噪声的主要措施是什么？

11.4　为什么汽油机的燃烧噪声比柴油机低？而分隔式燃烧室柴油机的燃烧噪声比直喷式柴油机低？

11.5　内燃机排放的有害成分分别对人体会产生什么危害？

11.6　试分析柴油机废气中 CO、HC、NO_x 及碳烟的生成原因。

11.7　试分析汽油机废气中 CO、HC、NO_x 的生成原因。

11.8　为什么柴油机的 CO 和 HC 排放量相对汽油机来说要少得多？

11.9　推迟点火和喷油定时，对减少内燃机排放有什么好处？为什么？这一措施对内燃机性能有何影响？如何解决？

11.10　为什么直喷式柴油机要采用高压喷射？

11.11　为什么分隔式燃烧室柴油机几项主要的排放指标都比直喷式柴油机低？

11.12　燃料电池汽车与纯电动汽车的区别？

11.13　为降低柴油机的排放和燃烧噪声，目前对喷油系统采用的技术有哪些？

11.14　为什么说柴油机增压中冷是降低排放十分有效的技术措施？

11.15　柴油机和汽油机曲轴箱通风方式有何不同？为什么？

11.16　新能源汽车发展面临哪些问题？

11.17　我国对在用车辆主要执行哪些排放法规？为什么在排放法规方面我国要分阶段等效采用欧洲的体系？

项目教学任务单

项目11　内燃机污染及新能源应用——任务单

第　　组

班级		组别		姓名		学号	

1．内燃机排放的有害成分分别对人体会产生什么危害？

2．试分析柴油机废气中 CO、HC、NO_x 及碳烟的生成原因。

3．汽车为了减少污染，主要采取了哪些技术？

4．我国现行汽车尾气排放标准是什么？其主要的参数有哪些？

5．电动汽车对动力电池的要求主要有哪些？

6．电动汽车使用的动力电池可以分几类？

总结评分	

教师签名：　　　　　　　　　　　　　　　年　　月　　日

附录 A　内燃机故障分析与排除

序号	故障名称	故障现象	原因分析	排除方法
1	曲轴轴瓦响	（1）有节奏的"铛、铛"声，沉闷、有节奏； （2）响声位于发动机中下部； （3）加速及断缸时响声变化不大； （4）发动机振抖加剧	（1）曲轴轴颈与轴瓦间隙过大； （2）发动机油门加速过猛； （3）超负荷作业或长时间大负荷条件下作业； （4）缺机油或油质太差	发动机解体检修，按标准磨轴、选配新轴瓦
2	连杆轴瓦响	（1）响声较清脆，连续的"铛、铛"声； （2）低速和加速松油时，响声明显； （3）响声位于发动机中部； （4）断缸，响声变小或消失	（1）连杆轴颈与轴瓦间隙过大； （2）操作过猛，负荷过大； （3）缺机油或机油太脏； （4）机油散热器失效，机油温度过高。使机油黏度下降	发动机解体检修，按标准磨轴、选配新瓦
3	活塞销响	（1）响声清脆，有节奏的"嘎、嘎"声； （2）响声位于发动机中上部； （3）低速响声明显，断油响声减小或消失	（1）活塞销与活塞销座孔及连杆小头衬套间隙过大； （2）缺机油或机油太脏； （3）冷却活塞的机油喷嘴堵塞	更换活塞、活塞销或连杆小头衬套
4	活塞响（敲缸）	（1）连续有节奏的"咔、咔"声； （2）响声位于发动机上部； （3）低速响声明显，断油响声立即消失； （4）伴有动力下降，冒黑蓝烟及动力下降等现象	（1）活塞和汽缸磨损，使缸壁间隙过大； （2）缺机油或机油太脏； （3）机油粘度太低； （4）水温过高，使缸壁间隙过小； （5）喷油量过大，燃烧不完全	（1）按标准更换活塞缸套等； （2）校检喷油器
5	气门响	（1）有节奏的"哒、哒"声，声音清脆； （2）怠速响声明显，加速松油时响声出现	（1）气门间隙调整过大； （2）气门或气门座磨损； （3）摇臂、推杆、挺杆及凸轮轴磨损，导致间隙过大	按标准调整气门间隙
6	正时齿轮响	（1）正时齿轮室出现部位出现"咔哒、咔哒"的响声，响声不大但有节奏。驱动气泵等附件时响声明显	（1）曲轴、凸轮轴正时齿轮与中间齿轮的间隙过大； （2）以上齿轮的轴向定位松动，使齿轮间隙过大	（1）成对更换正时齿轮； （2）恢复正时齿轮的轴向位
7	起动困难（供油系故障）	（1）发动机无起动迹象，排气管无烟排出； （2）发动机有起动迹象，排气管冒白烟，但不能发动	（1）油箱无油、进水或油牌号不对； （2）油箱至喷油泵间管路堵塞； （3）油箱至输油泵间管路漏气； （4）柴滤器或输油泵滤网堵塞； （5）喷油泵溢流阀密封不严	（1）检查油箱、油管、滤清器、清除堵塞； （2）检查油管、接头的密封，消除进气

续表

序号	故障名称	故障现象	原因分析	排除方法
8	起动困难（供油系故障）	（1）发动机无起动迹象，排气管无烟排出； （2）发动机有起动迹象，排气管冒白烟，但不能发动	高压油路故障 （1）喷油泵出现故障，造成供油量达不到起动需求； （2）喷油器不喷油或雾化不良； （3）高压油管中有空气或接头松动，漏油	（1）检查高压泵、喷油器的喷油压力、雾化情况和供油量； （2）清除高压油管的空气
9	起动困难（其他方面）	（1）发动机无起动迹象，排气管无烟排出； （2）发动机有起动迹象，排气管白烟，但不能发动	（1）空气滤清器堵塞，排气管排气不畅； （2）供油时间过早或过迟	（1）检查空滤器、排气管； （2）校正喷油时间
10	排气冒白烟	（1）排气管冒白烟； （2）伴有起动困难，工作无力现象	（1）喷油正时过迟； （2）汽缸温度过低或汽缸压力不足；. （3）喷油器喷油雾化不良； （4）柴油中有水或因缸盖、缸垫、缸套破裂造成汽缸进水	（1）检查起动预热、空滤器； （2）调整喷油正时； （3）检查喷油器喷油雾化情况
11	排气冒黑烟	（1）排气管排黑烟； （2）发动机动力不足运转不均匀； （3）加速出现敲击声（工作粗暴）	（1）空滤器堵塞，进气量不足； （2）喷油泵供油量过多或各缸供油不均； （3）喷油器喷雾质量不佳或喷油器滴油； （4）供油时间过早； （5）汽缸压力过低； （6）柴油质量低劣	（1）检查空滤器； （2）检查喷油泵供油量和供油时间； （3）检查喷油器喷雾活塞质量； （4）检查汽缸压力
12	排气管冒蓝烟	（1）排气管冒蓝烟； （2）润滑油消耗量过多	（1）活塞与缸壁间隙过大； （2）活塞环开口对齐；扭曲环装反或弹力减弱； （3）气门导管磨损过甚或气门杆油封损坏； （4）曲轴箱通风不良； （5）增压器密封失效	（1）拆检活塞、活塞环和汽缸； （2）检查气门导管、气门油封； （3）检查增压器密封和曲轴箱通风情况
13	柴油机动力不足	（1）发动机动力不足加速不灵敏，油门加到底转速仍不能提高到规定值； （2）排气管排气量过少	（1）油门拉杆行程达不到最大供油量； （2）喷油泵供油不足； （3）调速器调整不当或弹簧过软达不到最大供油量； （4）输油泵工作不良或低压油路堵塞造成供油不畅； （5）油箱至输油泵管路漏气，使油路中进入空气	（1）检查油门拉杆行程； （2）检查空滤器； （3）检查柴滤器、管路有无堵塞； （4）检查管路、接头有无进气； （5）校验喷油泵； （6）验汽缸压力

序号	故障名称	故障现象	原因分析	排除方法
14	柴油机"飞车"	柴油机在运行中或自身空转中，尤其是全负荷或超负荷运转突然卸荷后，转速自动升高超过额定转速而失去控制	（1）喷油泵供油调节齿杆卡滞在额定供油位置上回不来或柱塞的油量调节失去控制； （2）调速器的高速限制螺钉或最大供油量调整螺钉调整不当； （3）调速器内机油过多或机油太脏、黏度过大，使飞球甩不开； （4）汽缸窜油，使润滑油进入燃烧室燃烧； （5）惯性油浴式空气滤清器存油过多被吸入燃烧室； （6）带增压器的柴油机，增压器油封损坏，机油进入燃烧室燃烧	
15	润滑油压力过低	（1）发动机发动后，油压表读数迅速下降至零左右； （2）发动机在正常温度和转速下，油压表读数低于规定值； （3）发动机温度升高，机油压力明显降低	（1）机油量不足或黏度太低； （2）机油粗滤器、集滤器滤网堵塞，且旁通阀卡滞不能打开； （3）机油泵磨损、泵油压力过低； （4）曲轴主轴承、连杆轴承或凸轮轴轴承间隙过大； （5）机油限压阀调整不当、关闭不严或弹簧折断； （6）汽缸体水套破裂，使冷却水漏入油底壳，将润滑油稀释； （7）油压表或其传感器连接导线断路或接触不良	（1）检查油压表或报警灯； （2）检查机油量； （3）检查机油粗滤器、集滤器滤网； （4）检查机油限压阀； （5）拆检机油泵； （6）拆检曲轴、连杆轴承或凸轮轴轴承
16	机油压力过高	（1）发动机在正常温度和转速下，油压表读数高于规定值； （2）发动机在运转中，油压表读数突然增高； （3）油压表读数低，但油的高压冲裂机油压力传感器或机油滤清器盖等	（1）润滑油黏度过大； （2）调整不当或失灵不能开启； （3）汽缸体的润滑油道堵塞； （4）机油粗滤器堵塞且旁通阀开启困难（此时主油道油压过低）； （5）润滑工作不良	（1）更换机油； （2）检查限压阀； （3）检查润滑油道； （4）更换粗滤器； （5）更换机油压力表或传感器
17	发动机过热	（1）发动机在工作中冷却液超过 90℃，直到沸腾（俗称"开锅"）； （2）冷却液在 90℃以上，如一停车冷却液立即沸腾	（1）百叶窗关闭或开度不足； （2）风扇带太松或因油污而打滑； （3）散热器或胶管堵塞； （4）风扇装反或扇叶变形； （5）节温器失效，大循环受阻； （6）水套积垢过多或分水管堵塞； （7）水泵损坏； （8）汽缸垫烧坏或缸体、缸盖出现裂缝，使高温气体进入冷却系统； （9）供油时间过迟； （10）燃烧室积炭过多； （11）严重超载	（1）检查百叶窗风扇； （2）检查散热器各部温度是否均匀； （3）清除水套水垢； （4）更换损坏的缸垫、缸盖等； （5）调整供油时间

序号	故障名称	故障现象	原因分析	排除方法
18	冷却液温度过低	冬季运行，冷却液长时间温度过低，发动机工作无力	（1）寒冷季节，散热器前未装保温罩或百叶窗未关闭； （2）发动机未装节温器，或节温器失灵，使低冷却液大循环冷却； （3）水温表及其传感器损坏	（1）检查百叶窗加装保温罩； （2）检查更换节温器； （3）检查水温表及传感器
19	增压器喘振	（1）增压器在运转中出现有规律的震抖； （2）伴有"呜、呜"的响声； （3）发动机动力下降	（1）空滤器堵塞或进气管内层脱落堵塞进气管； （2）轴承损坏或转子与壳相擦； （3）负荷变化太大或紧急停车； （4）个别缸不工作； （5）气门关闭不严	（1）检查空滤器进气管； （2）检查增压器轴承； （3）检查喷油器、气门间隙
20	增压器增压压力降低	（1）发动机动力下降； （2）排气冒黑烟	（1）空滤器堵塞； （2）中冷器堵塞； （3）进气管漏气； （4）增压器故障使增压比下降	（1）检查空滤器进气管； （2）检查增压器； （3）检查中冷器